Lecture Notes in Mathematics

Edited by A. Dold and B. Eckmann

802

Jacques Bair
René Fourneau

Etude Géometrique des Espaces Vectoriels II

Polyèdres et Polytopes Convexes

Springer-Verlag
Berlin Heidelberg New York 1980

Auteurs

Jacques Bair
Institut de Mathématique, Université de Liège
4000 Liège/Belgique

René Fourneau
Institut de Mathématique, Université de Liège et
Institut Supérieur Industriel Liégeois
4000 Liège/Belgique

AMS Subject Classifications (1980): 15A39, 52-02, 52A05, 52A25, 52A40

ISBN 3-540-09993-X Springer-Verlag Berlin Heidelberg New York
ISBN 0-387-09993-X Springer-Verlag New York Heidelberg Berlin

CIP-Kurztitelaufnahme der Deutschen Bibliothek
Bair, Jacques
Etude géométrique des espaces vectoriels / Jacques Bair; René Fourneau.
– Berlin, Heidelberg, New York: Springer.
2. Polyèdres et polytopes convexes. – 1980.
(Lecture notes in mathematics; 802)
ISBN 3-540-09993-X (Berlin, Heidelberg, New York)
ISBN 0-387-09993-X (New York, Heidelberg, Berlin)

Printing and binding: Beltz Offsetdruck, Hemsbach/Bergstr.
2141/3140-543210

INTRODUCTION

Ce livre fait suite à notre ouvrage "Etude géométrique des espaces vectoriels - Une introduction" (Lecture Notes in Mathematics, vol. 489). La matière qu'il contient a fait l'objet d'un séminaire que nous avons tenu à l'Université de Liège durant le premier semestre 1976.

Notre but était d'exposer de façon rigoureuse l'essentiel de la théorie des polyèdres convexes. Nous n'avons cependant pas perdu de vue les convexes quelconques, donnant à chaque proposition son champ d'application le plus large.

A l'exemple de Černikov, nous avons étudié les polyèdres en dimension quelconque (finie ou non), mais d'un point de vue géométrique, permettant un traitement plus maniable et plus intuitif que celui, algébrique, de cet auteur.

En dehors de passages où l'originalité n'est pas compatible avec la concision, tel le paragraphe consacré aux polytopes particuliers, nous nous sommes éloignés des traités existants. Ainsi, nous ne nous sommes nullement confinés à l'étude des polytopes, englobant dans notre travail les polyèdres jusqu'aux dimensions infinies. Ceci nous a conduit à présenter des preuves débarrassées des raisonnements à l'emporte-pièce qu'inspire la connaissance trop physique que nous possédons des polytopes convexes de $\mathbb{R}^3$.

Nous avons aussi traité de façon originale les diagrammes de Gale, grâce à la théorie des représentations de Mc Mullen, et les systèmes d'inéquations linéaires.

Certains résultats nouveaux émaillent notre texte, tels la caractérisation des polyèdres convexes de dimension infinie, divers critères de séparation de polyèdres (notamment une démonstration, que nous a communiquée Klee, d'un de ses théorèmes dont aucune preuve n'avait encore été publiée), et une description des simplexes de Choquet sans droites de $\mathbb{R}^d$.

Nous remercions vivement le Fonds National Belge de la Recherche Scientifique (F.N.R.S.) qui a subsidié notre séminaire.

Nos remerciements vont aussi à Peter Mc Mullen qui nous a aidés à mettre au point certaines parties de notre ouvrage.

Que les nombreuses personnes qui, à la récente rencontre d'Oberwolfach consacrée à la convexité, nous ont encouragés à écrire ce livre, trouvent ici l'expression de notre gratitude.

Messieurs les Professeurs Jongmans, Valette et Varlet, nos collègues et nos élèves qui ont participé à notre séminaire, nous ont apporté une aide précieuse, qu'ils en soient remerciés!

Enfin, Madame Streel a tout mis en oeuvre pour que ces notes se présentent sous l'aspect le meilleur, grâce à son excellente dactylographie.

Liège, octobre 1976.

Jacques Bair René Fourneau

Depuis l'époque où nous avons tenu ce séminaire, la matière dont il traitait a évolué. Nous avons pris en considération les diverses améliorations et nouveautés connues à ce jour. Elles ont été regroupées, pour l'essentiel, dans "compléments et guide bibliographique " en fin de volume sauf lorsque l'insertion dans le corps du texte apporte un éclairage nouveau et utile à la matière exposée. Nous avons également tenté d'actualiser la bibliographie, qui couvre l'essentiel du sujet.

Nous tenons à remercier ici les personnes qui nous soutiennent moralement par leur considération scientifique et leurs encouragements pendant la période difficile que nous vivons.

Liège, février 1980.

Jacques Bair René Fourneau

TABLE DES MATIERES

GUIDE POUR LE LECTEUR

La table des dépendances des divers chapitres est représentée ci-dessous. Nous y avons inclus les relations avec certains chapitres du tome I de cet ouvrage (les numéros de ces chapitres sont précédés de *).

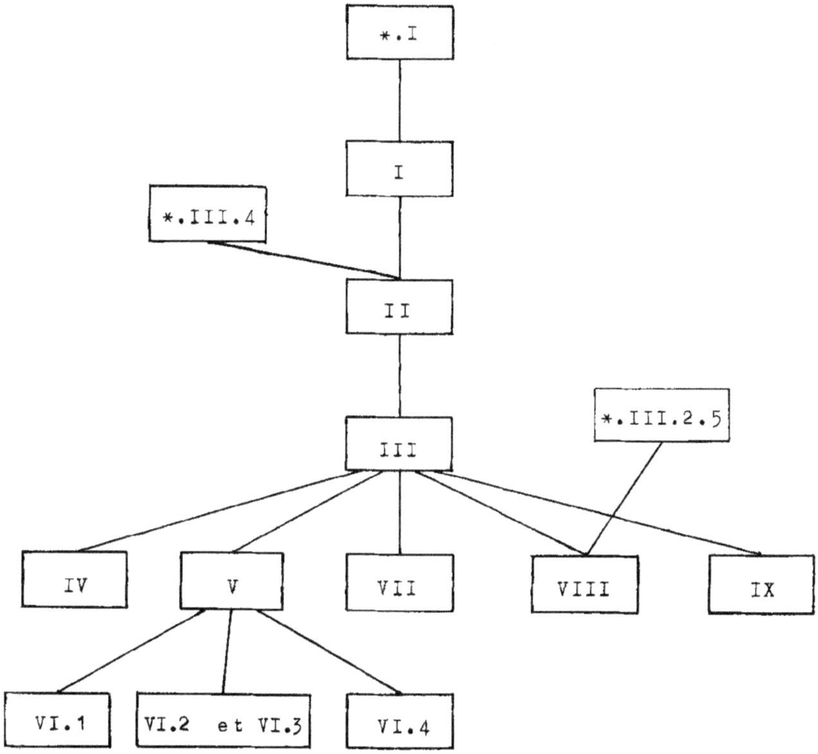

Des commentaires bibliographiques relatifs à chaque chapitre se trouvent en fin de volume.

NOTATIONS ET TERMINOLOGIE

Nous reprenons les notations et la terminologie du tome I de cet ouvrage (auquel il sera fait référence par [*]).

Nous y ajouterons quelques notions.

Si A est une partie de l'espace vectoriel réel E, l'*enveloppe positive* de A, notée pos A, est le plus petit cône convexe pointé de sommet 0 incluant A. Si A n'est pas vide, pos A est l'ensemble des combinaisons linéaires à coefficients non négatifs de points de A; de plus pos $\emptyset = \{0\}$.

Si $A \subset E$ est un convexe d'internat non vide, nous dirons que A est une *cellule convexe*. Si, de plus, ${}^{1}A = E$, nous parlerons de *cellule proprement convexe*.

De même, une *cellule étoilée* est un ensemble étoilé dont l'internat du mirador n'est pas vide.

Enfin, nous utiliserons la *distance de Hausdorff* définie sur l'ensemble $\mathcal{K}(\mathbb{R}^d)$ des compacts convexes de $\mathbb{R}^d$ par

$$d_H(K,L) = \inf \{\alpha > 0 : K \subset L + \alpha B \text{ et } L \subset K + \alpha B\} \quad \forall K,L \in \mathcal{K}(\mathbb{R}^d) ,$$

où B est la boule (euclidienne) unité fermée de $\mathbb{R}^d$. La topologie induite sur $\mathcal{K}(\mathbb{R}^d)$ par cette distance est appelée *topologie de Hausdorff*.

CHAPITRE I

SEPARATION DE DEUX ENSEMBLES CONVEXES

I.1. SEPARATION FRANCHE DE DEUX ENSEMBLES CONVEXES

I.1.1. Soient A une cellule proprement convexe et B un convexe non vide; A et B peuvent être séparés si et seulement si B ne rencontre pas ${}^{i}A$.

Si $B \cap {}^{i}A = \emptyset$, il existe deux ensembles convexes M et N, composant une partition de E, tels que ${}^{i}A \subset M$ et $B \subset N$; comme M possède un point proprement interne, l'intersection $P = {}^{a}M \cap {}^{a}N$ n'est pas E tout entier : elle est un hyperplan dont les deux demi-espaces fermés associés sont ${}^{a}M$ et ${}^{a}N$ [*;III.1.1,p.75]. L'hyperplan P sépare bien A et B.

La réciproque est évidente puisque ${}^{i}A$ est inclus dans le demi-espace ouvert complémentaire du demi-espace fermé incluant B.

I.1.2. Divers auteurs, dont Jongmans [2] et Klee [12], ont essayé, dans le théorème précédent, de réduire les hypothèses imposées à l'ensemble A, et notamment de supprimer la condition ${}^{i}A = E$. Mais le fait de supposer que les deux ensembles A, B à séparer sont de codimension non nulle ouvre la porte à l'éventualité de voir A,B situés dans un même hyperplan H; celui-ci sépare trivialement A,B même si, par exemple, A est inclus dans B. On est ainsi conduit à relever ses exigences et à examiner dans quelles conditions deux ensembles, contenus ou non dans un même hyperplan, peuvent être séparés franchement, c'est-à-dire séparés par un hyperplan qui ne les contient pas tous les deux.

Nous allons caractériser de façon très simple la séparation franche de deux cellules convexes; pour cela, nous avons besoin de deux résultats préliminaires.

Lemme 1. *Deux parties non vides* A, B *de* E *peuvent être franchement séparées si et seulement si l'origine peut être franchement séparée de* A-B.

Si l'hyperplan d'équation $f(.) = \alpha$ sépare franchement A et B, on peut supposer sans restriction $f(A) \subset [\alpha,+\infty[$, $f(B) \subset]-\infty,\alpha]$ et $f(A) \cup f(B) \neq \{\alpha\}$. Dès lors, $\{0\} \neq f(A-B) \subset [0,+\infty[$: le noyau de f sépare franchement $\{0\}$ de A-B.

Réciproquement, si un hyperplan de niveau d'une forme linéaire f non nulle sur E sépare franchement $\{0\}$ de A-B, on peut admettre que $\{0\} \neq f(A-B) \subset [0,+\infty[$, de sorte que $f(a) \geq f(b)$ quels que soient $a \in A$, $b \in B$. Si donc $\mu = \inf f(A)$ et $\nu = \sup f(B)$, alors $\mu \geq \nu$; l'hyperplan de niveau μ de f sépare franchement A de B, sinon $f(A-B) = \{0\}$.

Lemme 2. *Soit* A *une cellule convexe contenue dans un demi-espace fermé* Σ; A *n'est pas inclus dans l'hyperplan* H *associé à* Σ *si et seulement si* H *et* ${}^{i}A$ *sont disjoints*.

Lorsque A n'est pas inclus dans H, supposons l'existence d'un point z dans $H \cap {}^{i}A$. Pour tout point x appartenant à $A \setminus H$, la droite (x:z) insère z dans A et, dès lors, possède des points de A dans les deux demi-espaces ouverts associés à H; cette dernière affirmation contredit l'inclusion de A dans Σ.

La réciproque est immédiate.

I.1.3. *Deux cellules convexes* A *et* B *peuvent être franchement séparées si et seulement si* ${}^{i}A$ *et* ${}^{i}B$ *sont disjoints*.

Si A,B sont franchement séparés par l'hyperplan H, ils sont respectivement inclus dans les demi-espaces fermés Σ_1, Σ_2 associés à H. Un point commun à ${}^{i}A$, ${}^{i}B$ appartiendrait à $\Sigma_1 \cap \Sigma_2 = H$ et conduirait à la conclusion absurde que A et B sont inclus dans H (lemme 2).

Réciproquement, supposons ${}^{i}A$ et ${}^{i}B$ disjoints, de sorte que ${}^{i}(A-B) = {}^{i}A - {}^{i}B$ [*;I.8.4,c p.34] ne contient pas l'origine. Si l'enveloppe linéaire ${}^{l}D = {}^{l}A - {}^{l}B$ de $D = A-B$ ne contient pas non plus l'origine, un hyperplan homogène parallèle à ${}^{l}D$ sépare franchement $\{0\}$ de D; A et B peuvent donc être franchement séparés (lemme 1). Au contraire, si $0 \in {}^{l}D$, ${}^{i}D = {}^{i}A - {}^{i}B$ est l'internat propre de D pour l'espace vectoriel ${}^1D$; il existe dans ${}^1D$ un hyperplan homogène G qui sépare (franchement) $\{0\}$ de D (I.1.1). Un hyperplan F de E passant par G sans contenir ${}^1D$ sépare franchement $\{0\}$ de D dans E, ce qui renvoie de nouveau au lemme 1.

En corollaire, on peut dire que deux ensembles convexes non vides de dimension finie admettent une séparation franche s'ils sont disjoints, puisque tout ensemble convexe de dimension finie est une cellule convexe [*;IV.1.1,p.138]; de plus, deux cellules convexes disjointes peuvent toujours être franchement séparées. Quand les deux cellules convexes se rencontrent, on peut obtenir un critère de séparation en faisant appel à la notion de contiguïté introduite par S.N. Černikov ([2;p.838]) : deux ensembles convexes non vides A et B sont *contigus* s'ils se rencontrent et s'il existe un point a distinct de l'origine tel que $(A+\lambda a) \cap B = \emptyset$ ou, ce qui revient au même, tel que $A \cap (B-\lambda a) = \emptyset$ pour tout réel λ positif. Moyennant cette définition, on obtient le critère suivant qui généralise un résultat de S.N. Černikov ([2;Theorem 3,p.838]).

Deux cellules convexes A,B *qui se rencontrent peuvent être séparées si et seulement si elles sont contigües*.

Si le sous-espace ${}^1(A-B) = {}^1A - {}^1B$ ne coïncide pas avec E, A et B sont inclus dans un même hyperplan, ce qui prouve que A,B sont séparés et contigus.

Nous pouvons donc supposer sans restriction que ${}^1(A-B) = E$.

Nous allons montrer que si A et B sont contigus, l'origine n'est pas interne à A-B, ce qui permettra d'affirmer la suffisance grâce aux résultats précédents. Soit a un point arbitraire, mais distinct de l'origine. Si $0 \in {}^i(A-B) = {}^iA - {}^iB$ [*;I.8.4,p.34], la droite (0:a) insère 0 dans A-B : il existe donc un réel λ_0 positif tel que $-\lambda_0 a$ appartient à A-B, ce qui entraîne que $A + \lambda_0 a$ rencontre B, contrairement au fait que A et B sont contigus.

Réciproquement, si A et B sont séparés, il existe une forme linéaire f non nulle et un réel α tels que $B \subset \{x \in E : f(x) \leq \alpha\}$ et $A \subset \{x \in E : f(x) \geq \alpha\}$. Pour un point a de E tel que $f(a) = 1$, $A + \lambda a \subset \{x \in E : f(x) \geq \alpha + \lambda\}$, d'où $(A+\lambda a) \cap B = \emptyset$ pour tout $\lambda > 0$: A et B sont donc contigus.

Signalons encore que l'énoncé principal de ce paragraphe est en défaut quand un des ensembles ${}^{i}A$ ou ${}^{i}B$ est vide; pour s'en convaincre, il suffit de prendre pour A un ensemble ubiquitaire dans un espace E de dimension infinie [*;IV.1.3,p.139] et pour B un convexe non vide disjoint de A; A et B ne peuvent pas être séparés puisque A ne peut être inclus dans aucun demi-espace fermé. Pour ce cas, on dispose toutefois d'une propriété de rechange :

I.1.4. <u>Si</u> A <u>est une cellule convexe de codimension finie et</u> B <u>un ensemble convexe non vide disjoint de</u> ${}^{i}A$, <u>il existe une séparation franche de</u> A,B.

Ce théorème est connu lorsque la codimension de A est nulle (I.1.1).

Etendons-le de la codimension m-1 à m. Soit a un point non situé dans le sous-espace vectoriel parallèle à ${}^{l}A$. Les convexes $C = A + [0:a]$ et $D = A - [0:a]$, de codimension m-1, ont des internats non vides ${}^{i}C = {}^{i}A +]0:a[$ et ${}^{i}D = {}^{i}A -]0:a[$, qui ne peuvent tous deux rencontrer B; car si $c \in B \cap {}^{i}C$, $d \in B \cap {}^{i}D$, on pourrait écrire $c = x + \gamma a$ $(x \in {}^{i}A,\ 0 < \gamma < 1)$, $d = y - \delta a$ $(y \in {}^{i}A,\ 0 < \delta < 1)$; par suite, $\frac{1}{\gamma+\delta}(\delta c + \gamma d) = \frac{1}{\gamma+\delta}(\delta x + \gamma y)$ serait commun à ${}^{i}A$ et B. Admettons en conséquence que B soit disjoint de ${}^{i}C$; par l'hypothèse de récurrence, un hyperplan H sépare franchement B de C, donc sépare B de A. Si cette séparation n'est pas franche, la codimension de A au sein de H est m-1 : il existe à nouveau dans H un hyperplan G qui sépare franchement A,B. Un hyperplan de E qui passe par G sans contenir H répond à la question.

I.1.5. <u>Version géométrique du théorème de Hahn-Banach</u>. <u>Si</u> A <u>est une cellule convexe</u>, <u>toute variété linéaire non vide</u> B <u>disjointe de</u> ${}^{i}A$ <u>est incluse dans un hyperplan disjoint de</u> ${}^{i}A$.

Les deux ensembles A,B peuvent être franchement séparés par un hyperplan H(I.1.3). Ou bien H contient B et $H \cap {}^{i}A = \emptyset$ (I.1.2, lemme 2). Ou bien B n'est pas inclus dans H : l'hyperplan parallèle à H mené par un point quelconque de B répond à la question.

I.1.6. Le théorème de Hahn-Banach admet de nombreuses extensions et variantes : nous en toucherons quelques mots plus loin. Voici un résultat dont va découler très simplement une version analytique de ce théorème, ainsi qu'une généralisation du théorème de Krein-Rutman. Rappelons avant tout qu'une fonction réelle f définie sur un ensemble convexe non vide C est dite convexe sur C lorsque $f[\lambda x+(1-\lambda)y] \leq \lambda f(x) + (1-\lambda) f(y)$ pour tous points x,y de C et tout réel λ de $]0,1[$ [*;p.118].

Soient f une forme linéaire sur un sous-espace vectoriel F de E, g une fonction convexe sur une cellule convexe G dont l'internat rencontre F. Si f est majorée par g sur $F \cap {}^iG$, elle admet une extension linéaire l à E majorée par g sur G.

Considérons dans l'espace vectoriel $E \times \mathbb{R}$, les ensembles

$$A = \{(x,\alpha) \in G \times \mathbb{R} : \alpha > g(x)\} \text{ et } B = \{(x,\alpha) \in F \times \mathbb{R} : f(x) = \alpha\}$$

qui sont respectivement l'épigraphe de g et le graphe de f.

Il est facile de démontrer que A est une cellule convexe (adapter la preuve de [*;III.3.1.3,p.119]) dont l'internat est disjoint du sous-espace B de $E \times \mathbb{R}$ puisque f est majorée par g sur $F \cap {}^iG$. La version géométrique du théorème de Hahn-Banach (I.1.5) garantit l'existence d'une forme linéaire non nulle φ sur $E \times \mathbb{R}$, dont le noyau $\overset{-1}{\varphi}(\{0\})$ inclut B, et telle que ${}^iA \subset \overset{-1}{\varphi}(]0,+\infty[)$. Pour tout point a de $F \cap {}^iG$, $\varphi(a,f(a)) = 0 < \varphi(a,1+g(a))$, par suite $\varphi(0,1+g(a)-f(a)) = [1+g(a)-f(a)]\, \varphi(0,1) > 0$, d'où $\varphi(0,1) > 0$.

Par ailleurs, $\varphi(x,\mu) = 0$ équivaut à $\varphi(x,0) + \mu\varphi(0,1) = 0$, ou encore à $\mu = -\frac{\varphi(x,0)}{\varphi(0,1)}$; ceci révèle instantanément l'existence et l'unicité de μ, de même que la linéarité de la forme l définie sur E par $l : x \to \mu$; de plus,

$$\varphi(x,\lambda) = \varphi(x,\lambda) - \varphi(x,l(x)) = [\lambda - l(x)]\, \varphi(0,1).$$

Cette forme linéaire l sur E est majorée sur G par g; en effet, pour tout point x de G, le point $(x,g(x))$ appartient visiblement à ${}^mA$, d'où $\varphi(x,g(x)) = [g(x)-l(x)]\, \varphi(0,1) \geq 0$, ce qui entraîne $g(x) \geq l(x)$. De même, l est une extension linéaire de f à E, car, pour tout point y de F, $(y,f(y)) \in B$, d'où $\varphi(y,f(y)) = [f(y)-l(y)]\, \varphi(0,1) = 0$ et $f(y) = l(y)$.

I.1.7. *Version analytique du théorème de Hahn-Banach. Soit* A *une cellule convexe dont l'internat rencontre un sous-espace vectoriel* F. *Si une forme linéaire* f *définie sur* F *satisfait à* $f(x) \leq 1$ *en tout point* x *de* ${}^{i}A \cap F$, *elle admet une extension linéaire* l *à* E *telle que* $l(x) \leq 1$ *en tout point* x *de* A.

Il suffit d'appliquer le théorème précédent en prenant pour fonction convexe la fonction qui vaut 1 en tout point de A.

I.1.8. *Théorème de Krein-Rutman. Soient* E *un espace vectoriel préordonné*, F *un sous-espace qui rencontre l'internat du cône positif* P *de* E. *Toute forme linéaire monotone (pour le préordre induit)* f *sur* F *admet une extension linéaire monotone à* E.

De fait, le théorème I.1.6, appliqué à la forme -f (non positive sur $P \cap F$) et à la constante nulle, livre une extension linéaire l de -f majorée par 0 sur P; -l est la solution.

Remarque. Ce résultat généralise le théorème de Krein donné dans [*;p.104] en ce sens que le cône positif P de E n'engendre pas nécessairement tout l'espace; le procédé de démonstration est pourtant très différent dans les deux cas.

I.1.9. Revenons un instant à la définition de la séparation franche. La réunion des deux ensembles A,B à séparer ne peut pas être contenue dans l'hyperplan séparant H, mais il subsiste l'éventualité de voir un des ensembles A,B contenu dans H. Cette constatation nous a amené à étudier dans quelles conditions deux ensembles sont séparés par un hyperplan qui ne les contient aucun des deux : nous dirons alors que ces ensembles sont *vraiment séparés*.

Remarquons avant tout qu'en vertu du second lemme de I.1.2 et de la formule ${}^{b}A = {}^{bi}A$ valable pour toute cellule convexe A [*;I.5.4,p.13], la séparation vraie est reliée à la séparation *stricte* (c'est-à-dire la séparation de deux ensembles A et B par un hyperplan disjoint de A et de B) par l'énoncé suivant.

Deux cellules convexes sont vraiment séparées si et seulement si leurs internats sont strictement séparés.

Malheureusement, ce résultat ne nous est guère utile, car les principaux théorèmes de séparation stricte connus s'appliquent à des ensembles fermés ou à des ensembles proprement ouverts (Klee [6,11,12]).

Le critère de séparation vraie le plus simple s'obtient lorsque les deux ensembles à séparer possèdent la même enveloppe linéaire.

Deux cellules convexes A *et* B, *dont les enveloppes linéaires coïncident, sont vraiment séparées si et seulement si* ${}^iA \cap {}^iB = \emptyset$.

On sépare en effet A et B dans leur enveloppe linéaire que l'on peut toujours supposer homogène; la séparation est alors vraie puisque A et B engendrent ${}^lA = {}^lB$. Ensuite, on étend cette séparation à E par un procédé déjà utilisé en I.1.3.

En dehors de ce cas particulier, il est possible d'obtenir des critères de séparation vraie en faisant appel à des techniques spéciales, par exemple, en ramenant la séparation vraie de deux ensembles à celle de deux cônes de même sommet (Bair-Jongmans [2]). Nous n'entrerons pas dans cette voie qui nous mènerait trop loin; nous nous contenterons de donner encore une condition nécessaire de séparation vraie; elle sera précisée ultérieurement dans le cas de polyèdres convexes (sa preuve consiste en une simple application du second lemme de I.1.2).

Pour que deux cellules convexes algébriquement fermées A *et* B *soient vraiment séparées, il faut que* $A \cap B \subset {}^nA \cap {}^nB$, *donc que* ${}^nA \cap {}^nB$ *soit convexe*.

I.2. HYPERPLANS, FONCTIONS D'APPUI ET ENSEMBLES CERNES

I.2.1. Définitions

Rappelons qu'un *hyperplan d'appui* (resp. de *contact*) d'une partie A de E est un hyperplan H tel que A soit inclus dans un demi-espace fermé associé à H et qui rencontre A (resp. ${}^aA$); on dit aussi que H est d'appui (resp. de contact) *pour* A. Un *vrai hyperplan d'appui* (resp. *de contact*) de A est, par définition, un hyperplan d'appui (resp. de contact) de A qui ne contient pas A. Enfin, nous appelons *point de non-appui* (resp. *vrai point de non-appui*) de A tout point de A qui n'appartient à aucun hyperplan d'appui (resp. vrai hyperplan d'appui) de A; l'ensemble des points de non-appui (resp. des vrais points de non-appui) de A sera noté N(A) (resp. N*(A)).

I.2.2. <u>Si</u> A <u>est une cellule convexe</u>, <u>toute cellule convexe</u> M <u>inclu-se dans</u> ^{m}A <u>est contenue dans un vrai hyperplan de contact de</u> A.

Puisque ^{i}A est disjoint de M, a fortiori de ^{i}M, un hyperplan H sépare franchement A de M (I.1.3). Mais H inclut forcément M, car le demi-espace fermé défini par H et contenant A inclut ^{a}A, donc M; ainsi, H ne contient pas A puisque la séparation de A, M par H est franche.

I.2.3. En corollaire de ce théorème, on peut caractériser les ensembles algébriquement fermés à partir de leurs (vrais) hyperplans d'appui; donnons simplement le résultat qui a été démontré antérieurement [*,pp.25-26].

<u>Une cellule convexe</u> A <u>algébriquement fermée et distincte de</u> E <u>est trace sur</u> ^{l}A <u>de l'intersection de demi-espaces fermés associés à ses vrais hyperplans d'appui</u>; <u>elle est donc aussi l'intersection de tous les demi-espaces fermés qui sont associés à ses hyperplans d'appui et qui la contiennent</u>.

Cet énoncé est l'équivalent purement vectoriel du théorème bien connu qui caractérise les fermés convexes d'un espace localement convexe :

<u>Une partie non vide</u> A <u>d'un espace localement convexe est convexe et fermée si et seulement si elle est intersection de demi-espaces topologiquement fermés</u>; <u>on peut d'ailleurs soumettre ceux-ci à l'obligation de ne contenir strictement aucun demi-espace fermé incluant</u> A.

I.2.4. <u>Si</u> A <u>est une cellule convexe</u>, N(A) <u>est vide sous la condition nécessaire et suffisante que l'enveloppe linéaire de</u> A <u>ne coïncide pas avec</u> E, <u>tandis que</u> N*(A) <u>coïncide avec</u> ^{i}A <u>pour autant que</u> A <u>ne soit pas uniponctuel</u>.

Si l'ensemble A est proprement convexe, il n'est inclus dans aucun de ses hyperplans d'appui, de sorte que ^{i}A est disjoint de chacun de ceux-ci, d'où $N(A) \neq \emptyset$. Réciproquement, si l'ensemble A n'est pas proprement convexe, il est inclus dans un hyperplan au moins et N(A) est vide.

Comme ${}^{i}A$ ne peut être inclus dans aucun de ses vrais hyperplans d'appui (I.1.2), il est contenu dans $N^*(A)$. Pour démontrer l'inclusion réciproque, considérons un point x quelconque de $N^*(A)$. Si ce point x n'appartient pas à ${}^{i}A$, il est un point marginal de A, par lequel passe un vrai hyperplan d'appui de A (I.2.2). Cette contradiction montre bien que $N^*(A)$ est inclus dans ${}^{i}A$.

I.2.5. Il serait intéressant d'obtenir quelques renseignements sur l'orientation des hyperplans d'appui d'un convexe donné.

Dans un espace vectoriel topologique E, si H est un hyperplan fermé et A un compact non contenu dans un hyperplan parallèle à H, alors A possède exactement deux hyperplans d'appui parallèles à H, comme le montre un recours au théorème de Weierstrass appliqué à une forme linéaire continue dont H est un hyperplan de niveau.

Dans un espace de Hilbert, il est possible d'être encore plus précis en faisant appel à deux notions. <u>La projection sur un convexe fermé non vide</u> A : il s'agit de l'application $p_A = a \to \tilde{a}$ qui, pour tout point a, associe le seul point $\tilde{a}$ de A dont la distance $\|a-\tilde{a}\|$ à a coïncide avec $d(a,A) = \inf_{x \in A} \|a-x\|$; le point $\tilde{a}$ sera appelé <u>le point de</u> A <u>le plus proche de</u> a (on parle aussi de la projection de a sur A, mais c'est assez mal venu). Un <u>hyperplan perpendiculaire en un point</u> a <u>à une droite</u> (a:b) est par définition l'ensemble $\{x : (a-x|a-b) = 0\}$; c'est en réalité le translaté en a de l'hyperplan (fermé et homogène) orthogonal à a-b.

Moyennant ces définitions, on obtient le résultat suivant :

<u>Dans un espace de Hilbert</u> E, <u>soient</u> A <u>un convexe fermé non vide</u>, p <u>un point non situé dans</u> A <u>et</u> $\tilde{p}$ <u>le point de</u> A <u>qui est le plus proche de</u> p. <u>L'hyperplan</u> H <u>perpendiculaire en</u> $\tilde{p}$ <u>à la droite</u> $(p:\tilde{p})$ <u>est d'appui pour</u> A.

Il s'agit d'un résultat classique de la théorie des espaces de Hilbert (voir, par exemple, Jongmans [4;chap.23,pp.180-190]); on peut d'ailleurs ajouter que $\tilde{p}$ est le seul point de A pour lequel $(p-\tilde{p}|x-\tilde{p}) \leq 0$ quel que soit le point x de A.

Donnons-en néanmoins une preuve qui s'inspire d'un raisonnement formulé par Mc Mullen-Shephard [1] dans $\mathbb{R}^d$. Bien que plus longue que la démonstration habituelle, elle est très géométrique et intuitivement plus simple.

Quitte à effectuer une translation, nous allons supposer que $\tilde{p}$ coïncide avec l'origine; nous allons démontrer par l'absurde que A est inclus dans le demi-espace fermé Σ associé à H et qui ne contient pas le point p.

Supposons l'existence d'un point x dans $A \cap C\Sigma$.

L'hyperplan H' perpendiculaire en x à la droite (O:x) rencontre la demi-droite [O:p) en un point q. En effet, on peut écrire $H = \{z : (z|p) = 0\}$, $\Sigma = \{z : (z|p) \leq 0\}$ et $H' = \{z : (x-z|x) = 0\} = \{z : (z|x) = \|x\|^2\}$; dans ces conditions, le point λp appartient à $]O:p) \cap H'$ pour autant que λ coïncide avec le réel positif $\frac{\|x\|^2}{(x|p)}$.

Montrons que l'origine est le point de A qui est le plus proche de q. Si p = q, le résultat est évident. Si $q \in]O:p[$, c'est-à-dire si $q = \alpha p (0<\alpha<1)$, supposons que le point de A le plus proche de q soit $\tilde{q}$, distinct de O; l'inégalité triangulaire fournit la contradiction suivante :

$\|p-\tilde{q}\| \leq \|p-q\| + \|q-\tilde{q}\| < \|p-q\| + \|q\| = (1-\alpha)\|p\| + \alpha\|p\| = \|p\|$.

Enfin, si $q \notin]O:p[$, c'est-à-dire si $q = \beta p$ avec $\beta > 1$, supposons encore que le point de A le plus proche de q soit $\tilde{q}$, distinct de O; $\tilde{q}$ n'appartient visiblement pas à la droite (O:p), de sorte que l'on est amené à travailler dans le plan ${}^s\{p,\tilde{q}\}$ (cfr. figure ci-contre).

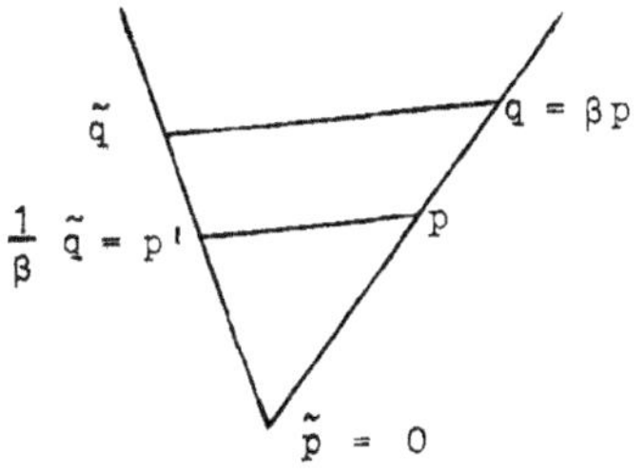

Par le point p, menons la droite parallèle à $(q:\tilde{q})$; elle rencontre le segment $]O:\tilde{q}[$ au point $p' = \frac{1}{\beta}\tilde{q}$. Dans ces conditions, $\|p-p'\| = \frac{1}{\beta}\|q-\tilde{q}\|$ et $\|p\| = \frac{1}{\beta}\|q\|$, d'où $\frac{\|p-p'\|}{\|q-\tilde{q}\|} = \frac{\|p\|}{\|q\|}$; comme $\|q-\tilde{q}\| < \|q\|$ vu la définition même de $\tilde{q}$, l'égalité précédente conduit à l'absurdité $\|p-p'\| < \|p\|$.

L'origine est bien le point de A le plus proche de q. Dès lors, $\|q-x\|^2 = \|q\|^2 - 2(q|x) + \|x\|^2)$ comme q appartient à H', $(q|x) = \|x\|^2$; partant, $\|q-x\|^2 = \|q\|^2 - \|x\|^2$ et $\|q-x\| < \|q\|$, ce qui est absurde.

En conclusion, le point x est bien situé dans Σ.

I.2.6. Soit A une partie non vide de E; la fonction d'appui h_A de A est, par définition, l'application de E^* dans $\mathbb{R}_\infty = \mathbb{R} \cup \{+\infty\}$ définie par

$$h_A(f) = \sup_{x \in A} f(x), \ \forall f \in E^* .$$

Lorsque A est une partie bornée non vide de $\mathbb{R}^d$, on retrouve bien la définition classique, à savoir $h_A : \mathbb{R}^d \to \mathbb{R} : x \to \sup_{a \in A} (a|x)$.

Donnons les premières propriétés de cette notion.

a) Si A est une cellule convexe algébriquement fermée, alors

$$A = \{x \in E : f(x) \leq h_A(f), \ \forall f \in E^*\} .$$

Cela résulte directement de la définition de h_A et du résultat I.2.3.

b) Si B est une cellule convexe algébriquement fermée, $h_A \leq h_B$ équivaut à $A \subset B$; en conséquence, si A et B sont des cellules convexes algébriquement fermées, $h_A = h_B$ équivaut à $A = B$.

Si $h_A \leq h_B$, pour tout point x de A et toute forme linéaire f sur E, $f(x) \leq h_A(f) \leq h_B(f)$, d'où x appartient à B en vertu de la propriété a). La réciproque est tout aussi immédiate.

c) $h_{\lambda A} = \lambda h_A$ si $\lambda > 0$, $h_A + h_B = h_{A+B}$; en conséquence, si C et A+B sont des cellules convexes algébriquement fermées, $C = A + B$ équivaut à $h_C = h_A + h_B$.

La première partie de cet énoncé est évidente, tandis que la deuxième découle de la première et de la propriété b).

Dans le chapitre VI, nous utiliserons le point de Steiner d'un compact convexe K de $\mathbb{R}^d$. C'est le point s(K) défini par

$$s(K) = \frac{1}{l(S^{d-1})} \int_{S^{d-1}} h_K(u)\, u \, dl$$

où l est la mesure de Lebesgue sur la sphère unité S^{d-1} de $\mathbb{R}^d$.

L'application s de l'ensemble des compacts convexes de $\mathbb{R}^d$ vers $\mathbb{R}^d$ préserve les combinaisons linéaires à coefficients positifs.

De fait, si K et K' sont des compacts convexes et si $\alpha, \beta \geq 0$,

$$s(\alpha K+\beta K') = \frac{1}{l(S^{d-1})} \int_{S^{d-1}} h_{\alpha K+\beta K'}(u)\, u\, dl$$

$$= \frac{1}{l(S^{d-1})} \int_{S^{d-1}} (\alpha h_K+\beta h_{K'})(u)\, u\, dl$$

$$= \alpha s(K) + \beta s(K') .$$

I.2.7. <u>Ensembles cernés</u>

I.2.7.1. Appelons <u>cerné</u> tout ensemble A pour lequel la fonction d'appui h_A est finie; en d'autres termes, A est cerné quand, pour toute forme linéaire f sur E, f(A) est majoré dans $\mathbb{R}$ ou, de façon équivalente, quand f(A) est borné dans $\mathbb{R}$. Voici un signalement précis de ces ensembles.

<u>Pour qu'un ensemble</u> A <u>soit cerné, il faut et il suffit que</u> ${}^sA$ <u>soit de dimension finie et que</u> A <u>soit borné dans</u> ${}^sA$ (<u>c'est-à-dire inclus dans un pavé de</u> ${}^sA$).

Supposons que le cerné A contienne une famille libre infinie dénombrable $\mathcal{F} = \{e_n : n \in \mathbb{N}\}$. Complétons $\mathcal{F}$ par $\{e'_i : i \in \mathcal{I}\}$ de manière à composer une base de E. La forme linéaire f définie par

$$f(e_n) = n, \ \forall n \in \mathbb{N} \quad \text{et} \quad f(e'_i) = 0, \quad i \in \mathcal{I}$$

est telle que $f(A) \supset \mathbb{N}$, donc n'est pas majoré sur A, et A n'est pas cerné. On doit donc admettre que ${}^sA$ est de dimension finie; au sein de cet espace, A est inclus dans un pavé (relatif à une base orthonormée de ${}^sA$), ce qui revient à dire qu'il est borné pour la topologie vectorielle usuelle de ${}^sA$.

En particulier, dans un espace vectoriel de dimension finie, un ensemble est cerné si et seulement s'il est borné; par contre, on peut montrer l'existence, dans tout espace vectoriel de dimension infinie, d'ensembles convexes, équilibrés, algébriquement bornés mais non cernés (Fourneau [4;2.15, p.168]).

I.2.7.2. Précisons le statut topologique des cernés.

Les cernés d'un espace vectoriel réel E sont les bornés pour la topologie naturelle de E. Les cernés fermés pour la topologie euclidienne de leur enveloppe spatiale sont les compacts pour la topologie naturelle de E; en particulier, les cellules étoilées, cernées, algébriquement fermées sont compactes pour la topologie naturelle de E.

Tout borné pour la topologie naturelle de E est évidemment cerné. Un tel ensemble est donc borné dans E (muni de la topologie naturelle). Il en résulte aussi que tout compact de E est du type décrit dans la seconde proposition. A l'inverse, si B est cerné et fermé pour la topologie euclidienne de ${}^{s}B$, B est compact pour cette topologie, donc pour la topologie naturelle de E.

Quant au cas particulier d'une cellule étoilée A, il se règle en observant que le mirador de A, convexe dont l'enveloppe linéaire ${}^{l}A$ est de dimension finie si A est cerné, devient un corps convexe dans ${}^{l}A$, de sorte que A devient à son tour un corps étoilé dans ${}^{l}A$ et est justiciable du corollaire de [*,p.161].

I.2.7.3. Dans l'espace vectoriel réel E, si l'un des convexes A,B est cerné, ${}^{b}(A+B) = {}^{b}A + {}^{b}B$.

Pour fixer les idées, nous supposerons B cerné.

Soit $[x:y[\subset A+B$. Pour tout $\lambda \in]0,1]$, il existe $a_\lambda \in A$ et $b_\lambda \in B$ tels que $\lambda x + (1-\lambda)y = a_\lambda + b_\lambda$. Or, $a_\lambda = \lambda x + (1-\lambda)y - b_\lambda \in {}^{s}\{x,y\} + {}^{s}B = L$, où L est un sous-espace vectoriel de dimension finie, vu I.2.7.1. Ainsi, $[x:y[\subset (A\cap L) + B$, et il vient $y \in {}^{b}[(A\cap L) + B]$.

Puisque L est un espace de dimension finie, ${}^{b}(A\cap L)$ est fermé pour la topologie euclidienne de L et ${}^{b}B$ est compact pour cette topologie [*,corol.p.161]. Ainsi, ${}^{b}(A\cap L) + {}^{b}B$ est fermé dans L, donc algébriquement fermé. De là, comme ${}^{b}(A\cap L) + {}^{b}B \supset (A\cap L) + B$, il vient ${}^{b}(A\cap L) + {}^{b}B \supset {}^{b}[(A\cap L) + B]$.

Nous avons ainsi établi que ${}^{b}(A+B) \subset {}^{b}A + {}^{b}B$. Comme l'inclusion réciproque est connue [*,I.8.4.b,p.34], l'égalité s'ensuit.

I.2.7.4. Remarques. 1° L'hypothèse "convexe" peut être remplacée par "ensemble dont l'enveloppe algébrique de la trace sur tout sous-espace vectoriel de dimension finie est fermée pour la topologie euclidienne de celui-ci".

2° Il ne faut pas succomber à la tentation d'assimiler la proposition précédente à un banal corollaire d'un théorème relatif à l'adhérence de la somme d'un compact et d'un ensemble dans un espace localement convexe : l'enveloppe algébrique n'est pas l'adhérence pour la topologie naturelle [*,p.61].

La même remarque vaut pour la proposition ci-après; car si E est de dimension non dénombrable, il existe des convexes algébriquement fermés de E qui ne sont pas fermés pour la topologie naturelle de E (Klee [3]).

I.2.7.5. Si A,B sont deux convexes algébriquement fermés dont le second est cerné, A+B est algébriquement fermé.

C'est un simple corollaire de I.2.7.3.

I.2.7.6. Si B est un convexe cerné non vide, tout convexe A tel que A+B soit algébriquement fermé est algébriquement fermé.

Il est licite de translater A et B de telle sorte que $0 \in A \cap B$. Si $y \in {}^{a}A$, il existe x ($\neq y$) tel que $[x:y[\subset A$. Dans le sous-espace $S = {}^{s}\{B \cup \{x:y\}\}$, de dimension finie, l'égalité $(A \cap S) + B = (A+B) \cap S$ permet d'affirmer (Bair [16,prop.1]) que $A \cap S$ est algébriquement fermé, donc $y \in A \cap S \subset A$.

On notera que, sous les mêmes hypothèses, B n'est nullement tenu d'avoir le caractère algébriquement fermé, même dans un espace de dimension finie : qu'on prenne pour A, dans $\mathbb{R}^2$, une droite verticale, et pour B un disque fermé privé de son point d'ordonnée maximum.

I.2.7.7. Si B est un convexe cerné et A un convexe linéairement (resp. algébriquement) borné, A+B est linéairement (resp. algébriquement) borné.

La proposition relative à un ensemble A linéairement borné n'est qu'un cas particulier d'un résultat de Coquet [1,cor.2.3, p.28]. Si l'on observe d'autre part qu'un convexe est algébriquement borné si et seulement si son enveloppe algébrique est linéairement bornée, la seconde proposition combine le caractère linéairement borné de ${}^bA$ et le caractère cerné de ${}^bB$ pour constater que ${}^bA + {}^bB = {}^b(A+B)$ est linéairement borné, donc A+B algébriquement borné.

Plus généralement, tout convexe cerné non vide B lance un pont entre le cône asymptote C_A d'un convexe A et celui de A+B, de même qu'entre les sous-espaces caractéristiques Γ_A, Γ_{A+B} de ces ensembles.

I.2.7.8. <u>Si, des deux convexes</u> A,B, <u>le second est non vide et cerné</u>, $C_A \subset C_{A+B} \subset C_{{}^bA}$ <u>et</u> $\Gamma_A \subset \Gamma_{A+B} \subset \Gamma_{{}^bA}$. <u>Si de plus</u> ${}^bA$ <u>est algébriquement fermé, en particulier si</u> A <u>est algébriquement fermé ou une cellule convexe</u>, $C_A = C_{A+B}$ <u>et</u> $\Gamma_A = \Gamma_{A+B}$, <u>de sorte que</u> A <u>et</u> A+B <u>ont même pointure</u>.

Commençons par la seconde proposition, en nous tenant au cas d'un A non vide. Nous savons déjà que $C_A = C_A + C_B \subset C_{A+B}$, $\Gamma_A = \Gamma_A + \Gamma_B \subset \Gamma_{A+B}$. Pour établir les inclusions opposées, nous pouvons de nouveau faire en sorte que $0 \in A \cap B$. Un point non nul u de C_{A+B} implique l'existence d'un point x de ${}^b(A+B)$ tel que $x + [0:u) \subset {}^b(A+B) = {}^bA + {}^bB$. Puisque ${}^bA + {}^bB$ est algébriquement fermé en vertu de I.2.7.5, il est la somme de lui-même et de son cône asymptote, de sorte que ${}^bA + {}^bB + [0:u) \subset {}^bA + {}^bB$. Si l'on se cantonne dans le sous-espace $S = {}^s(B \cup \{u\})$, de dimension finie, on voit en particulier que $({}^bA \cap S) + {}^bB + [0:u) \subset ({}^bA \cap S) + {}^bB$, ce qui implique $({}^bA \cap S) + [0:u) \subset {}^bA \cap S$ (Jongmans [5, prop.3]), donc $u \in C_A$. Un raisonnement analogue vaut pour les espaces caractéristiques.

Passons au cas général où ${}^bA$ (non vide) n'est pas supposé algébriquement fermé. Il suffit d'obtenir l'inclusion $C_{A+B} \subset C_{{}^bA}$, en supposant pour plus de commodité que $0 \in A \cap B$. Cette fois, l'inclusion $x + [0:u) \subset {}^bA + {}^bB$ sera traitée dans $S = {}^s(B \cup \{u\} \cup \{x\})$ pour $x + [0:u) \subset ({}^bA + {}^bB) \cap S = ({}^bA \cap S) + {}^bB$. L'internat du convexe ${}^bA \cap S$ de dimension finie n'est pas vide. En invoquant le théorème I.2.7.8

dans le cas particulier d'une cellule convexe, on voit que u, point du cône asymptote de $({}^{b}A\cap S) + {}^{b}B$, appartient au cône asymptote de ${}^{b}A\cap S$, donc aussi à celui de ${}^{b}A$. Les sous-espaces caractéristiques se traitent semblablement.

I.2.7.9. Si la somme d'un convexe A et d'un convexe cerné non vide B est un cône algébriquement fermé (de sommet quelconque), A est un translaté de ce cône, et le sous-espace vectoriel parallèle à B est inclus dans celui parallèle à A pour peu que A ne soit pas vide.

Abstraction faite du cas où A est vide, si $a+b$ ($a \in A$, $b \in B$) est un sommet du cône $A+B$, on obtient aussitôt $A+b \subset A+B = a+b+C_{A+B} = a+b+C_A$, donc $A \subset a+C_A$. En retour, $a+C_A \subset A$, vu I.2.7.6, donc $A = a+C_A = A+B-b$, ce qui établit la première affirmation. De plus, ${}^{1}A = {}^{1}A + {}^{1}(B-b)$, ${}^{1}A-{}^{1}A = {}^{1}A-{}^{1}A+{}^{1}(B-b)$, donc le sous-espace ${}^{1}(B-b)$ parallèle à B est inclus dans le sous-espace ${}^{1}A-{}^{1}A = {}^{1}(A-A)$ parallèle à A.

I.2.7.10. Dans tout espace de dimension infinie E, il existe un convexe B, dont la trace sur tout sous-espace de dimension finie est un polytope, et dont l'ensemble différence B-B inclut une demi-droite mais non toute translatée de celle-ci issue d'un point de B-B.

Soient $F = \{e_i : i \in \mathcal{I}\}$ une base de Hamel de E, $G = \{e_{i(n)} : n \in \mathbb{N}\}$ une sous-famille dénombrable infinie de E et $e_i \in F \setminus G$.

Considérons l'ensemble

$$B = {}^{c}(\{0\} \cup \bigcup_{n\in\mathbb{N}} [e_{i(n)} : e_{i(n)} + ne_i]) .$$

Comme tout sous-espace vectoriel de dimension finie de ${}^{s}B$ est inclus dans un sous-espace vectoriel de la forme,

$$V = \{\sum_{n\in\Lambda} \alpha_n e_{i(n)} + \alpha e_i : \alpha_n \in \mathbb{R}(n\in\Lambda),\ \alpha \in \mathbb{R}\} ,$$

où $\Lambda \subset \mathbb{N}$ est fini et non vide, il suffit, pour établir que la trace sur B d'un sous-espace de dimension finie est un polytope, qu'il en est bien ainsi pour un sous-espace de la forme décrite ci-dessus.

Un point x de V appartient à B si et seulement s'il peut s'écrire

$$x = \sum_{n\in\Lambda'} \theta_n(e_{i(n)} + n\beta_n e_i) \quad ,$$

où $\Lambda' \subset \mathbb{N}$ est fini, $\theta_n \geq 0$ $(n\in\Lambda')$, $\sum_{n\in\Lambda'} \theta_n \leq 1$, $0 \leq \beta_n \leq 1$ $(n \in \Lambda')$.

Ainsi, si l'on suppose que les combinaisons linéaires sont écrites sous forme réduite ($\alpha_n > 0$, $(n \in \Lambda)$, $\theta_n > 0$ $(n \in \Lambda')$),

$$x = \sum_{n\in\Lambda} \alpha_n e_{i(n)} + \alpha e_i = \sum_{n\in\Lambda'} \theta_n(e_{i(n)} + n\beta_n e_i)$$

exige que

$$\Lambda' = \Lambda, \; \alpha_n = \theta_n (n \in \Lambda), \; \alpha = \theta_n n\beta_n \; (n \in \Lambda) \quad ,$$

ce qui livre

$$0 \leq \alpha_n \; (n \in \Lambda), \; \sum_{n\in\Lambda} \alpha_n \leq 1, \; 0 \leq \alpha \leq \inf_{n\in\Lambda} n\alpha_n \quad ,$$

soit, si n_o réalise la borne inférieure,

$$x = \sum_{n\in\Lambda} \alpha_n e_{i(n)} + \lambda n_o \alpha_{n_o} e_i = \sum_{n\in\Lambda\setminus\{n_o\}} \alpha_n e_{i(n)} + \alpha_{n_o}[e_{i(n_o)} + \lambda n_o e_i] \quad ,$$

$0 \leq \lambda \leq 1$, ce qui montre que $V\cap B$ est le polytope

$$^c(\{0\} \cup \{e_{i(n)} : n \in \Lambda\setminus\{n_o\}\} \cup \{e_{i(n_o)} + n_o e_i\}) \quad .$$

Il reste à remarquer que B-B inclut une demi-droite. En effet, quel que soit $n \in \mathbb{N}$,

$$ne_i = (e_{i(n)} + ne_i) - e_{i(n)} \in B - B \quad ,$$

donc, vu la convexité de B-B, $[0:e_i) \subset$ B-B.

Supposons que $[e_1 : e_1+e_i)$ soit incluse dans B-B, c'est-à-dire $e_1 + \lambda e_i \in$ B-B $\forall\lambda \geq 0$, soit encore $e_1 + \lambda e_i = \sum_{n\in\Lambda} \theta_n(e_{i(n)}+n\beta_n e_i)$ $= \sum_{n\in\Lambda'} \theta'_n(e_{i(n)} + n\beta'_n e_i)$, où $\Lambda, \Lambda' \subset \mathbb{N}$ sont finis, $\theta_n \geq 0$ $(n \in \Lambda)$,

$\theta'_n \geq 0$ $(n \in \Lambda')$, $\sum_{n\in\Lambda} \theta_n \leq 1$, $\sum_{n\in\Lambda'} \theta'_n \leq 1$, $\beta_n \in [0,1]$ $(n \in \Lambda)$,

$\beta'_n \in [0,1]$ $(n \in \Lambda')$.

Puisque les e_j sont indépendants, $1 \in \Lambda$ ou $1 \in \Lambda'$ et nous pouvons supposer que $1 \in \Lambda\cap\Lambda'$.

L'égalité ci-dessus exige que $\Lambda = \Lambda'$ (en supprimant éventuellement les indices $n \neq 1$ pour lesquels $\theta_n = 0$ ou $\theta'_n = 0$) et

$$\begin{cases} \theta_1 - \theta'_1 = 1 \\ \sum_{n\in\Lambda} \theta_n\, n\beta_n - \sum_{n\in\Lambda} \theta'_n\, n\beta'_n = \lambda \\ \theta_n = \theta'_n \,, \quad n \in \Lambda\setminus\{1\} \,, \end{cases}$$

donc $1 \geq \sum_{n\in\Lambda\setminus\{1\}} \theta_n + \theta_1 = \sum_{n\in\Lambda\setminus\{1\}} \theta'_n + \theta'_1 + 1 \geq 1$, ce qui livre

$\theta'_n = 0$ pour tout $n \in \Lambda = \Lambda'$, donc $\theta_1 = 1$ et $\theta_n = 0$ $(n \in \Lambda\setminus\{1\})$,

soit $e_1 + \lambda e_i = e_1 + \beta_1 e_i$. On en déduit $\lambda = \beta_1 \in [0,1]$, ce qui contredit l'hypothèse et établit la proposition, puisque $[0:e_i) \subset B-B$ et $e_1 \in B-B$.

I.3. SEPARATION FORTE DE DEUX ENSEMBLES CONVEXES

I.3.1. Définitions

Deux parties A et B sont fortement séparées par un hyperplan H lorsque H sépare A et B et qu'il est situé entre deux de ses translatés séparant également A et B; elles sont fortement séparées par une forme linéaire f non nulle lorsqu'elles sont fortement séparées par un hyperplan de niveau de f; enfin, elles sont dites fortement séparées s'il existe un hyperplan (ou, de façon équivalente, une forme linéaire non nulle) qui les sépare fortement.

I.3.2. Soient A et B deux ensembles non vides et f une forme linéaire non nulle sur E. Les trois propositions suivantes sont équivalentes :

a) A et B sont fortement séparés par f;

b) $\sup f(A) < \inf f(B)$ ou $\sup f(B) < \inf f(A)$;

c) la différence A-B est fortement séparée de l'origine par f.

Par définition même, A et B sont fortement séparés par l'hyperplan $H = \{x \in E : f(x) = \alpha\}$ si et seulement s'il existe un réel ε strictement positif tel que $\sup f(A) \leq \alpha-\varepsilon$ et $\inf f(B) \geq \alpha+\varepsilon$, ou bien $\inf f(A) \geq \alpha+\varepsilon$ et $\sup f(B) \leq \alpha-\varepsilon$; mieux encore, A et B sont fortement séparés par H si et seulement si $\sup f(A) < \inf f(B)$ ou $\sup f(B) < \inf f(A)$, moyennant le choix pour α d'un nombre intermédiaire aux deux membres de l'inégalité.

Le reste de la preuve s'inspire de celle du premier lemme de I.1.2.

I.3.3. <u>Deux cellules convexes</u> A <u>et</u> B <u>sont fortement séparées si et seulement si l'origine n'appartient pas à</u> ${}^b(A-B)$.

Comme la séparation forte de A et B va de pair avec celle de $\{0\}$ et A-B (I.3.2), il suffit de démontrer le résultat suivant : "un point c peut être fortement séparé d'une cellule convexe C si et seulement si c n'appartient pas à ${}^bC$".
La condition est visiblement nécessaire.
Réciproquement, supposons que c n'appartient pas à ${}^bC$. Ou bien c est un élément de ${}^1C \setminus C$: pour un point z de ${}^iC$, le segment $]c:z[$ contient un point m de ${}^mC$ [*;p.8]; par m passe un vrai hyperplan H de contact pour C (I.2.2), qui ne peut contenir ni z, ni c (I.1.2) : un translaté de H sépare fortement $\{c\}$ de C. Ou bien $c \notin {}^1C$: $\{c\}$ est alors fortement séparé de ${}^1C$, a fortiori de C.

<u>Remarque</u>. Ce résultat peut aussi être démontré à partir du théorème classique de séparation forte dans un espace localement convexe : "deux convexes non vides A et B d'un espace localement convexe peuvent être fortement séparés si et seulement si $0 \notin \overline{A-B}$"; il nous a paru néanmoins intéressant d'en donner une preuve directe.

I.3.4. <u>Soient</u> A <u>un ensemble cerné non vide</u>, B <u>un ensemble quelconque et</u> C <u>une cellule convexe</u>; <u>si</u> $A + B \subset A + C$, <u>alors</u> $B \subset {}^bC$. <u>En conséquence</u>, <u>pour un ensemble cerné non vide</u> A <u>et deux cellules convexes</u> B <u>et</u> C, $A + B = A + C$ <u>implique</u> ${}^bB = {}^bC$.

Procédons par l'absurde et supposons l'existence d'un point b dans $B \setminus {}^bC$. Comme $\{b\}$ peut être fortement séparé de C (I.3.3), il est possible de trouver une forme linéaire f non nulle sur E telle que

$$f(b) > \sup f(C) \qquad (I.3.2.)$$

Dans ces conditions,

$$f(b) + \sup f(A) = \sup f(b+A) > \sup f(A) + \sup f(C) = \sup f(A+C),$$

ce qui est absurde puisque A + b est inclus dans A + C.

I.3.5. _L'égalité_ A + B = A + C _est simplifiable par_ A _sous les hypothèses suivantes_ :

a) A _est un ensemble cerné non vide_, B _et_ C _sont deux cellules convexes algébriquement fermées_;

b) _ou bien_ E _est un espace localement convexe_, A _est un ensemble faiblement borné non vide_, B _et_ C _sont deux convexes fermés non vides_.

Le cas purement vectoriel découle instantanément de I.3.4, tandis qu'un raisonnement analogue permet de traiter le cas d'un espace localement convexe.

Corollaire. _Dans_ $\mathbb{R}^d$, _soient_ A _un ensemble borné non vide_, B _et_ C _deux convexes fermés non vides_; A + B = A + C _implique_ B = C.

CHAPITRE II

FACES ET FACETTES DES CONVEXES

II.1. DEFINITION DES FACES

Une partie F d'un ensemble convexe A est une <u>face</u> de A si $F = \emptyset$, ou $F = A$, ou s'il existe un hyperplan d'appui H de A tel que $F = H \cap A$. Les faces de A, distinctes de $\emptyset$ et de A sont appelées <u>faces propres</u> de A.

L'ensemble des faces du convexe A est noté $\mathcal{F}(A)$.

Un point $x \in A$ est un <u>point exposé</u> de A si $\{x\}$ est une face de A. L'ensemble des points exposés de A est noté exp A.

On remarquera que, si A est algébriquement fermé et non uniponctuel, les notions de point exposé de A et de point algébriquement exposé de A [*,p.18] coïncident.

II.2. PROPRIETES DES FACES EN DIMENSION QUELCONQUE

II.2.1. <u>Si</u> A <u>est un convexe algébriquement fermé</u>, <u>toute face de</u> A <u>est algébriquement fermée</u>; <u>toute face non vide d'un cône convexe</u> C <u>pointé contient chaque sommet de</u> C.

En effet, toute face propre d'un convexe algébriquement fermé est l'intersection de deux ensembles algébriquement fermés, à savoir l'ensemble lui-même et un hyperplan.

Par ailleurs, soit F une face propre d'un cône convexe pointé C de sommet 0 : il existe une forme linéaire f non nulle et un réel α tels que $A \subset \{x \in E : f(x) \leq \alpha\}$ et $F = A \cap f^{-1}(\{\alpha\})$; comme l'origine appartient à C, α est non négatif. Si $\alpha > 0$ et $a \in F$, on a $\lambda a \in A$ pour tout $\lambda > 0$, d'où $f(\lambda a) = \lambda\alpha \leq \alpha$ pour tout $\lambda > 0$, ce qui est absurde; partant, $\alpha = 0$ et $0 \in F$.

Enfin, le cas d'un cône convexe pointé quelconque peut se ramener à celui d'un cône convexe pointé de sommet 0 par simple translation.

II.2.2. *Si* A *est convexe, si* $F \in \mathcal{F}(A)$ *et si* $A' \subset A$ *est un convexe,* $F \cap A' \in \mathcal{F}(A')$.

De fait, si $F = \emptyset$ ou $F = A$, c'est trivial, sinon il existe un hyperplan d'appui H de A tel que $F = H \cap A$, donc

$$F \cap A' = H \cap A \cap A' = H \cap A' ,$$

où H est d'appui pour A' sauf si $H \cap A'$ est vide ou si $H \cap A' = A'$.

II.2.3. *Si* A *est convexe et si* F_1, F_2 *sont des faces de* A *telles que* $F_2 \subset F_1$, *alors* F_2 *est une face de* F_1.

C'est une conséquence immédiate de II.2.2.

II.2.4. *Si* A *est convexe, si* $F \in \mathcal{F}(A)$ *et si* $x \in F$, *alors* $x \in {}^pA$ *si et seulement si* $x \in {}^pF$. *Dès lors,* si $F \in \mathcal{F}(A)$, ${}^pF = F \cap {}^pA$.

Si $x \in {}^pA$, x ne peut être interne à aucun segment vrai inclus dans F, puisque ce segment serait inclus dans A, donc $x \in {}^pF$.

Inversement, si $x \in {}^pF$, x ne peut être interne à un segment vrai inclus dans A, puisque la relation $x \in F = H \cap A$, où H est un hyperplan d'appui de A, exige que ce segment soit inclus dans F.

II.2.5. *Pour tout convexe* A, $\exp A \subset {}^pA$.

En effet, soit $x \in \exp A$: $\{x\} = H \cap A$, où H est un hyperplan d'appui de A. Si x est interne à un segment inclus dans A, les extrémités de celui-ci doivent appartenir à H, donc doivent coïncider avec x; en conséquence, $x \in {}^pA$.

II.2.6. *L'intersection de toute famille finie non vide de faces d'un convexe* A *est une face de ce convexe. En d'autres termes,* $\mathcal{F}(A)$ *est un* $\cap$*-demi-lattis*.

Il suffit évidemment de faire la preuve pour une intersection binaire.

Le cas d'une intersection vide est banal, de même que celui où l'une des faces est A.

Soient donc F_1 et F_2 des faces propres de A telles que $F_1 \cap F_2 \neq \emptyset$. Il existe des hyperplans $H_1 = \bar{f}_1^1(\{\alpha_1\})$ et $H_2 = \bar{f}_2^1(\{\alpha_2\})$ tels que $F_i = H_i \cap A$ et

$A \subset \Sigma_i = \{x : f_i(x) \leq \alpha_i\}$, $(i=1,2)$. Hors le cas banal où $F_1 = F_2$, H_1 et H_2 ne sont pas parallèles, puisque $H_1 \cap H_2$ inclut $F_1 \cap F_2 \neq \emptyset$.

Considérons alors

$$H = f^{-1}(\{\alpha\}) \quad \text{et} \quad \Sigma = \{x : f(x) \leq \alpha\} ,$$

où

$$f = \frac{f_1+f_2}{2} \quad \text{et} \quad \alpha = \frac{\alpha_1+\alpha_2}{2} .$$

Visiblement, $A \subset \Sigma$ et $H_1 \cap H_2 \subset H$, donc

$$F_1 \cap F_2 = H_1 \cap H_2 \cap A \subset H \cap A$$

et H est un hyperplan d'appui de A. Supposons qu'il existe $x \in H \cap A$ tel que $x \notin H_1 \cap H_2$. Dans ce cas, on aurait, par exemple, $f_1(x) < \alpha_1$, donc

$$f(x) = \frac{1}{2}\,[f_1(x) + f_2(x)] < \frac{1}{2}\,(\alpha_1+\alpha_2) = \alpha ,$$

soit $x \notin H$. Dès lors, $F_1 \cap F_2 = H \cap A$, ce qui achève la preuve.

II.2.7. Si A est convexe, si $x \in A$, et si x est proprement interne à B, $x \in {}^{p}A$ si et seulement si $x \in {}^{p}(A \cap B)$ et $x \in \exp A$ si et seulement si $x \in \exp (A \cap B)$.

Les conditions sont visiblement nécessaires.

Etablissons la suffisance de la condition d'appartenance à $\exp A$.

Si $x \in \exp (A \cap B)$, il existe un hyperplan H' d'appui pour $A \cap B$ tel que $H \cap A \cap B = \{x\}$.

S'il existait un point $y \in A$, distinct de x, dans le demi-espace fermé associé à H qui ne contient pas $A \cap B$, le segment $[y:x]$, inclus dans A, inclurait un segment $[y':x]$ $(y' \neq x)$ inclus dans B, puisque x est proprement interne à B, ce qui contredirait le fait que H est d'appui pour $A \cap B$.

La preuve est semblable dans le cas de ${}^{p}A$.

II.2.8. En vue de préciser la portée d'un énoncé ultérieur (II.6.4.6), remarquons encore que <u>la non-vacuité de ^iA n'entraîne pas celle de ^iF pour toute face F de A</u> (<u>même si A est algébriquement fermé</u>).

Il est très facile de construire un contre-exemple (dans un espace de dimension infinie, évidemment). Soit H un hyperplan de E et soit C un convexe d'internat vide inclus dans H. Le convexe A obtenu en réunissant C et l'un des demi-espaces ouverts associés à H, possède un point interne alors que l'internat de sa face propre C est vide.

On peut corser un peu les choses en exigeant que A soit algébriquement fermé.

Soit $\{e_i : i \in \mathcal{J}\}$ une base de E. Considérons l'enveloppe convexe-équilibrée A de $\{e_i : i \in \mathcal{J}\}$: A est algébriquement fermé et $0 \in {}^iA$ (Fourneau [4;1.1,p.164]). L'ensemble $\{e_i : i \in \mathcal{J}\}$ est un hyperplan H de E qui ne contient pas 0. Montrons que H est d'appui pour A. Visiblement, $H \cap A \neq \emptyset$. De plus, on peut écrire $H = f^{-1}(\{1\})$, où $f \in E^*$ est défini par $f(e_i) = 1$ pour tout $i \in \mathcal{J}$. Si $x \in A$,

$$x = \sum_{j=1}^{n} \theta_j \, e_{i_j}, \text{ où } \sum_{j=1}^{n} |\theta_j| \leq 1 ,$$

donc

$$f(x) = \sum_{j=1}^{n} \theta_j \, f(e_j) = \sum_{j=1}^{n} \theta_j \leq 1 ,$$

donc $A \subset f^{-1}(]-\infty,1])$.

L'ensemble $A \cap H$ est donc une face de A. Montrons que $A \cap H = {}^c\{e_i : i \in \mathcal{J}\}$. Si $x \in A \cap H$,

$$x \in \sum_{j=1}^{n} \theta_j \, e_{i_j} \text{ avec } \sum_{j=1}^{n} |\theta_j| \leq 1 \text{ et } f(x) = 1,$$

donc

$$1 = \sum_{j=1}^{n} \theta_j \leq \sum_{j=1}^{n} |\theta_j| \leq 1$$

ce qui livre

$$\sum_{j=1}^{n} \theta_j = \sum_{j=1}^{n} |\theta_j| = 1 ,$$

donc $\theta_j \geqq 0$ pour $j = 1,\ldots,n$ et $x \in {}^c\{e_i : i \in \mathcal{I}\}$.
Comme il est évident que ${}^c\{e_i : i \in \mathcal{I}\} \subset A \cap H$, on a l'égalité annoncée.

Pour conclure, il suffit de noter que ${}^{ic}\{e_i : i \in \mathcal{I}\}$ est vide.

II.2.9. <u>Soient</u> A, B <u>deux convexes non vides et</u>
$F = \{x \in A + B : f(x) = \max f(A+B)\}$ <u>une face propre de</u> $A + B$. <u>Les ensembles</u> $F_1 = \{x \in A : f(x) = \max f(A)\}$ <u>et</u>
$F_2 = \{x \in B : f(x) = \max f(B)\}$ <u>sont des faces non vides de</u> A <u>et</u> B <u>respectivement telles que</u> $F = F_1 + F_2$.

<u>Si, de plus</u>, $F = \{x \in A + B : f'(x) = \max f'(A+B)\}$,
$F_1' = \{x \in A : f'(x) = \max f'(A)\}$ <u>coïncide avec</u> F_1 <u>et</u>
$F_2' = \{x \in B : f'(x) = \max f'(B)\}$ <u>coïncide avec</u> F_2.

Remarquons d'abord que $\max f(A) < +\infty$, $\max f(B) < +\infty$, d'où, en posant $\alpha = \max f(A+B)$, $\alpha_1 = \max f(A)$ et $\alpha_2 = \max f(B)$, $\alpha = \alpha_1 + \alpha_2$.

Soit z un point arbitraire de F : il existe $a \in A$ et $b \in B$ tels que $z = a + b$: comme $f(z) = \alpha = \alpha_1 + \alpha_2$, $f(a) \leqq \alpha_1$ et $f(b) \leqq \alpha_2$, il faut que $f(a) = \alpha_1$ et $f(b) = \alpha_2$, ce qui entraîne $a \in F_1$, $b \in F_2$, d'où $z \in F_1 + F_2$.

Réciproquement, pour des points arbitraires x de F_1 et y de F_2 (de tels points existent en vertu des lignes qui précèdent), $x + y$ appartient à $(A+B) \cap \{x \in E : f(x) = \alpha\} = F$.

En conclusion, $F = F_1 + F_2$.

Si $F = \{x \in A + B : f'(x) = \max f'(A+B)\}$, soit $x \in F_1'$. Comme $x \in A$, $f(x) \leqq \max f(A)$; si on avait $f(x) < \max f(A)$ on aurait, pour tout $y \in B$ (pour lequel $f(y) \leqq \max f(B)$),
$f(x+y) < \max f(A) + \max f(B)$, soit $x + y \notin F$, ce qui contredit l'égalité $F = F_1' + F_2'$. Ainsi, $F_1' \subset F_1$. On obtient de même l'inclusion réciproque, ce qui mène à l'égalité. On procède de même pour F_2'.

II.3. PROPRIETES DES FACES DES CONVEXES DE DIMENSION FINIE

II.3.1. *L'intersection de toute famille non vide de faces d'un convexe* A *de* $\mathbb{R}^d$ *est une face de ce convexe. De là,* $\mathcal{F}(A)$, *ordonné par inclusion, est un lattis complet.*

Nous savons déjà (II.2.6) que l'intersection de toute famille finie de faces de A est une face de A.

Soit $(F_i)_{i\in\mathcal{J}}$ une famille de faces de A. Si l'un des $(F_i)_{i\in\mathcal{J}}$ est vide, $\bigcap_{i\in\mathcal{J}} F_i = \emptyset$ est une face de A. Si l'un des F_i coïncide avec A, on peut n'en pas tenir compte. Nous supposerons donc que tous les F_i sont des faces propres.

Dès lors, pour tout $i \in \mathcal{J}$, il existe un hyperplan H_i d'appui pour A tel que $F_i = H_i \cap A$ et donc

$$\bigcap_{i\in\mathcal{J}} F_i = \bigcap_{i\in\mathcal{J}} (H_i \cap A) = \left(\bigcap_{i\in\mathcal{J}} H_i\right) \cap A .$$

Or, si $\bigcap_{i\in\mathcal{J}} H_i \neq \emptyset$, il existe $i_1,\ldots,i_k \in \mathcal{J}$ tels que

$$\bigcap_{i\in\mathcal{J}} H_i = \bigcap_{j=1}^{k} H_{i_j} ,$$

donc

$$\bigcap_{i\in\mathcal{J}} F_i = \left(\bigcap_{j=1}^{k} H_{i_j}\right) \cap A = \bigcap_{j=1}^{k} (H_{i_j} \cap A) = \bigcap_{j=1}^{k} F_{i_j}$$

appartient à $\mathcal{F}(A)$.

Pour établir que $\mathcal{F}(A)$ est un lattis, il suffit de noter que, quels que soient les $F_i \in \mathcal{F}(A)$ $(i\in\mathcal{J})$, A est un majorant des F_i dans $\mathcal{F}(A)$ et l'intersection des majorants communs des $F_i (i\in\mathcal{J})$ au sein de $\mathcal{F}(A)$ appartient encore à $\mathcal{F}(A)$, vu ce qui précède, donc est le supremum des $F_i (i\in\mathcal{J})$ dans $\mathcal{F}(A)$.

II.3.2. *Remarque.* L'opération d'infimum de $\mathcal{F}(A)$ est évidemment $\cap$. L'opération de supremum ne peut être exprimée analytiquement pour l'instant. Ceci sera fait en II.6.4.6, à l'occasion d'une généralisation de II.3.1.

II.3.3. <u>Le profil de tout convexe algébriquement fermé de dimension finie, dépourvu de droite, est non vide.</u>

La preuve se fait par récurrence sur la dimension de A, le théorème étant évident si dim A = 0 ou 1.

Supposons que le théorème soit vrai pour tout convexe algébriquement fermé, dépourvu de droite, de dimension inférieure à n $(1<n)$. Par tout point marginal de A passe un hyperplan d'appui de A qui détermine une face propre de A. Soit F une telle face : c'est un ensemble convexe algébriquement fermé de dimension inférieure à n qui ne contient pas de droite, donc ${}^pF \neq \emptyset$. De là ${}^pA$, qui inclut ${}^pF$, n'est pas vide.

II.3.4. <u>Dans</u> $\mathbb{R}^d$, <u>si le demi-espace ouvert</u> Σ <u>rencontre le compact convexe</u> K, Σ <u>contient un point exposé de</u> K.

Posons $K' = \Sigma \cap K$. Nous allons construire une boule qui inclut K' et dont la frontière rencontre K' en dehors de $K \cap H$, où $H = {}^m\Sigma$.

Supposons d'abord que $H \cap K$ n'est pas vide. Soit $y \in K'$ et soit ε la distance de y à H. Nous prendrons le centre z de la boule à construire sur la perpendiculaire D à H issue de y. Désignons par β la distance de z à y et par δ le maximum des distances de y' aux points de $H \cap K$, où y' est le point de percée de D dans H. Pour que la frontière de la boule ne rencontre pas $H \cap K$, il faut que

$$\|x-y'\| > \varepsilon$$

pour tout point frontière x de la boule appartenant à H, soit

$$\delta^2 < \|x-y'\|^2 = \|x-z\|^2 - \|z-y'\|^2$$

ou encore

$$\delta^2 < r^2 - (\beta-\varepsilon)^2 ,$$

si r est le rayon de la boule.

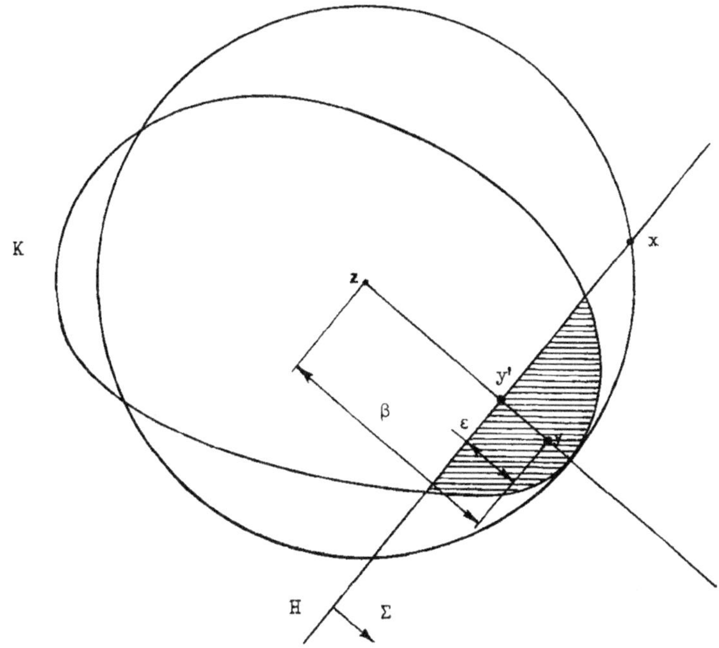

Puisque la boule devra inclure K', donc y, il faut que $r \geq \beta$, donc

$$\delta^2 < \beta^2 - (\beta-\varepsilon)^2 = 2\beta\varepsilon - \varepsilon^2,$$

et ainsi

$$\beta > \frac{\delta^2+\varepsilon^2}{2\varepsilon} .$$

Choisissons un nombre β quelconque vérifiant cette inégalité: le centre z de la boule est fixé.

Désignons par B la boule unité fermée centrée en 0 et posons $\mu = \inf \{\lambda > 0 : z + \lambda B \supset K'\}$. Puisque $y \in K'$, $\mu \geq \beta$. De plus, comme $K' \subset z + \lambda B$ équivaut à $\overline{K'} \subset z + \lambda B$, $\{\lambda > 0 : z + \lambda B \supset K'\} = \{\lambda > 0 : z + \lambda B \supset \overline{K'}\}$. La fonction $\|z-x\|$ est continue, donc réalise sa borne sur le compact $\overline{K'}$:

$$\sup_{x \in \overline{K'}} \|z-x\| = \|z-x_o\| = \mu_o, \; x_o \in \overline{K'} .$$

Il est évident que $\mu = \mu_o$, donc $K' \subset \overline{K'} \subset z + \mu B$ et $C = \overline{K'} \cap (z+\mu B)^{\bullet}$ n'est pas vide ($x_o \in C$). L'hypothèse sur β assure que $(z+\mu B)^{\circ} \cap H \cap K = \emptyset$. Or, puisque K est convexe (cf. par exemple [*,I.8.1.e,p.29]),

$$\overline{K'} = \overline{K\cap\Sigma} = K \cap \overline{\Sigma} = K \cap (\Sigma \cup H) = K' \cup (H\cap K) ,$$

donc

$$C = \overline{K'} \cap (z+\mu B)^{\circ} = K' \cap (z+\mu B)^{\circ} \subset K' .$$

Tout point c de C est un point exposé de $z + \mu B$, donc de K' (II.2.2.) puisque $K' \subset z + \mu B$ et $\{c\} \cap K' = \{c\}$. Soit Σ' le demi-espace fermé dont la trace sur K' est $\{c\}$. Si Σ' contient un autre point p de K, le segment [p:c] est inclus dans $\Sigma' \cap K$. Or, puisque $c \in K' \subset \Sigma$, c est interne à Σ et [p:c] porte un autre point de Σ qui appartient alors à $\Sigma \cap K = K'$, ce qui est absurde. Ainsi, $\Sigma \cap K = \{c\}$ ce qui prouve que $\{c\}$ est un point exposé de K.

Si $H \cap K = \emptyset$, on peut prendre pour z n'importe quel point de $K = K'$.

II.3.5. <u>Théorème de Straszewicz</u>. <u>Si</u> K <u>est un ensemble compact convexe de</u> $\mathbb{R}^d$, $({}^c\exp K)^- = K$.

Désignons par K' l'ensemble $({}^c\exp K)^-$: $K' \subset K$. Si K' diffère de K, il existe un point $x \in K \setminus K'$. Puisque les compacts convexes x et K' peuvent être séparés fortement, il existe un demi-espace ouvert Σ qui rencontre K mais non K'. Le résultat précédent assure l'existence d'un point exposé de K dans Σ, ce qui contredit la définition de K. Ainsi, K = K'.

II.4. FACETTES ET POONEMS

II.4.1. Rappel

Rappelons qu'une <u>facette</u> d'un ensemble convexe non vide A est une partie convexe P de A telle que tout segment pointé [x:y] inclus dans A et rencontré par P en un point autre que x,y soit inclus dans P.

Les principales propriétés des facettes ont été décrites en [*,III.4,pp.124-127][1]. Voici les principales :

a) *toute intersection de facettes de* A *est une facette de* A;

b) *toute face de* A *est une facette de* A;

c) *toute facette de* A *est trace dans* A *de son enveloppe linéaire, qui est une variété d'appui de* A;

d) *toute facette propre de* A (i.e. *distincte de* $\emptyset$ *et* A) *est incluse dans* ${}^{m}A$.

Rappelons encore que la facette de A liée à $a \in A$ est la facette minimum de A contenant a. On la désigne par F_a.

Enfin, notons qu'un point extrême de A n'est rien d'autre qu'une facette réduite à un singlet.

II.4.2. *L'ensemble des facettes d'un convexe non vide* A, *ordonné par inclusion, est un lattis complet, noté* $\mathscr{P}(A)$.

La preuve est analogue à celle de II.3.1.

II.4.3. *Si* A *est un convexe non vide et si* $F \in \mathscr{P}(A)$, *alors* $\mathscr{P}(F) = \{P \in \mathscr{P}(A) ; P \subset F\}$.

Si P est une facette de A incluse dans F, tout segment $[x;y]$ inclus dans F (donc dans A) et rencontré par P en un point autre que x,y est inclus dans P, donc P est une facette de F.

Inversement, si P est une facette de F, tout segment $[x;y]$ inclus dans A et rencontré par P (donc par F) en un point autre que x,y est inclus dans F, puisque F est une facette de A; comme P est une facette de F, $[x;y] \subset P$, donc $P \in \mathscr{P}(A)$.

Corollaire. Si A *est un convexe non vide et si* $F \in \mathscr{P}(A)$, ${}^{p}F = F \cap {}^{p}A$.

---

(1) On notera toutefois que dans [*] l'ensemble vide n'est pas considéré comme une facette, mais ceci ne change pas fondamentalement les choses.

II.4.4. *Si* A *est un convexe non vide*, *si* $F \in \mathcal{F}(A)$ *et si* $P \in \mathcal{P}(A)$, $P \cap F \in \mathcal{P}(F)$ *et* $P \cap F \in \mathcal{F}(P)$.

De fait, comme $\mathcal{F}(A) \subset \mathcal{P}(A)$, F est une facette de A, donc $P \cap F \in \mathcal{P}(A)$ et $P \cap F \in \mathcal{P}(F)$, puisque $P \cap F \subset F$ (II.4.3); l'autre appartenance résulte de II.2.2.

II.4.5. Il n'est pas vrai, en général, qu'une face d'une face d'un convexe A soit une face de A. Ainsi, dans la situation représentée ci-dessous,

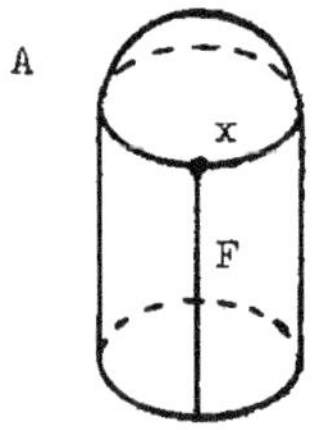

$\{x\}$ est une face de F qui est lui-même face de A, mais $\{x\}$ n'est pas une face de A.

Guidé par cette observation, B. Grünbaum ([1;p.20]) a introduit la notion de poonem[(1)].

Un ensemble F est un *poonem* du convexe A s'il existe des ensembles $F_0, F_1, \ldots, F_k$ tels que $F_0 = F$, $F_k = A$ et $F_{i-1} \in \mathcal{F}(F_i)$ $(i=1,\ldots,k)$.

II.4.6. *Tout poonem d'un convexe non vide* A *est une facette de* A.

De fait, si F est un poonem de A, il existe $F_1, \ldots, F_k$ tels que $F \in \mathcal{F}(F_1), \ldots, F_k \in \mathcal{F}(A)$. On a donc $F \in \mathcal{P}(F_1), \ldots, F_k \in \mathcal{P}(A)$. La proposition II.4.3 assure alors que $F \in \mathcal{P}(F_2)$ et, par induction, que F est une facette de A.

---

(1) "Poonem" est dérivé du mot hébreu qui signifie face.

II.4.7. <u>Soit</u> A <u>un convexe non vide de dimension finie</u>.

<u>Toute facette de</u> A <u>est un poonem de</u> A.

Si dim A = 0, $\mathcal{P}(A) = \{\emptyset, A\}$ et A comme $\emptyset$ est un poonem.

Nous allons prouver le théorème par induction sur la dimension de A. On peut évidemment supposer que ${}^{l}A = \mathbb{R}^{d}$ et se restreindre au cas d'une facette F distincte de A. Nous avons établi précédemment que F est la trace sur A d'une variété d'appui V de A. Les convexes $A \setminus V$ et V peuvent être séparés par un hyperplan (I.1.5) qui contient V, donc F. Cet hyperplan est visiblement d'appui pour A et donc $H \cap A = F'$ est une face propre de A de dimension au plus n-1. Comme $F \subset F'$, II.4.3 nous assure que F est une facette de F', puisque F' est une face, donc une facette de A.

Si l'on suppose que le théorème est vrai pour tout convexe non vide de dimension au plus n-1, F est un poonem de F', donc de A, puisque F' est une face de A.

II.4.8. <u>Toute réunion</u> (<u>d'indice</u> $\mathcal{I}$ <u>ordonné</u>) <u>de facettes d'un convexe non vide</u> A, <u>emboîtées en croissant</u>, <u>est une facette de</u> A.

En effet, si $[x:y]$ est inclus dans A et si $]x:y[$ rencontre $\bigcup_{i \in \mathcal{I}} F_i$, $]x:y[$ rencontre l'un des F_i donc $[x:y]$ est inclus dans celui-ci et $[x:y] \subset \bigcup_{i \in \mathcal{I}} F_i$.

II.4.9. <u>Hors le cas où</u> A <u>est d'internat vide</u>, <u>toute facette propre du convexe</u> A <u>est incluse dans une facette</u> (<u>propre</u>) <u>maximale de</u> A.

Considérons l'ensemble $\mathfrak{a}$ des facettes propres de A qui incluent la facette donnée F. La proposition précédente nous permet d'affirmer que si cet ensemble, ordonné par inclusion, n'est pas inductif à droite, la réunion de $\mathfrak{a}$ est A lui-même. Dans ce cas, A est réunion de parties de sa marge donc $A \subset {}^{m}A = {}^{a}A \setminus {}^{i}A$. Comme ${}^{i}A \subset A$, cette inclusion livre ${}^{i}A = \emptyset$, ce qui montre que A est d'internat vide.

Dès lors, sous les hypothèses de l'énoncé, $\mathfrak{a}$ est inductif à droite donc admet un élément maximal F'. Ainsi F' est une facette (propre) maximale de A qui inclut F.

II.4.10. Dans tout espace de dimension infinie il est possible de construire des convexes non vides, algébriquement fermés et d'internat vide : il suffit de prendre l'enveloppe convexe d'une famille libre infinie.

II.4.11. Soit A un convexe non vide. Toute facette de A de codimension 1 dans ^{1}A est une facette maximale de A.

Soit F une facette de A, de codimension 1 dans ^{1}A. Supposons que F' soit une facette propre de A qui inclut F. De $F \subset F'$, on déduit $^{1}F \subset {}^{1}F'$ donc $^{1}F = {}^{1}F'$, puisque ^{1}F est un hyperplan de ^{1}A et $^{1}F' \neq {}^{1}A$ (sinon on aurait $F' = {}^{1}F' \cap A = A$). De là,

$$F' = {}^{1}F' \cap A = {}^{1}F \cap A = F ,$$

donc F est maximale.

II.4.12. Remarque. La réciproque de la proposition précédente est fausse comme le montre l'exemple d'un point marginal d'un disque fermé.

II.4.13. Il est évident que si F_j est une facette d'un convexe A_j $(j=1,2)$, $F = F_1 \cap F_2$ est une facette de $A_1 \cap A_2$.

La proposition suivante précise ce résultat.

Soient A_1, A_2 deux convexes et x un point quelconque de leur intersection; la facette F de $A_1 \cap A_2$ liée à x coïncide avec $F_1 \cap F_2$, où F_j est la facette de A_j liée à x $(j=1,2)$.

Soit y un point arbitraire de $F \setminus \{x\}$; la droite $(x:y)$ insère x dans F, donc dans A_1 et A_2, ce qui entraîne que y appartient à F_1 et F_2, puisque F_j est une facette de A_j pour $j = 1,2$.

Réciproquement, soit z un point arbitraire de $(F_1 \cap F_2) \setminus \{x\}$; la droite $(x:z)$ insère x dans A_1 et dans A_2, donc dans $A_1 \cap A_2$, ce qui montre que z appartient à F.

Corollaire. Soient A_1, A_2 deux convexes et F une partie d'internat non vide de $A_1 \cap A_2$. Une condition nécessaire et suffisante pour que F soit une facette de $A_1 \cap A_2$ est que F s'écrive sous la forme $F_1 \cap F_2$, où F_j est une facette de A_j pour $j = 1,2$.

La condition est nécessaire grâce à la remarque du début de ce paragraphe.

Elle est suffisante puisque toute facette douée de points internes est la facette liée à un quelconque de ses points internes [*;III.4.1.2,d,p.125]; il suffit alors d'appliquer l'énoncé précédent.

II.4.14. <u>Dans un espace vectoriel de dimension finie, toute facette</u> F <u>de l'intersection de deux convexes</u> A_1 <u>et</u> A_2 <u>s'écrit sous la forme</u> $F = F_1 \cap F_2$, <u>où</u> F_j <u>est une facette de</u> A_j <u>pour</u> $j = 1,2$.

En effet, tout convexe non vide de dimension finie est doué de points internes [*;IV.1.1,p.138] et il suffit de rapprocher II.4.13 de [*;III.4.1.2.d,p.125] pour voir que toute facette non vide de $A_1 \cap A_2$ s'écrit sous la forme indiquée, l'évidence $\emptyset = \emptyset \cap \emptyset$ permet de conclure.

<u>Remarque</u>. Ceci met en défaut une proposition de L.E. Dubins qui affirme que, même dans un espace vectoriel réel à deux dimensions, il existe des convexes A_1 et A_2 et une facette F de $A_1 \cap A_2$ tels que, pour aucune facette F_j de A_j, F ne coïncide avec l'intersection de F_1 avec F_2 (Dubins [1;4.5,p.241]).

II.4.15. <u>Soient</u> A <u>et</u> B <u>deux convexes non vides et</u> F <u>une facette non vide de</u> $A + B$; <u>il existe deux facettes</u> F_1 <u>et</u> F_2 <u>de</u> A <u>et</u> B <u>respectivement telles que</u> $F = F_1 + F_2$; <u>cette décomposition de</u> F <u>est unique lorsque</u> A <u>et</u> B <u>sont des ensembles cernés algébriquement fermés</u> (<u>en particulier, des compacts de</u> $\mathbb{R}^d$).

Posons $F_1 = \{x \in A : \exists y \in B, x+y \in F\}$ et $F_2 = \{x \in B : y \in A, x+y \in F\}$.

Visiblement, F_1 et F_2 sont des convexes non vides. Montrons que F_1 est une facette de A, la preuve pour F_2 étant exactement la même. Si $\alpha x_1 + (1-\alpha)x_2 \in F_1 (x_1, x_2 \in A,\ 0 < \alpha < 1)$, il existe $y \in B$ tel que

$$\alpha x_1 + (1-\alpha)x_2 + y = \alpha(x_1+y) + (1-\alpha)(x_2+y) \in F ;$$

dès lors, $x_1 + y$ et $x_2 + y$ appartiennent à F, d'où x_1 et x_2 sont dans F_1. Bien entendu, $F \subset F_1 + F_2$. Pour démontrer l'inclusion réciproque, soient $x_j \in F_j$ $(j=1,2)$. Par la définition même de F_1 et F_2, il existe deux points $y_1 \in B$ et $y_2 \in A$ tels que $x_j + y_j \in F$ $(j=1,2)$. Dès lors,

$$\frac{1}{2}(x_1+y_1) + \frac{1}{2}(x_2+y_2) = \frac{1}{2}(x_1+x_2) + \frac{1}{2}(y_1+y_2) \in F, \text{ d'où } x_1 + x_2 \in F.$$

Supposons désormais que A et B soient des ensembles cernés et algébriquement fermés. Si la décomposition n'est pas unique, il existe deux facettes F_1' et F_2' de A et B respectivement telles que $F_1 + F_2 = F_1' + F_2'$. Bien entendu, $F_j' \subset F_j$ pour $j = 1,2$. Partant, $F_1 + F_2 = F = F_1' + F_2' \subset F_1 + F_2' \subset F_1 + F_2 = F$, d'où $F_1 = F_1'$ et $F_2 = F_2'$ (I.3.4), vu que toute facette de A ou B est une cellule convexe, cernée et algébriquement fermée.

II.5. VARIETES ET DEMI-VARIETES EXTREMES, FACETTES IRREDUCTIBLES

II.5.1. Définitions

Si une facette non vide de A est une variété linéaire, on l'appelle une <u>variété extrême</u> de A; une telle variété peut encore être définie comme une variété linéaire non vide V telle que $A \setminus V$ soit convexe. Une variété extrême de dimension nulle s'identifie à un point extrême. De même, une facette de A qui est une demi-variété linéaire fermée reçoit le nom de <u>demi-variété extrême</u>.

Si A désigne un ensemble convexe algébriquement fermé, la réunion des droites menées par un point x de A et incluses dans A est une variété linéaire $x + \Gamma(A)$ ($\Gamma(A)$ sous-espace vectoriel) incluse dans A; vu [*;1.3.5,p.8], cette variété se modifie par translation quand x parcourt A; elle est donc complètement caractérisée par $\Gamma(A)$, qu'on appellera le <u>sous-espace caractéristique</u> de A. La dimension de $\Gamma(A)$ s'appellera la <u>pointure</u> de A; la codimension de $\Gamma(A)$ dans l'espace vectoriel parallèle à ${}^1A$, la <u>copointure</u> de A. Tout ceci reste valable pour l'ensemble vide, auquel on attribuera une pointure et une copointure égales à 1.

Un convexe A sera appelé <u>réductible</u> s'il coïncide avec l'enveloppe convexe de sa marge; sinon, il sera appelé <u>irréductible</u>.

Enfin, un convexe sera dit <u>engendré</u> par une famille $\mathcal{F}$ d'ensembles lorsqu'il coïncide avec l'enveloppe convexe de la réunion des éléments de $\mathcal{F}$.

II.5.2. <u>Une facette non vide d'un ensemble convexe non vide algébriquement fermé</u> A <u>est une facette minimale pour l'inclusion</u> (i.e. <u>est un atome de</u> $\mathscr{P}(A)$) <u>si et seulement si elle est une variété extrême de</u> A.

Soit V une variété extrême de A. Si V n'était pas minimale, il existerait une facette non vide F de A incluse dans V; F serait alors facette de V, ce qui est absurde puisque V est une variété linéaire. De là, V est minimale.

A l'inverse, si F est une facette non vide de A qui n'est pas une variété linéaire, F possède un point marginal [*;1.3.4,p.8] auquel est liée une facette strictement incluse dans F.

II.5.3. <u>Soit</u> A <u>un ensemble convexe, non vide et algébriquement fermé</u>. <u>Toute variété extrême de</u> A <u>est un translaté de</u> $\Gamma(A)$. <u>En conséquence, la dimension de toute variété extrême de</u> A <u>est la pointure</u> π <u>de</u> A. <u>Toute demi-variété extrême de</u> A <u>est de dimension</u> $\pi + 1$, <u>et sa marge est une variété extrême de</u> A.

Bien entendu, la dimension d'une variété extrême quelconque V de A est inférieure ou égale à π. Si elle est inférieure à π, V est strictement inclus dans une variété linéaire V' de dimension π : ceci contredit le fait que V est une facette de A.

Quant à une demi-variété extrême D de A, sa marge est une variété extrême, de dimension π, donc la dimension de D vaut $\pi + 1$.

II.5.4. <u>Soient</u> A <u>un ensemble convexe algébriquement fermé</u>, F <u>une facette de</u> A <u>et</u> x <u>un point de</u> F; $x + \Gamma(A) \subset F$, <u>dès lors, la codimension de</u> F <u>au sein de</u> ^1A <u>n'est jamais supérieure à la copointure</u> θ <u>de</u> A; <u>si celle-ci est finie, toute facette de codimension</u> θ <u>est une variété extrême</u>.

On sait déjà que $x + \Gamma(A)$ est inclus dans A [*;I.3.5,p.8]. Supposons l'existence d'un point y dans $(x+\Gamma(A)) \setminus F$: la droite $(x:y)$ contient deux points z_1, z_2 de A tels que le segment $[x:y]$ soit inclus dans $]z_1:z_2[$; comme $[z_1:z_2]$ rencontre la facette F au point x, z_1 et z_2 appartiennent à F, d'où l'absurdité $y \in F$. En conclusion, $x + \Gamma(A)$ est inclus dans F; il en résulte immédiatement que la codimension de F dans ^1A est inférieure ou égale à la codimension de $x + \Gamma(A)$ dans ^1A, c'est-à-dire, à la copointure de A.

Supposons dorénavant θ fini, d'où la codimension dans ${}^1A$ de toute facette de A est finie.

Si F_1 est une facette de A strictement incluse dans une autre facette F de A, on peut écrire F_1 sous la forme $F \cap {}^1F'$ avec ${}^1F'$ strictement inclus dans ${}^1F$, et la codimension de F_1 dans ${}^1A$ est strictement supérieure à celle de F dans ${}^1A$. Supposons de plus que la codimension de F dans ${}^1A$ coïncide avec θ; en vertu des lignes précédentes, F n'inclut strictement aucune facette de A, ce qui montre que F est une facette minimale de A, c'est-à-dire une variété extrême (II.5.2).

<u>Remarque</u>. Une facette de codimension $\theta-1$ n'est pas obligatoirement une demi-variété extrême; l'exemple dans $\mathbb{R}^3$ du demi-cylindre $\{x = (x_1,x_2,x_3) : x_1^2 + x_2^2 \leq 1,\ x_1 \geq 0\}$ le montre : ici, la pointure vaut 1, la copointure 2, les variétés extrêmes sont les génératrices verticales $\{x : x_1 = a_1,\ x_2 = a_2,\ a_1^2 + a_2^2 = 1,\ a_1 \geq 0\}$, mais il existe une facette plane de dimension 2 (et codimension 1), délimitée par les deux verticales d'équations $x_1 = 0$, $x_2 = \pm 1$, et qui n'est pas un demi-plan extrême.

II.5.5. <u>Tout ensemble convexe algébriquement fermé</u> A <u>de copointure finie</u> (<u>en particulier tout ensemble convexe algébriquement fermé de dimension finie</u>) <u>est engendré par ses variétés extrêmes et demi-variétés extrêmes</u>; <u>s'il n'est pas vide</u>, <u>il possède donc au moins une variété extrême</u>.

Si la facette F_a liée à un point quelconque a de A n'est pas une variété extrême ou une demi-variété extrême, a est barycentre d'un nombre fini de points de ${}^mF_a$, vu [*;1.7.7.c,p.26]. Les facettes liées à ces points ont une codimension supérieure à celle de F_a. Par itération du raisonnement, a devient barycentre d'un nombre fini de points situés dans des facettes de codimension θ ou $\theta-1$, θ étant la copointure de A. Pour les facettes de codimension $\theta-1$ qui ne seraient pas des variétés extrêmes, une dernière démarche conduit à des points situés dans des variétés extrêmes.

II.5.6. <u>Un ensemble convexe algébriquement fermé</u> A <u>de copointure finie est engendré par ses variétés extrêmes si et seulement s'il est dépourvu de demi-variétés extrêmes; il est engendré par ses demi-variétés extrêmes si et seulement si chacune de ses variétés extrêmes est incluse dans une demi-variété extrême</u>.

Le "si" est corollaire de l'énoncé précédent. En revanche, si A possède une demi-variété extrême D, celle-ci contient strictement une et une seule facette V, qui est variété extrême de A; $(A \setminus D) \cup V$, ensemble visiblement convexe, contient alors l'enveloppe convexe de la réunion des variétés extrêmes de A, enveloppe qui ne peut donc être A.
Un raisonnement analogue vaut si une variété extrême V de A n'est pas incluse dans une demi-variété extrême : $A \setminus V$ contient l'enveloppe convexe de la réunion des demi-variétés extrêmes.

II.5.7. <u>Tout ensemble convexe algébriquement fermé</u> A <u>fini-dimensionnel qui n'est ni une variété linéaire ni une demi-droite, et dont la marge ne contient aucune demi-droite, est engendré par ses points extrêmes</u>.

La pointure de A est nulle, sinon ${}^{m}A$ contiendrait une droite. La présence d'une demi-droite extrême est interdite par les hypothèses, aussi bien du côté de A que de ${}^{m}A$. L'énoncé II.5.5 conduit alors à la conclusion.

II.5.8. <u>Tout convexe de dimension finie est engendré par ses facettes irréductibles</u>.

Le résultat est trivial pour des convexes de dimension nulle.

Supposons qu'il soit vrai pour tout convexe de dimension inférieure à d, et considérons un convexe A dont la dimension est égale à d. Si $A \neq {}^{c}({}^{m}A)$, A est lui-même une facette irréductible de A. Supposons désormais que A coïncide avec ${}^{c}({}^{m}A)$. Par tout point x de ${}^{m}A$, il passe un vrai hyperplan de contact H_x de A (I.2.2); la famille des ensembles $H_x \cap {}^{m}A$, lorsque x parcourt ${}^{m}A$, engendre visiblement A. Mais chaque facette de $H_x \cap {}^{m}A$ est une facette de A (II.4.3); par l'hypothèse de récurrence, chaque ensemble $H_x \cap {}^{m}A$ est engendré par ses facettes irréductibles, d'où A est lui-même engendré par ses facettes irréductibles.

II.5.9. Soit A un ensemble convexe algébriquement fermé d'internat non vide; A est réductible si et seulement si A n'est ni une variété linéaire, ni une demi-variété.

La condition est trivialement nécessaire; quant à sa suffisance, elle a été prouvée antérieurement [*;I.7.7.6,p.26].

II.5.10. Un convexe fermé de dimension finie qui ne contient aucune droite est engendré par ses points extrêmes et ses demi-droites extrêmes.

Cela découle directement des deux énoncés précédents ou encore de II.5.5.

II.6. POLARITE ET FACES

II.6.1. Définitions et propriétés générales

II.6.1.1. Soit A une partie de E. On appelle polaire de A l'ensemble

$$A^* = \{f \in E^* : f(x) \leq 1, \ \forall x \in A\} .$$

Soit A une partie de E*. On appelle polaire de A l'ensemble

$$A^* = \{x \in E : f(x) \leq 1, \ \forall f \in A\} .$$

II.6.1.2. Quelle que soit la partie A de E [resp. de E*], A* est convexe et algébriquement fermé et même $\sigma(E^*,E)$-fermé [resp. $\sigma(E,E^*)$-fermé].(1)

(1) Rappelons que la topologie $\sigma(E^*,E)$ [resp. $\sigma(E,E^*)$] est la topologie engendrée sur E [resp. E*] par la base de voisinages de 0 constituée par les

$$\{f \in E^* : \sup_{i=1,\dots,n} |f(x_i)| \leq \varepsilon\} \quad [\text{resp. } \{x \in E : \sup_{i=1,\dots,n} |f_i(x)| \leq \varepsilon\}]$$

où $n \in \mathbb{N}$, $\varepsilon > 0$, $x_i \in E$ $(i=1,\dots,n)$ [resp. $f_i \in E^*$ $(i=1,\dots,n)$].
C'est la topologie la plus faible sur E* [resp. E] pour laquelle le dual topologique de E* [resp. E] est E [resp. E*]. Ces topologies sont visiblement localement convexes et séparées.

De fait,

$$A^* = \bigcap_{x\in A} \{f \in E^* : f(x) \leq 1\} = \bigcap_{x\in A} \{f \in E^* : e_x(f) \leq 1\},$$

où e_x est défini par $e_x(f) = f(x)$ pour tout $f \in E^*$,

$$[\text{resp. } A^* = \bigcap_{f\in A} \{x \in E : f(x) \leq 1\}]$$

est une intersection de demi-espaces fermés et même $\sigma(E^*,E)$-[resp. $\sigma(E,E^*)$-] fermés.

II.6.1.3. <u>Le passage aux polaires est une opération antitone; de plus</u> $(\bigcup_{i\in\mathcal{J}} A_i)^* = \bigcap_{i\in\mathcal{J}} A_i^*$.

Si $A_1 \subset A_2$, soit $f \in A_2^*$. Pour tout $x \in A_2$, $f(x) \leq 1$, donc $f(x) \leq 1$ pour tout $x \in A_1$, soit $f \in A_1^*$. Ainsi $A_2^* \subset A_1^*$.

L'égalité annoncée est évidente.

II.6.1.4. <u>Si</u> A <u>est une partie de</u> E <u>dont l'enveloppe convexe possède un point interne</u>, $A^{**} = {}^{bc}(A\cup\{0\})$ (<u>théorème des bipolaires</u>).

D'une part, si $x \in A$, $f(x) \leq 1$ pour tout $f \in A^*$, donc $x \in A^{**}$; de plus, l'origine appartient trivialement à A^{**}. Ainsi $A \cup \{0\} \subset A^{**}$, donc ${}^{bc}(A\cup\{0\}) \subset A^{**}$, vu II.6.1.2.

D'autre part, si $x_o \notin {}^{bc}(A\cup\{0\})$, il existe un hyperplan qui sépare fortement x_o de ${}^{c}(A\cup\{0\})$, donc de A (I.3.3), ce qui livre une forme linéaire non nulle f et un réel α (forcément positif) tels que

$$f(x) < \alpha, \ \forall x \in {}^{c}(A\cup\{0\}) \quad \text{et} \quad f(x_o) > \alpha .$$

On voit ainsi que $x_o \notin A^{**}$ puisque $\frac{1}{\alpha} f(x_o) > 1$ et $\frac{1}{\alpha} f \in A^*$.

II.6.1.5. <u>Pour toute partie</u> A <u>de</u> E [resp. E^*], $A \subset A^{**}$, <u>donc</u> $A^{***} = A^*$.

De fait, si $x \in A$, $f(x) \leq 1$ pour tout $f \in A^*$, donc $x \in A^{**}$.

Dès lors,

$$A^{***} = (A^{**})^* \subset A^* \subset (A^*)^{**} = A^{***} .$$

II.6.1.6. <u>Pour toute partie</u> A <u>de</u> E, $A^{**} = {}^{\bar{c}}(A\cup\{0\})$, <u>où l'enveloppe convexe fermée est prise dans la topologie</u> $\sigma(E,E^*)$.

La preuve est identique à celle de II.6.1.4. D'ailleurs, II.6.1.4. se déduit sans peine de ce théorème si on remarque que, si ${}^{ic}A \neq \emptyset$, ${}^{bc}(A\cup\{0\}) = {}^{\bar{c}}(A\cup\{0\})$.

II.6.1.7. <u>Pour toute famille</u> $(A_i)_{i\in\mathcal{J}}$ <u>de parties de</u> E <u>convexes,</u> $\sigma(E,E^*)$-<u>fermées et contenant</u> 0 (<u>en particulier, convexes algébriquement fermées, d'internat non vide et contenant</u> 0), <u>le polaire de</u> $A = \bigcap_{i\in\mathcal{J}} A_i$ <u>est</u> ${}^{\bar{c}}(\bigcup_{i\in\mathcal{J}} A_i^*)$, <u>l'enveloppe convexe fermée étant prise dans</u> $\sigma(E,E^*)$.

En effet, ${}^{\bar{c}}(\bigcup_{i\in\mathcal{J}} A_i^*) = (\bigcup_{i\in\mathcal{J}} A_i^*)^{**}$, donc

$$[{}^{\bar{c}}(\bigcup_{i\in\mathcal{J}} A_i^*)]^* = (\bigcup_{i\in\mathcal{J}} A_i^*)^{***} = (\bigcup_{i\in\mathcal{J}} A_i^*)^* = \bigcap_{i\in\mathcal{J}} A_i^{**} = \bigcap_{i\in\mathcal{J}} A_i = A,$$

donc $A^* = [{}^{\bar{c}}(\bigcup_{i\in\mathcal{J}} A_i^*)]^{**} = {}^{\bar{c}}(\bigcup_{i\in\mathcal{J}} A_i^*)$.

II.6.1.5. <u>Si</u> 0 <u>est proprement interne à</u> A, A^* <u>est algébriquement borné</u>.

De fait, puisque A^* est convexe et algébriquement fermé, si A^* n'était pas algébriquement borné, A^* inclurait une demi-droite issue de 0 : $[0:f) \subset A^*$, $f \neq 0$. Comme 0 est proprement interne à A, il existe $x \in A$ tel que $f(x) > 0$. Dès lors, $\lambda f(x) > 1$ si $\lambda > \frac{1}{f(x)}$, ce qui est absurde.

II.6.2. <u>Polarité dans</u> $\mathbb{R}^d$

II.6.2.1. <u>Remarque</u>. On se rappellera que $(\mathbb{R}^d)^* = \mathbb{R}^d$ et que toute forme linéaire f dans $\mathbb{R}^d$ est donnée par

$$f(x) = (x|y),\ \forall x \in \mathbb{R}^d,$$

où $y \in \mathbb{R}^d$.

II.6.2.2. Si $B(0,\rho)$ désigne la boule euclidienne fermée de centre 0 et de rayon $\rho > 0$,

$$[B(0,\rho)]^* = B(0,\tfrac{1}{\rho})$$

Si $y \in B(0,\frac{1}{\rho})$,

$$(x|y) \leq \|x\| \, \|y\| \leq 1, \quad \forall x \in B(0,\rho),$$

donc $y \in [B(0,\rho)]^*$.

Inversement, si $y \in [B(0,\rho)]^* \setminus \{0\}$, le point $x = \frac{y}{\|y\|}\rho$ appartient à $B(0,\rho)$, donc

$$(x|y) = \frac{\|y\|^2}{\|y\|}\rho = \|y\|\rho \leq 1,$$

soit $\|y\| \leq \frac{1}{\rho}$. Dès lors, $[B(0,\rho)]^* \subset B(0,\frac{1}{\rho})$. Au total, $[B(0,\rho)]^* = B(0,\frac{1}{\rho})$.

II.6.2.3. Si $A \subset \mathbb{R}^d$ et si $0 \in \mathring{A}$, A^* est borné.

De fait, comme $0 \in \mathring{A}$, il existe $\varepsilon > 0$ tel que $B(0,\varepsilon) \subset A$, donc $A^* \subset B(0,\frac{1}{\varepsilon})$ est borné.

II.6.2.4. Si $A \subset \mathbb{R}^d$ est borné, $0 \in (A^*)^\circ$.

Il existe $\varepsilon > 0$ tel que $A \subset B(0,\varepsilon)$, donc $B(0,\frac{1}{\varepsilon}) \subset A^*$.

II.6.3. Polaires de cônes et cône dual

II.6.3.1. Si $A \subset E$ [resp. E^*] est un cône convexe de sommet 0, A^* est un cône convexe de sommet 0. De plus,

$$A^* = \{f \in E^*, f(x) \leq 0, \ \forall x \in A\} \ [\text{resp.}\ A^* = \{x \in E : f(x) \leq 0, \ \forall f \in A\}] .$$

Si A est un sous-espace vectoriel, $A^* = \{f \in E^* : f(x)=0, \forall x \in A\}$ [resp. $A^* = \{x \in E : f(x) = 0, \ \forall f \in A\}$], ce qui, dans $\mathbb{R}^d$, n'est autre que le sous-espace $A^\perp$ orthogonal à A.

Détaillons la preuve dans le cas où $A \subset E$. Si $f \in A^*$, pour tout $\lambda > 0$

$$\lambda f(x) = f(\lambda x) \leq 1, \ \forall x \in A,$$

donc $\lambda f \in A^*$, puisque $\lambda x \in A$. D'ailleurs, on ne peut avoir $f(x) > 0$ si $x \in A$ car on aurait

$$\left(\frac{2}{f(x)} f\right)(x) = 2 > 1 .$$

Si A est un sous-espace vectoriel, on peut recourir à $\lambda < 0$.

II.6.3.2. Si $A \subset E$ [resp. E^*] est un cône convexe de sommet 0, on appelle <u>cône dual</u> de A l'ensemble

$$A^+ = \{f \in E^* : f(x) \leq 0, \ \forall x \in A\}^{(1)}$$

$$[\text{resp. } A^+ = \{x \in E : f(x) \leq 0, \ \forall f \in A\}]$$

La proposition précédente montre que $A^+ = A^*$ et que A^+ est un cône convexe de sommet 0.

II.6.3.3. <u>Si</u> A <u>est un cône convexe</u> $\sigma(E,E^*)$-<u>fermé de sommet</u> 0 (<u>en particulier algébriquement fermé d'internat non vide</u>), $A^{++} = A$.

Il suffit d'utiliser le théorème des bipolaires.

II.6.3.4. <u>Si</u> A <u>est convexe et algébriquement fermé</u>, $A^* = A'^* \cap \Gamma(A)^*$ <u>pour toute section</u> A' <u>de</u> A <u>par un supplémentaire de</u> $\Gamma(A)$.

Détaillons la preuve pour $A \subset E$, elle est semblable pour $A \subset E^*$.

---

(1) On peut évidemment définir A^+ quel que soit A, mais on a alors $A^+ = (\text{pos } A)^+$.

Soit $f \in A^*$: f est nulle sur $\Gamma(A)$. En effet, si ce n'était pas le cas, il existerait $x \in \Gamma(A)$ tel que $f(x) > 0$ et, pour un point (quelconque) a de A, on aurait

$$f(a+\lambda x) = f(a) + \lambda f(x) \text{ et } a + \lambda x \in A, \ \forall \lambda \in \mathbb{R} ,$$

donc $f(a+\lambda x) > 1$ si $\lambda > -\frac{f(a)}{f(x)}$. De plus, si A' est une section de A, A' ⊂ A, donc $f \in A'^*$. Au total, $A^* \subset A'^* \cap \Gamma(A)^*$, puisque $\Gamma(A)^* = \{f : f(x) = 0, \forall x \in \Gamma(A)\}$ (II.6.3.1).

A l'inverse, si $f \in A'^* \cap \Gamma(A)^*$, comme tout $x \in A$ s'écrit $x = a + g$ où $a \in A'$ et $g \in \Gamma(A)$, $f(x) = f(a) + f(g) \leq 1$ et $f \in A^*$.

<u>Remarque</u>. On peut se passer de l'hypothèse "A algébriquement fermé" à condition de remplacer $\Gamma(A)$ par le plus grand sous-espace dont un translaté est inclus dans A. Nous laissons au lecteur le soin d'adapter la preuve.

II.6.3.5. <u>Si</u> $A \subset \mathbb{R}^d$ <u>est convexe et fermé et possède une section bornée</u> $\dim A^* = \dim [\Gamma(A)]^{\perp} = d - \dim \Gamma(A)$.

De fait, $A^* = A'^* \cap \Gamma(A)^*$. Comme A' est borné, $(A'^*)^{\circ} \ni 0$, (II.6.2.4), donc $\dim A^* = \dim \Gamma(A)^* = \dim [\Gamma(A)]^{\perp} = d - \dim \Gamma(A)$.

II.6.4. <u>Polarité et faces</u>

II.6.4.1. Soit A un convexe non vide de E [resp. E*] et soit F une face de A. On pose

$$\hat{F} = \{f \in A^* : f(x) = 1, \ \forall x \in F\} \ [\text{resp.} \hat{F} = \{x \in A^* : f(x) = 1, \ \forall f \in F\}]$$

et, si A est un cône de sommet 0,

$$\tilde{F} = \{f \in A^* : f(x) = 0, \ \forall x \in F\} \ [\text{resp.} \tilde{F} = \{x \in A^* : f(x) = 0, \ \forall f \in F\}] .$$

On pourrait évidemment remplacer 0 ou 1 par $\alpha \in \mathbb{R}$, mais on se rend vite compte que les seules théories vraiment distinctes sont celles que nous allons décrire.

II.6.4.2. *Soient* A *un convexe non vide* [resp. *un cône de sommet* 0] *et* F *une face de* A *d'internat non vide* : $\hat{F}$ [resp. $\tilde{F}$] *est une face de* A^*.

Détaillons la preuve pour $A \subset E$, elle est semblable si $A \subset E^*$.

Soit $x_0 \in {}^iF$. Posons

$$F' = \{f \in A^* : f(x_0) = 1\} \text{ [resp. } F' = \{f \in A^* : f(x_0) = 0\}]$$

Comme $A^* \subset \{f \in E^* : f(x_0) \leq 1\}$ [resp. $A^* \subset \{f \in E^* : f(x) \leq 0\}$], F' est une face de A^* (si $\{f : f(x_0) = 1\}$ [resp. $\{f : f(x_0) = 0\}$] n'est pas d'appui pour A^*, $F' = \emptyset$). De plus $\hat{F} \subset F'$ [resp. $\tilde{F} \subset F'$].

Supposons que $f_0 \in A^* \setminus \hat{F}$ [resp. $f_0 \in A^* \setminus \tilde{F}$]. Il existe $x_1 \in F$ tel que $f_0(x_1) < 1$ [resp. $f_0(x_1) < 0$]. Comme $x_0 \in {}^iF \setminus \{x_1\}$, il existe $x_2 \in F$ tel que

$$x_0 = (1-\lambda)\, x_1 + \lambda x_2$$

où $\lambda \in]0,1[$. Puisque $f_0 \in A^*$, $f_0(x_2) \leq 1$, [resp. $f_0(x_2) \leq 0$] donc

$$f_0(x_0) = (1-\lambda) f_0(x_1) + \lambda f_0(x_2) < 1 \text{ [resp. } 0] \text{ ,}$$

et ainsi $f_0 \notin F'$. Il s'ensuit que $F' \subset \hat{F}$ [resp. $F' \subset \tilde{F}$]

Dès lors, $\hat{F} = F'$ et $\hat{F}$ est une face de A^* [resp. $\tilde{F}$ est une face de A^*].

II.6.4.3. *Si* A *est un convexe non vide*, $\hat{\emptyset} = A^*$ *et*, *si* A *est proprement convexe ou si* $0 \in A$, $\hat{A} = \emptyset$. *Si* A *est un cône convexe de sommet* 0, $\widetilde{\{0\}} = \tilde{\emptyset} = A^*$ *et*, *si*, *de plus*, A *est proprement convexe*, $\tilde{A} = \{0\}$.

C'est évident.

II.6.4.4.a) *Soit* $A \subset E$ *un convexe algébriquement fermé auquel* 0 *est interne et dont toutes les faces possèdent un point interne.*

L'application $\hat{}$ *qui à chaque face* F *de* A *associe* $\hat{F}$ *est une injection qui inverse l'inclusion de l'ensemble des faces de* A *vers l'ensemble des faces de* A^*.

b) *Soit* $A \subset E$ *un cône convexe algébriquement fermé de sommet* 0 *dont toutes les faces possèdent un point interne. L'application* $\tilde{}$ *qui à chaque face* F *de* A *associe* $\tilde{F}$ *est une injection de l'ensemble des faces non vides de* A *vers l'ensemble des faces de* A^*.

Il est évident que les applications décrites inversent l'inclusion.

Pour montrer qu'elles sont injectives, il suffit d'établir que $\hat{\hat{F}} = F$ [resp. $\tilde{\tilde{F}} = F$] pour tout $F \in \mathcal{F}(A)$ [resp. $F \in \mathcal{F}(A) \setminus \{\emptyset\}$].

Par définition,

$$\hat{\hat{F}} = \{x \in A^{**} : f(x) = 1,\ \forall f \in \hat{F}\} \ [\text{resp. } \tilde{\tilde{F}} = \{x \in A^{**} : f(x) = 0,\ \forall f \in \tilde{F}\}]$$

donc, puisque $A^{**} = A$ (II.6.1.4), $F \subset \hat{\hat{F}}$ [resp. $F \subset \tilde{\tilde{F}}$].

Traitons d'abord le cas a).

Le résultat est trivial si $F = \emptyset$ ou $F = A$, donc supposons que F est une face propre de A. Puisque $0 \in {}^{i}A$, il existe une forme linéaire non nulle f telle que

$$A \subset \{x : f(x) \leq 1\}$$

et $F = A \cap \bar{f}^{1}(\{1\})$. On notera que $f \in \hat{F} \subset A^*$. Si $x \in A \setminus F$, $f(x) < 1$, donc $x \notin \hat{\hat{F}}$ et ainsi $\hat{\hat{F}} \subset F$. En rapprochant les deux inclusions, il vient $\hat{\hat{F}} = F$.

Passons au cas b). Si F est une face propre de A, il existe une forme linéaire non nulle f telle que

$$A \subset \{x : f(x) \leq 0\}$$

et $F = A \cap \bar{f}^{1}(\{0\})$ (II.2.1). Si $x \in A \setminus F$, $f(x) < 0$, donc $x \notin \tilde{\tilde{F}}$ et ainsi $\tilde{\tilde{F}} \subset F$, ce qui livre $\tilde{\tilde{F}} = F$. Comme, visiblement, $\tilde{\tilde{A}} \subset A$, on a l'égalité annoncée pour chaque face non vide de A.

II.6.4.5.a) <u>Soit</u> A <u>un convexe fermé de</u> $\mathbb{R}^d$ <u>auquel</u> 0 <u>est interne</u>.

<u>L'image de</u> $\mathcal{F}(A)$ <u>par</u> $\hat{\cdot}$ <u>est l'ensemble des faces propres de</u> A^* <u>qui ne contiennent pas</u> 0, <u>augmenté de</u> $\emptyset$ <u>et</u> A^*.

b) <u>Soit</u> $A \subset \mathbb{R}^d$ <u>un cône proprement convexe</u>, <u>fermé</u>, <u>de sommet</u> 0. <u>L'image de</u> $\mathcal{F}(A) \setminus \{\emptyset, A\}$ <u>par</u> $\tilde{\cdot}$ <u>est</u> $\mathcal{F}(A^*) \setminus \{\{0\}, \emptyset\}$, <u>donc</u> $\tilde{\cdot}$ <u>est une bijection de</u> $\mathcal{F}(A) \setminus \{\emptyset, A\}$ <u>vers</u> $\mathcal{F}(A^*) \setminus \{0\}$. <u>De là</u>, $\tilde{\cdot}$ <u>est une bijection de</u> $\mathcal{F}(A) \setminus \{\emptyset\}$ <u>vers</u> $\mathcal{F}(A^*) \setminus \{\emptyset\}$.

Traitons le cas a).

Soit F une face propre de A : $\hat{F} = \{y \in A^* : (x|y) = 1, \forall x \in F\}$ ne contient pas 0. Donc $\widehat{\mathcal{F}(A)}$ est inclus dans l'ensemble annoncé.

Soit F une face propre de A* qui ne contient pas 0. L'ensemble $\hat{F} = \{x \in A : (x|y) = 1, \forall y \in F\}$ est une face propre de A. En effet, II.6.4.2 assure que $\hat{F}$ est une face de A; puisque $0 \notin F$ il existe x_o tel que $A^* \subset \{y : (x_o|y) \leq 1\}$ et $F = A^* \cap \{y : (x_o|y) = 1\}$ ce qui prouve la non-vacuité de $\hat{F}$, de plus $\hat{F}$ diffère de A puisque 0 appartient au second mais non au premier. Or, puisque $A^* \subset \mathbb{R}^d$, $\hat{\hat{F}} = F$ (II,6.4.4), ce qui achève la preuve.

Passons au cas b).

Soit F une face propre de A : $\tilde{F} = \{y \in A^* : (x|y) = 0, \forall x \in F\}$ ne se réduit pas à $\{0\}$, puisqu'il existe y tel que $(x|y) \leq 0$ pour tout $x \in A$ et $F = \{x \in A : (x|y) = 0\}$. Ainsi, $[\mathcal{F}(A) \setminus \{\emptyset, A\}]^{\sim}$ est inclus dans l'ensemble annoncé.

Soit F une face non vide de A* distincte de $\{0\}$. L'ensemble $\tilde{F} = \{x \in A : (x|y) = 0, \forall y \in F\}$ est une face propre de A. Nous savons déjà que $\tilde{F}$ est une face de A (II.6.4.2); la considération du demi-espace fermé qui définit F montre que $\tilde{F}$ n'est pas vide et, de plus, on ne peut avoir $\tilde{F} = A$ car, en vertu de II.6.4.4, on aurait alors $F = \tilde{\tilde{F}} = \tilde{A} = \{0\}$.

__Remarque__. On notera que II.6.4.5.b ne peut s'étendre au cas où ${}^sA \neq \mathbb{R}^d$. Ainsi, si $x \in \mathbb{R}^2 \setminus \{0\}$, $A = [0:x)$ est un cône convexe fermé de sommet 0, $A^* = \{y : (x|y) \leq 0\}$ est un demi-plan fermé Σ et $\tilde{\{0\}} = A^*$, $\tilde{A} = \{y : (x|y) = 0\}$ est la droite marginale de Σ, donc l'image de $\mathcal{F}(A) \setminus \{\emptyset, A\} \notin \mathcal{F}(A^*) \setminus \{0\}$.

II.6.4.6. __Soit__ A __un convexe de__ E, __algébriquement fermé, auquel__ 0 __est interne et dont toutes les faces non vides possèdent un point interne__.

__Le demi-lattis__ $\mathcal{F}(A)$ __est un lattis dont l'opération de suprémum est donnée par__

$$F_1 \vee F_2 = \widehat{\hat{F}_1 \cap \hat{F}_2}, \quad \forall F_1, F_2 \in \mathcal{F}(A) .$$

D'une part, vu II.6.3.4,

$$\hat{F}_i \supset \hat{F}_1 \cap \hat{F}_2, \; i = 1,2,$$

donc

$$F_i = \hat{\hat{F}}_i \subset \widehat{\hat{F}_1 \cap \hat{F}_2}, \; i = 1,2.$$

D'autre part, si F est une face de A qui inclut F_1 et F_2,

$$\hat{F} \subset \hat{F}_i, \; i = 1,2,$$

donc

$$\hat{F} \subset \hat{F}_1 \cap \hat{F}_2$$

et ainsi

$$F = \hat{\hat{F}} \supset \widehat{\hat{F}_1 \cap \hat{F}_2}$$

ce qui prouve que F_1 et F_2 admettent au sein de $\mathcal{F}(A)$, ordonné par inclusion, le supremum $\widehat{\hat{F}_1 \cap \hat{F}_2}$.

II.6.4.7. <u>Si</u> A <u>est algébriquement fermé et si chaque face non vide de</u> A <u>possède un point interne</u>, $\mathcal{F}(A)$, <u>ordonné par inclusion</u>, <u>est un lattis</u>.

Il suffit de translater A en sorte que $0 \in {}^{i}(A+a)$.

II.6.5. La position de l'origine dans les polaires

II.6.5.1. Le théorème II.6.4.5 laisse deviner l'importance qu'a la position de 0 dans le polaire. En fait, dans le cas d'un convexe de $\mathbb{R}^d$, fermé et tel que $0 \in {}^{i}A$, l'image de $\mathcal{F}(A)$ par $\hat{}$ est $\mathcal{F}(A^*)$ si et seulement si $0 \in {}^{i}(A^*)$. En effet, si $0 \in {}^{i}(A^*)$, 0 n'appartient à aucune face propre de A^* et, si l'image de $\mathcal{F}(A)$ par $\hat{}$ est $\mathcal{F}(A^*)$, 0 n'appartient à aucune face propre de A^*, donc n'appartient pas à ${}^{m}(A^*)$, soit $0 \in {}^{i}(A^*)$.

II.6.5.2. <u>Soit</u> A <u>un convexe algébriquement fermé.</u>

<u>L'origine est interne à</u> A^* <u>si et seulement si toute forme linéaire nulle sur</u> $\Gamma(A)$ <u>et majorée sur une section</u> A' <u>de</u> A <u>est bornée sur</u> A'.

Supposons que $0 \in {}^{i}(A^*)$. Soit f une forme linéaire nulle sur $\Gamma(A)$ et majorée sur A'. Si f n'était pas bornée sur A', pour tout $\lambda > 0$ il existerait $x_\lambda \in A'$ tel que $f(x_\lambda) < -\lambda$ soit tel que $-\frac{1}{\lambda} f(x_\lambda) > 1$, ce qui empêcherait $-\frac{1}{\lambda} f$ d'appartenir à A^*, quel que soit $\lambda > 0$. Ceci contredirait le caractère interne de 0, puisqu'un multiple positif de f (f si $\sup_{x \in A'} f(x) \leq 0$, $\frac{1}{\sup_{x \in A'} f(x)} f$ sinon) appartient à A^*.

A l'inverse, supposons que toute forme linéaire nulle sur $\Gamma(A)$ et majorée sur A' soit bornée sur A'. Montrons que $0 \in {}^{i}(A^*)$. Soit $f \in A^*$: quel que soit $x \in \Gamma(A)$, $f(x) = 0$ (II.6.3.4) et, de plus, f est majorée (par 1) sur A'. Dès lors, il existe $\beta > 0$ tel que $f(x) > -\beta$ pour tout $x \in A'$ et $-\frac{1}{\beta} f \in A^*$, par conséquent $[f : -\frac{1}{\beta} f] \subset A^*$ et $(f:0)$ insère 0 dans A^*. De là, $0 \in {}^{i}(A^*)$.

II.6.5.3. <u>Soit</u> A <u>un convexe fermé de</u> $\mathbb{R}^d$.

<u>L'origine est interne à</u> A^* <u>si et seulement si</u> A <u>est la somme d'un sous-espace et d'un convexe compact.</u>

La suffisance de la condition est immédiate, vu la proposition précédente.

Etablissons sa nécessité. Il suffit de montrer que A' est algébriquement borné, si A' est une section de A, soit que $C_{A'} = \{0\}$. Supposons qu'il n'en soit pas ainsi. Soit $f \in S^*$, si S est le sous-espace parallèle à ${}^{l}A$, tel que $C_{A'} \cap \{x \in S : f(x) \geq 0\} \neq \{0\}$. Posons $f'(x) = f(x_1)$ $(x \in \mathbb{R}^d)$, où x_1 est la composante de x dans S dans la décomposition $\Gamma(A) \oplus S$ de $\mathbb{R}^d$. La forme f est visiblement majorée sur $C_{A'}$. Si f n'était pas majorée sur A', le convexe $A' \cap \{x : f(x) \geq 0\}$ ne serait pas borné, donc contiendrait une demi-droite, ce qui est absurde, puisque la translatée de celle-ci, issue de 0, devrait être incluse dans $C_{A'}$. Comme f est nulle sur $\Gamma(A)$, f est bornée sur A' (II.5.4.2), ce qui contredit l'hypothèse $C_{A'} \neq \{0\}$.

II.6.5.4. <u>Soit</u> A <u>un convexe de</u> $\mathbb{R}^d$, <u>de dimension</u> d, <u>auquel</u> 0 <u>est interne</u>.

<u>La dimension de la facette de</u> A* <u>liée à l'origine est le nombre maximum de tranches associées à des formes linéaires linéairement indépendantes dans lesquelles</u> A <u>peut être inclus</u>.

Désignons par n la dimension de la facette F_o de A* liée à 0. Il existe $f_1,\ldots,f_n \in F_o$ linéairement indépendants. L'appartenance à F_o se traduit par $f_1,\ldots,f_n \in A^*$ et $-\alpha_1 f_1,\ldots,-\alpha_n f_n \in A^*$ $(\alpha_i > 0,\ i = 1,\ldots,n)$. Or, $\{f,-\alpha f\} \subset A^*$ $(\alpha>0)$, équivaut à $A \subset f^{-1}([-\alpha,1])$, ce dernier ensemble étant une tranche. On conclut alors aisément.

II.6.5.5. <u>Remarque</u>. On ne peut déduire immédiatement II.6.5.3 de II.6.5.4 : il faut tenir compte de la dimension de A*. Par exemple, si A est l'ensemble de $\mathbb{R}^3$ ci-dessous, A peut être

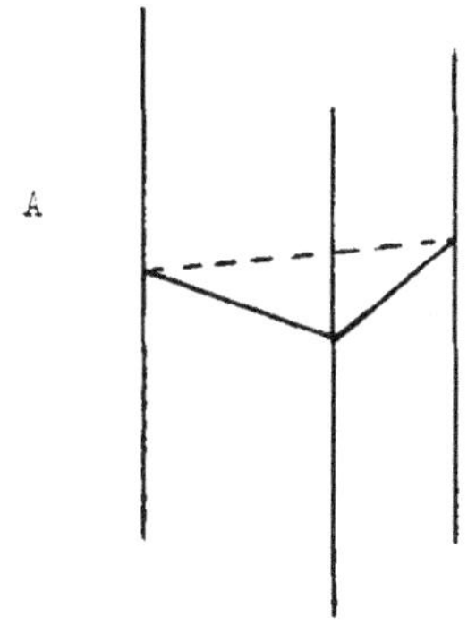

inclus dans au plus deux tranches associées à des formes linéaires indépendantes, donc dim F_o = 2, ce qui risque d'inquiéter le lecteur distrait qui n'aurait pas remarqué que dim A* = 2 (mais il n'est pas interdit de penser à II.6.3.5).

CHAPITRE III

LES POLYEDRES CONVEXES

III.1. GENERALITES SUR LES POLYEDRES CONVEXES

III.1.1. Définitions. Nous appellerons polyèdre convexe toute intersection d'un nombre fini de demi-espaces fermés; d'après cette définition, un polyèdre convexe peut donc être vide. Dans un espace euclidien de dimension finie, cette définition rejoint la notion classique de polyèdre convexe (que l'on appelle parfois tronçon); par ailleurs, nous avons déjà rencontré des exemples de polyèdres convexes dans un espace vectoriel quelconque, puisque nous avons démontré que toute cellule proprement convexe qui est élément d'une partition convexe finie d'un espace vectoriel quelconque a pour attenance un polyèdre convexe [*;III.1.6,p.78]. Rappelons encore que tout polyèdre convexe non vide est une cellule convexe algébriquement fermée [*;III.3.1.1,p.118].

Un cône polyédral est, par définition, un polyèdre convexe qui est un cône.

Lorsque la dimension d'un polyèdre convexe est finie et vaut d, on parle de d-polyèdre convexe; de même, une k-face d'un polyèdre convexe P est une face de P dont la dimension vaut k; en particulier, une 0-face est un sommet, tandis qu'une 1-face est une arête.

Parmi les polyèdres convexes de dimension finie, les polytopes convexes, plus simplement appelés polytopes jouissent d'un statut privilégié : un d-polytope est un d-polyèdre convexe qui est borné pour la topologie euclidienne de son enveloppe spatiale; en particulier, un 2-polytope est souvent appelé un polygone.

III.1.2. Conventions et notations. a) Nous supposerons que la famille $\mathcal{F}$ de demi-espaces fermés $\Sigma_1,\Sigma_2,\ldots,\Sigma_n$ qui détermine un polyèdre convexe $P = \bigcap_{j=1}^{n} \Sigma_j$ est non redondante en ce sens que, pour tout indice j de $\{1,2,\ldots,n\}$, l'ensemble $P_j = \bigcap_{k\in\{1,2,\ldots,n\}\setminus\{j\}} \Sigma_k$ ne coïncide pas avec P. Si $P_j = P$, on dira que Σ_j est redondant ou encore que la forme linéaire f_j associée à Σ_j est redondante.

Si l'enveloppe linéaire de P coïncide avec E, la famille $\mathcal{F}$ est non redondante si et seulement si ${}^m\Sigma_j \cap {}^iP_j \neq \emptyset$ pour $j = 1,2,\ldots,n$.

En effet, s'il existe un indice j tel que ${}^m\Sigma_j \cap {}^iP_j = \emptyset$, ${}^m\Sigma_j$ peut être séparé de P_j par un hyperplan (I.1.3) forcément parallèle à ${}^m\Sigma_j$, ce qui montre que P_j est situé dans Σ_j et coïncide donc avec P. Réciproquement, si ${}^m\Sigma_j \cap {}^iP_j$ contient un point a_j pour tout $j = 1,2,\ldots,n$, pour tout point u_j qui n'appartient pas à l'hyperplan ${}^m\Sigma_j$, la droite $(a_j:u_j)$ insère a_j dans P_j, mais contient des points de $C\Sigma_j$, donc de CP : P_j ne peut donc pas coïncider avec P.

b) Lorsque l'origine sera proprement interne au polyèdre convexe P, nous pourrons écrire celui-ci sous la forme

$$P = \bigcap_{j=1}^{n} \{x : f_j(x) \leq 1\},$$ où les f_j sont des formes linéaires non nulles sur E. En effet, on peut toujours écrire

$$P = \bigcap_{j=1}^{n} \{x : f'_j(x) \leq \alpha_j\},$$ où les f'_j sont des formes linéaires non nulles sur E et les α_j des réels strictement positifs puisque $0 \in {}^iP$ et ${}^lP = E$; dès lors, il suffit de poser $f_j = \frac{1}{\alpha_j} f'_j$.

Plus généralement, tout polyèdre convexe P contenant l'origine pourra être mis sous la forme

$$P = \bigcap_{j=1}^{k} \{x : f_j(x) \leq 0\} \cap \bigcap_{j=k+1}^{m} \{x : f_j(x) \leq 1\}.$$

c) Soient P un polyèdre convexe et k un entier naturel. Nous noterons $f_k(P)$ (resp. $f'_k(P)$) le nombre de faces de P dont la dimension (resp. la codimension dans ${}^lP$) vaut k[1]; en particulier, on a toujours $f'_0(P) = 1$; on pose encore $f_{-1}(P) = 1$. Si, de plus, P est un d-polyèdre convexe, $f_k(P) = f'_{d-k}(P)$ pour tout entier k compris entre 0 et d; pour simplifier l'écriture de certaines formules ultérieures, on adoptera les conventions suivantes :
$f_k(P) = 0$ si $k < -1$ ou $k > d$.

III.1.3. Le sous-espace caractéristique $\Gamma(P)$ d'un polyèdre convexe $P = \bigcap_{j=1}^{n} \{x : f_j(x) \leq \alpha_j\}$ coïncide avec $\bigcap_{j=1}^{n} \{x : f_j(x) = 0\}$; le cône asymptote C_P de P est $\bigcap_{j=1}^{n} \{x : f_j(x) \leq 0\}$. Si l'enveloppe linéaire de P coïncide avec E, ce qui est notamment le cas lorsque $\bigcap_{j=1}^{n} \{x : f_j(x) < \alpha_j\} \neq \emptyset$, alors ${}^iP = \bigcap_{j=1}^{n} \{x : f_j(x) < \alpha_j\}$ et

$${}^mP = \bigcup_{j=1}^{n} \left(\{x : f_j(x) = \alpha_j\} \cap \bigcap_{k\in\{1,2,\ldots,n\}\setminus\{j\}} \{x : f_k(x) \leq \alpha_k\}\right).$$

Appelons V le sous-espace vectoriel $\bigcap_{j=1}^{n} \{x : f_j(x) = 0\}$ et a un point arbitraire de P. Le sous-espace V est parallèle à chaque hyperplan $\{x : f_j(x) = \alpha_j\}$: dès lors, $a + V \subset P$, d'où $V \subset \Gamma(P)$. Réciproquement, $a + \Gamma(P) \subset P$, d'où $\Gamma(P)$ est inclus dans l'hyperplan $\{x : f_j(x) = 0\}$ pour tout $j = 1,2,\ldots,n$, ce qui entraîne $\Gamma(P) \subset V$.

Un raisonnement analogue permet de caractériser le cône asymptote de P.

---

(1) Remarquons que ces notations peuvent être dangereuses puisque nous utilisons le même symbole pour l'image de P par une forme linéaire f_k ou f'_k; néanmoins, nous n'avons pas voulu nous écarter des habitudes puisque le contexte évite toute ambiguïté.

Si P est une cellule proprement convexe, on a

$$^{i}[\bigcap_{j=1}^{n} \{x : f_j(x) \leq \alpha_j\}] = \bigcap_{j=1}^{n} {}^{i}\{x : f_j(x) \leq \alpha_j\} = \bigcap_{j=1}^{n} \{x : f_j(x) < \alpha_j\}$$

[*;I.8.1,p.28].

Par ailleurs,

$$^{m}P = P\setminus {}^{i}P = (\bigcap_{j=1}^{n} \{x : f_j(x) \leq \alpha_j\}) \setminus (\bigcap_{j=1}^{n} \{x : f_j(x) < \alpha_j\})$$

$$= (\bigcap_{j=1}^{n} \{x : f_j(x) \leq \alpha_j\}) \cap (\bigcup_{j=1}^{n} \{x : f_j(x) \geq \alpha_j\})$$

$$= \bigcup_{j=1}^{n} (\{x : f_j(x) \leq \alpha_j\} \cap \{x : f_j(x) \geq \alpha_j\} \cap \bigcap_{k\in\{1,2,\ldots,n\}\setminus\{j\}} \{x : f_k(x) \leq \alpha_k\})$$

$$= \bigcup_{j=1}^{n} (\{x : f_j(x) = \alpha_j\} \cap \bigcap_{k\in\{1,2,\ldots,n\}\setminus\{j\}} \{x : f_k(x) \leq \alpha_k\}).$$

III.1.4. <u>Dans un espace vectoriel de dimension au moins égale à</u> $n(n\geq 1)$, <u>un polyèdre convexe non vide</u> $P = \bigcap_{j=1}^{n} \{x : f_j(x) \leq \alpha_j\}$ <u>est de codimension au plus égale à</u> $n-1$; <u>sa copointure vaut</u> θ = r-codim P, <u>où</u> r <u>désigne le nombre maximum de formes</u> f_j $(j=1,2,\ldots,n)$ <u>linéairement indépendantes</u>.

Tout demi-espace fermé est de codimension nulle.

Supposons que toute intersection non vide de k demi-espaces fermés soit de codimension au plus égale à k-1 (k<n) et considérons n demi-espaces fermés $\Sigma_1, \Sigma_2, \ldots, \Sigma_n$ d'intersection P non vide; cette intersection P peut s'écrire sous la forme $P = P_n \cap \Sigma_n$, où $P_n = \bigcap_{j=1}^{n-1} \Sigma_j$ est de codimension au plus égale à n-2. Quitte à effectuer une translation, nous supposerons que l'origine appartient à P.

L'internat de P_n n'est pas vide (III.1.1). Ou bien $^{i}P_n$ est disjoint de $^{i}\Sigma_n$, et alors il existe un hyperplan (nécessairement parallèle à l'hyperplan H_n associé à Σ_n) qui sépare P_n de Σ_n (I.1.3); dans ces conditions, $P = P_n \cap H_n = \bigcap_{j=1}^{n-1} (\Sigma_j \cap H_n)$ est l'intersection d'au maximum n-1 demi-espaces fermés dans l'espace H_n [*;III.3.1.1,p.118]; en vertu de l'hypothèse de récurrence, la codimension de P au sein de l'espace H_n est inférieure ou égale à n-2 : sa codimension au sein de l'espace E est donc inférieure ou égale à n-1. Ou bien ${}^iP_n$ rencontre ${}^i\Sigma_n$: P et P_n ont alors la même enveloppe linéaire.

Considérons à présent la copointure de P. On sait déjà que $\Gamma(P) = \bigcap_{j=1}^{n} \{x : f_j(x) = 0\}$ (III.1.3), par ailleurs, quitte à renuméroter les indices, on peut toujours supposer que $f_1, f_2, \ldots, f_r$ sont linéairement indépendantes : dans ces conditions, on a aussi $\Gamma(P) = \bigcap_{j=1}^{r} \{x : f_j(x) = 0\}$. La codimension de P vaut donc r, d'où

$$\theta + \text{codim } P = \text{codim } \Gamma(P) = r .$$

Corollaires. 1) Tout polyèdre convexe non vide est de codimension et de copointure finies. En conséquence, dans un espace vectoriel de dimension infinie, tout polyèdre convexe non vide est de dimension infinie.

2) Tout polyèdre convexe non vide est engendré par ses variétés extrêmes et demi-variétés extrêmes; il possède donc au moins une variété extrême.

III.1.5. Si une forme linéaire f est majorée sur un polyèdre convexe non vide P, elle admet un maximum atteint en tous les points d'au moins une variété extrême de P.

Supposons que P soit inclus dans $\{x : f(x) < \alpha\}$ et désignons par H l'ensemble $\{x : f(x) = \alpha\}$; comme le cas où f = 0 est trivial, nous admettrons que H est un hyperplan.

Comme nous le verrons ultérieurement (III.2.10), P possède un nombre fini de variétés extrêmes et demi-variétés extrêmes; il est donc l'enveloppe convexe d'un nombre fini de variétés linéaires $V_1, V_2, \ldots, V_p$ et de demi-variétés fermées $D_1, D_2, \ldots, D_q$. Chaque variété extrême de P étant parallèle à H, il existe des réels $\alpha_1, \alpha_2, \ldots, \alpha_p$, strictement inférieures à α, tels que $V_j \subset \{x : f(x) = \alpha_j\}$ pour $j = 1,2,\ldots,p$. Quitte à renuméroter les indices j, on peut supposer que $\alpha_p = \sup \{\alpha_1, \alpha_2, \ldots, \alpha_p\}$. Dans ces conditions, $\sup f(P) = \alpha_p$. En effet, si P n'était pas inclus dans le demi-espace fermé $\Sigma_p = \{x : f(x) \leq \alpha_p\}$, il existerait une demi-variété extrême D_{j_o} de P qui rencontrerait $C\Sigma_p$ en un point x; pour un point arbitraire y de ${}^m D_{j_o}$, la demi-droite $[y:x)$, pourtant incluse dans P, rencontrerait le demi-espace fermé $\{x : f(x) \geq \alpha\}$, ce qui est absurde.

Remarque. Ce résultat est, en réalité, un cas particulier d'un théorème d'optimisation obtenu par Jongmans [1;4.2,p.268].

III.1.6. Un polyèdre convexe non vide P est un cône polyédral si et seulement s'il possède une seule variété extrême.

Si P possède une seule variété extrême V, P est alors un cône ayant pour sommet n'importe quel point de V. En effet, quitte à effectuer une translation, on peut supposer que l'origine appartient à V. Si y est un point de $P \setminus V$, $y = \sum_{i=1}^{n} \alpha_i v_i$, où $\sum_{i=1}^{n} \alpha_i = 1$, $\alpha_i \geq 0$ et v_i appartient à V ou à une demi-variété extrême D_i de P (III.1.4); comme chaque demi-variété extrême possède V comme marge (II.5.3), λv_i appartient à V ou à D_i pour tout réel λ positif, d'où $\lambda y = \sum_{i=1}^{n} \alpha_i \lambda v_i \in P$ et P est un cône de sommet O.

Réciproquement, supposons que P soit un cône, mais qu'il contienne deux variétés extrêmes distinctes V_1 et V_2 (qui sont nécessairement des translatées l'une de l'autre). Un sommet x de P doit appartenir à V_1 sinon, pour tout point v de V_1, la demi-droite $[x:v)$, pourtant incluse dans P, rencontrerait V_1 sans y être incluse, ce qui est en contradiction avec le caractère extrême de V. De la même façon, on montre que x doit appartenir à V_2. En conclusion, l'hypothèse de départ est absurde et P possède exactement une variété extrême, puisqu'il en contient au moins une (corol.2 de III.1.4).

III.1.7. On appelle cône de sommet s engendré par une partie A de E, l'intersection de tous les cônes de sommet s qui contiennent A; lorsque s coïncide avec l'origine, on parle simplement du cône engendré par A.

Si $P = \bigcap_{j=1}^{k} \{x : f_j(x) \leq 0\} \cap \bigcap_{j=k+1}^{m} \{x : f_j(x) \leq 1\}$ *est un polyèdre convexe contenant l'origine, le cône engendré par* P *est le cône polyédral* $\bigcap_{j=1}^{k} \{x : f_j(x) \leq 0\}$.

Il est clair que le cône engendré par P est inclus dans $\bigcap_{j=1}^{k} \{x : f_j(x) \leq 0\}$. Réciproquement, soit z un point, distinct de l'origine, tel que $f_j(z) \leq 0$ pour $j = 1,2,\ldots,k$. Il est possible de trouver un réel positif λ tel que $\lambda f_j(z) \leq 1$ pour $j = k+1,\ldots,m$, de sorte que le point λz appartient à P et z au cône engendré par P.

III.1.8. *Lemme. Soient* V *un sous-espace vectoriel de* E, Σ *un demi-espace fermé dans* V *et* S *un sous-espace vectoriel supplémentaire de* V; $\Sigma + S$ *est un demi-espace fermé dans* E.

Désignons par H l'hyperplan ${}^{m}\Sigma + S$ et par Σ' le demi-espace fermé limité par H et contenant un point arbitraire a de ${}^{i}\Sigma$; nous allons prouver que $\Sigma' = \Sigma + S$.

Pour tout point d de Σ, la variété linéaire d + S est parallèle à H et, de ce fait, contenue dans Σ'.

Réciproquement, soit $e = v + s$ $(v \in V,\ s \in S)$ un point de Σ'. Si $v \in C\Sigma$, il existe un point k de ${}^{m}\Sigma$ tel que $k \in \,]v:a[$; mais alors, $k + s \in \,]e:a+s[$ et, comme $a + s \in {}^{i}\Sigma'$ et $k + s \in H$, $e \in C\Sigma'$, ce qui est absurde; dès lors, $v \in \Sigma$ et $e \in \Sigma + S$.

III.1.9. *Théorème de caractérisation.*

Un polyèdre convexe est la somme vectorielle d'un polyèdre convexe de dimension finie et d'un sous-espace vectoriel de codimension finie qui s'ignorent. Du reste, toute somme vectorielle d'un polyèdre convexe de dimension finie et d'un sous-espace vectoriel de codimension finie est un polyèdre convexe.

Si P est un polyèdre convexe, il possède une variété extrême V que l'on peut toujours supposer homogène (quitte à effectuer une translation); V coïncide avec le sous-espace caractéristique de P et est, de ce fait, de codimension finie au sein de ${}^{l}P$, donc de codimension finie dans E puisque P est lui-même de codimension finie. Désignons par S un sous-espace vectoriel supplémentaire de V, et par P' la projection canonique de P sur S : il est clair que P' est un polyèdre convexe de dimension finie, que P = P' + y et que P' et V s'ignorent.

A présent, supposons que P soit la somme d'un polyèdre convexe P' de dimension finie et d'un sous-espace vectoriel V de codimension finie; nous allons d'abord démontrer que P est un polyèdre convexe au sein de ${}^1P$. On peut supposer sans restriction que l'origine appartient à ${}^1P'$. Si ${}^1P' \cap V = W$, il existe un sous-espace vectoriel V' tel que $V' \oplus W = V$; dans ces conditions $P = P'' + V'$, où $P'' = P' + W$ est un polyèdre convexe de dimension finie, V' un sous-espace vectoriel qui rencontre ${}^1P'' = {}^1P'$ suivant $\{0\}$; P" est donc l'intersection d'un nombre fini n de demi-espaces fermés $\Sigma_1, \Sigma_2, \ldots, \Sigma_n$ dans l'espace ${}^1P''$, d'où

$$P = \left(\bigcap_{j=1}^{n} \Sigma_j\right) \oplus V' = \bigcap_{j=1}^{n} (\Sigma_j \oplus V')$$ est un polyèdre convexe dans ${}^1P$(III.1.8).

Si V" désigne un sous-espace vectoriel supplémentaire de ${}^1P$ dans E,

$$P = \bigcap_{j=1}^{n} (\Sigma_j + V' + V'') \cap {}^1P;$$ comme $\Sigma_j + V' + V''$ est un demi-espace fermé dans E (III.1.8) et comme ${}^1P$ est de codimension finie, P est l'intersection d'un nombre fini de demi-espaces fermés dans E; en d'autres termes, P est un polyèdre convexe dans E.

III.1.10. <u>Un cône convexe</u> P <u>de sommet</u> 0, <u>algébriquement fermé et d'internat non vide est un cône polyédral si et seulement si son cône dual</u> P^+ <u>est un cône polyédral</u>.

Il suffit en fait de vérifier que le cône polyédral

$$P = \bigcap_{j=1}^{n} \{x : f_j(x) \leq 0\}$$ admet comme cône dual l'ensemble

$$A = \{f \in E^* : f = \sum_{j=1}^{n} \alpha_j f_j, \ \alpha_j \geq 0 \text{ pour } j = 1,2,\ldots,n\}.$$ Ce dernier ensemble admet en effet P comme cône dual; comme il est un cône convexe algébriquement fermé et d'internat non vide, de $A^+ = P$, on tire $A^{++} = A = P^+$ (II.6.3.3).

III.2. FACES ET FACETTES DES POLYEDRES CONVEXES

III.2.1. *Soit* $P = \bigcap_{j=1}^{n} \{x \in E : f_j(x) \leq \alpha_j\}$ *un polyèdre convexe quelconque. Si* x_0 *est un point de* P, *la facette de* P *liée à* x_0 *est donnée par*

$$F = \bigcap_{j \in J} \{x \in E : f_j(x) = \alpha_j\} \cap \bigcap_{j \in \{1,2,\ldots,n\} \setminus J} \{x \in E : f_j(x) \leq \alpha_j\},$$ *où*

$J = \{j \in \{1,2,\ldots,n\} : f_j(x_0) = \alpha_j\}$.

Il suffit en fait de démontrer que la variété linéaire composée de x_0 et des droites qui insèrent x_0 dans P coïncide avec $V = \bigcap_{j \in J} \{x \in E : f_j(x) = \alpha_j\}$ [*;III.4.1.2.c,p.125].

Soit y un point quelconque de $V \setminus \{x_0\}$; démontrons que la droite $D = (x_0 : y)$ insère x_0 dans P. Un point quelconque de D est du type $x_0 + \alpha(y-x_0)$ et il appartient à P si $f_j(x_0) + \alpha f_j(y-x_0) \leq \alpha_j$ pour $j = 1,2,\ldots,n$. Pour les indices j tels que $f_j(y-x_0) = 0$ et, en particulier pour les indices j de J, ces inéquations sont toujours vérifiées. Pour un indice j tel que $f_j(y-x_0) > 0$, l'inéquation correspondante est vérifiée si

$$\alpha \geq \frac{\alpha_j(f_j(x_0)}{f_j(y-x_0)}.$$ Dès lors, si $\lambda = \min\{\frac{\alpha_j - f_j(x_0)}{|f_j(y-x_0)|} : j \in \{1,2,\ldots,n\}$ et $f_j(y-x_0) \neq 0\}$, $x_0 + \alpha(y-x_0)$ appartient à P pour autant que $|\alpha| \leq \lambda$; la droite $(x_0 : y)$ insère donc x_0 dans P.

Réciproquement, considérons une droite D qui insère x_0 dans P. Il existe deux points distincts y et z de $D \cap P$ tels que $x_0 = \lambda y + (1-\lambda)z$ pour un réel λ de $]0,1[$; dans ces conditions et pour tout indice j de J, $f_j(x_0) = \alpha_j = \lambda f_j(y) + (1-\lambda)f_j(z)$, ce qui implique $f_j(y) = f_j(z) = \alpha_j$ et prouve l'inclusion de D dans V.

III.2.2. *Toute facette d'un polyèdre convexe* P *est une face de* P; *en conséquence, les faces non vides et les facettes de* P *coïncident. En particulier,* $\mathcal{F}(P)$ *est un lattis complet.*

La preuve du théorème correspondant lorsque F est de dimension finie a déjà été donnée [*;III.4.1.3,p.126]. Elle s'adapte sans peine au cas général. Détaillons-la.

Soit F une facette propre du polyèdre convexe

$$P = \bigcap_{j=1}^{n} \{x \in E : f_j(x) \le \alpha_j\},\ f_j \in E^* \setminus \{0\},\ (j=1,\ldots,n).$$

Comme F est un polyèdre convexe de ${}^{1}F$, F possède un point interne a qui, en temps que point de F, est un point marginal de P [*;III.4.1.2.b,p.125]. Quitte à renuméroter les f_j, on a

$$a \in \bigcap_{j=1}^{k} \{x \in E : f_j(x) = \alpha_j\} \cap \bigcap_{j=k+1}^{n} \{x \in E : f_j(x) < \alpha_j\},$$

où $k \in \{1,\ldots,n\}$.

La forme linéaire non nulle $f = \sum_{j=1}^{k} \lambda_j f_j (\lambda_j>0, (j=1,\ldots,k), \sum_{j=1}^{k} \lambda_j = 1)$ est telle que

$$a \in H = f^{-1}(\{\alpha\}) \quad \text{où} \quad \alpha = \sum_{j=1}^{k} \lambda_j \alpha_j.$$

Comme $P \subset \{x \in E : f(x) \le \alpha\}$, H est un hyperplan d'appui de P.

Il nous reste donc à vérifier que $P \cap H = F$.

Soit z un point arbitraire de $F \setminus \{a\}$: z appartient à P et la droite (z:a) insère a dans F; si $f(z) \neq \alpha$, il existe un indice $i \in \{1,\ldots,k\}$ pour lequel $f_i(z) < \alpha_i$ et la demi-droite $\{a+\lambda(z-a) : \lambda \le 0\}$ qui contient des points de F est incluse dans CP, ce qui est absurde. Dès lors, $F \subset P \cap H$.

Inversement, pour un point arbitraire z de $(P \cap H) \setminus \{a\}$, on peut trouver un point $u \in P$ tel que $a \in]u:z[$ puisque la droite (a:z) est contenue dans H et insère a dans $\{x \in E : f_j(x) < \alpha_j\}$ pour $j = k+1,\ldots,n$. Comme $a \in F_a$ et $[u:z] \subset P$, z appartient également à F_a, donc à F.

III.2.3. <u>Toute face, donc toute facette, d'un polyèdre convexe est un polyèdre convexe.</u>

Soit P un polyèdre convexe et P une face propre de P. Il existe un hyperplan H tel que $H \cap P = F$ et $P \subset \Sigma$, où Σ est un des demi-espaces fermés associés à H. De là, $F = P \cap \Sigma'$, où Σ' est le second demi-espace fermé associé à H, donc F est un polyèdre convexe.

Corollaire. *Si* F_1 *est une face du polyèdre convexe* P *et si* F_2 *est une face de* F_1, F_2 *est une face de* P.

Il suffit de rapprocher III.2.2, III.2.3 et II.4.3.

III.2.4. *Toute face propre d'un polyèdre convexe* P *est incluse dans une face (propre) maximale.*

C'est une conséquence de III.2.3 et II.4.9, puisque ${}^{i}P \neq \emptyset$.

III.2.5. *Les faces maximales d'un polyèdre convexe* P *qui n'est pas une variété linéaire sont exactement les traces sur* P *des hyperplans marginaux des demi-espaces fermés qui définissent* P *au sein de son enveloppe linéaire pour autant que ces demi-espaces fermés forment une famille non redondante. Elles sont de codimension* 1 *dans* ${}^{l}P$.

On peut supposer P proprement convexe.

D'une part, si H est l'un des hyperplans décrits dans l'énoncé, H est un hyperplan d'appui de P et $H \cap P$ engendre H, donc codim $(H \cap P) = 1$ et il reste à utiliser II.4.11 pour conclure.

D'autre part, si F est une face maximale de P, F est une facette propre de P donc elle est incluse dans la marge de P, réunion des hyperplans décrits (III.1.3); F est donc inclus dans l'un d'entre eux H et son caractère maximal exige que $F = H \cap P$.

III.2.6. Lemme. *Soient* $H_1, \ldots, H_n$ *des hyperplans ayant un point commun, d'équations respectives* $H_1 = f_1^{-1}(\{\alpha_1\}), \ldots, H_n = f_n^{-1}(\{\alpha_n\})$. *Tout hyperplan* H *contenant* $\bigcap_{i=1}^{m} H_i$ *s'écrit* $H = f^{-1}(\{\alpha\})$, *où*

$$f = \sum_{i=1}^{n} \lambda_i f_i \qquad \text{et} \qquad \alpha = \sum_{i=1}^{n} \lambda_i \alpha_i ,$$

les réels $\lambda_1, \ldots, \lambda_n$ *n'étant pas tous nuls.*

Nous ferons la preuve dans le cas où $n = 2$, elle se généralise sans peine.

Soit H un hyperplan incluant $H_1 \cap H_2$ et soit f une des formes linéaires associées à H : $H = f^{-1}(\{\alpha\})$, $(\alpha \in \mathbb{R})$.

Comme H_1 et H_2 ne sont pas parallèles, les formes f_1 et f_2 sont linéairement indépendantes, donc il existe x_1, $x_2 \in E$ tels que $f_i(x_j) = \delta_{ij}(i,j=1,2)$.

Pour tout $x \in E$, on peut écrire

$$x = [x-f_1(x)x_1-f_2(x)x_2] + f_1(x)x_1 + f_2(x)x_2$$
$$= x_0 + f_1(x)x_1 + f_2(x)x_2 ,$$

avec

$$f_i(x_0) = f_i(x) - f_1(x)\, f_i(x_1) - f_2(x)\, f_i(x_2) = 0, \ (i=1,2).$$

De là, quel que soit $x \in E$,

$$f(x) = f(x_0) + f_1(x)\, f(x_1) + f_2(x)\, f(x_2)$$
$$= f_1(x)\, f(x_1) + f_2(x)\, f(x_2) ,$$

car, comme $x_0 \in \overset{-1}{f_1}(\{0\}) \cap \overset{-1}{f_2}(\{0\})$, $x_0 + y \in H_1 \cap H_2$ si $y \in H_1 \cap H_2$, donc $x_0 + y \in H$, soit $f(x_0+y) = \alpha$, d'où

$$f(x_0) = f(x_0+y) - f(y) = \alpha - \alpha = 0 .$$

En posant $f(x_1) = \mu$ et $f(x_2) = \nu$, il vient

$$f = \mu f_1 + \nu f_2 .$$

De plus, si $x \in H_1 \cap H_2$,

$$\alpha = f(x) = \mu f_1(x) + \nu f_2(x) = \mu\alpha_1 + \nu\alpha_2 .$$

III.2.7. <u>Chaque face maximale non vide d'une face maximale d'un polyèdre convexe</u> P <u>est intersection de deux faces maximales de</u> P.

Soient F une face maximale de P, trace sur P d'un hyperplan H, et F' une face maximale de F. Quitte à effectuer une translation, on peut supposer que $0 \in F$.

La face F est trace sur ${}^sF$ de P, donc est intersection avec ${}^sF$ des demi-espaces fermés qui définissent F. Parmi ceux-ci, conservons une famille dont les traces sur ${}^sF$ sont des demi-espaces fermés dont les formes linéaires associées (sur ${}^sF$) sont non redondantes pour F. En vertu de III.2.5, F' est la trace sur F de l'hyperplan marginal (dans ${}^sF$) d'un de ces demi-espaces fermés.

L'hyperplan marginal H' du demi-espace fermé de E correspondant est donc tel que $F \cap H' = F'$, ainsi,

$$F' = F \cap H' = P \cap H \cap H' = (P\cap H) \cap (P\cap H')$$

et F' est intersection des faces maximales $F = P \cap H$ et $P \cap H'$ de P.

III.2.8. <u>Si</u> P <u>est un polyèdre convexe, toute face non vide de</u> P <u>de codimension</u> 2 <u>dans</u> ${}^1P$ <u>est incluse dans exactement deux faces maximales de</u> P <u>et est leur intersection</u>.

La proposition précédente montre que toute face F de P, de codimension 2 dans ${}^1P$ est intersection de deux faces maximales F_1, $F_2 \in P$. Supposons que F_3 soit une troisième face maximale incluant F. On peut évidemment supposer que ${}^1P = E$.

Soient H_1 et H_2 les hyperplans d'appui de P tels que $F_1 = H_1 \cap P$ et $F_2 = H_2 \cap P$. Il existe un hyperplan d'appui H de P tel que $F_3 = H \cap P$. Comme $H \supset F_3 \supset F$, H inclut ${}^1F = H_1 \cap H_2$ donc il existe μ, $\nu \in \mathbb{R} \setminus \{0\}$ tels que $H = f^{-1}(\{\alpha\})$, où

$$f = \mu f_1 + \nu f_2 \quad \text{et} \quad \alpha = \mu\alpha_1 + \nu\alpha_2$$

(III.2.6).

Si μ et ν sont de même signe, on peut les supposer positifs. Dans ce cas, quel que soit $x \in P$,

$$f(x) = \mu f_1(x) + \nu f_2(x) \leq \mu\alpha_1 + \nu\alpha_2 = \alpha .$$

Déterminons $F_3 = P \cap H = \{x \in P : f(x) = \alpha\}$. Evidemment, $F_3 \supset F$. Inversement, si $x \in P \cap H$, $f_1(x) = \alpha_1$ et $f_2(x) = \alpha_2$. En effet, si on avait, par exemple $f_1(x) < \alpha_1$, on aurait

$$f(x) = \mu f_1(x) + \nu f_2(x) < \mu\alpha_1 + \nu\alpha_2 = \alpha ,$$

soit $x \notin H$. De là, $P \cap H \subset H_1 \cap H_2 \cap F = F$. Cette situation est absurde, puisque F_3 est maximal.

Supposons que μ et ν soient de signes opposés (pour fixer les idées, nous supposerons que $\mu < 0$ et $\nu > 0$).

Soient $x_1 \in F_1 \setminus F$ et $x_2 \in F_2 \setminus F$. Le point $x = \lambda x_1 + (1-\lambda)x_2$, où

$$\lambda = \frac{\mu\alpha_1 - \mu f_1(x_2)}{\mu\alpha_1 + \nu f_2(x_1) - \mu f_1(x_2) - \nu\alpha_2} ,$$

appartient à ${}^i[x_1 : x_2]$. En effet,

$$\mu\alpha_1 - \mu f_1(x_2) < \mu\alpha_1 - \mu\alpha_1 = 0$$

et

$$\mu\alpha_1 + \nu f_2(x_1) - \mu f_1(x_2) - \nu\alpha_2 < \mu\alpha_1 + \nu\alpha_2 - \mu\alpha_1 - \nu\alpha_2 = 0$$

donc $\lambda > 0$, et

$$[\mu\alpha_1 + \nu f_2(x_1) - \mu f_1(x_2) - \nu\alpha_2] - [\mu\alpha_1 - \mu f_1(x_2)] = \nu[f_2(x_1) - \alpha_2] < 0,$$

donc $\lambda < 1$. On vérifie sans peine que $f(x) = \alpha$ soit que $x \in F_3$. Comme F_3 est une face, donc une facette, de P, il faudrait que $[x_1 : x_2] \subset F_3 \subset H$, ce qui est absurde car

$$f(x_1) = \mu\alpha_1 + \nu f_2(x_1) \neq \alpha .$$

Ainsi F est incluse dans exactement deux faces maximales de P.

III.2.9. Soient P un polyèdre convexe, F une face non vide de P, de codimension $h > 1$ dans ${}^1P$, et $k \in \{1,\dots,h-1\}$: P est l'intersection des faces de P, de codimension k dans ${}^1P$, qui incluent F.

Le théorème vient d'être démontré pour les faces de codimension 2 dans ${}^1P$. Etablissons-le par récurrence pour $h > 2$.

Supposons que, pour tout polyèdre P', toute face de codimension $j < h$ dans ${}^1P'$ est l'intersection des faces de P', de codimension k dans ${}^1P'$, où $k \in \{1,\dots,j-1\}$ est fixé, qui incluent cette face. Soit F une face de P de codimension h dans ${}^1P$. La face F est incluse dans une face maximale F' de P qui est de codimension 1 dans ${}^1P$: F est de codimension $h-1$ dans ${}^1F'$, donc F est l'intersection des faces de F', de codimension k dans ${}^1F'$ quel que soit $k \in \{1,\dots,h-2\}$, qui incluent F; la codimension de ces faces dans ${}^1P$ est supérieure d'une unité donc varie de 1 à $h-1$. Comme on peut appliquer ce raisonnement à toute face maximale de P qui inclut F, on voit que F est intersection des faces de P, de codimension k dans ${}^{1}P$ qui incluent F.

III.2.10. Tout polyèdre convexe a un ensemble fini de faces.

La description des faces maximales montre qu'elles sont en nombre fini. Le théorème précédent permet de montrer, grâce à une induction aisée, que tout polyèdre possède un nombre fini de faces de codimension finie, Il reste alors à remarquer que toute face non vide d'un polyèdre est de codimension finie (comme intersection d'un hyperplan avec une famille finie de demi-espaces fermés).

III.2.11. Soit P un polyèdre convexe et soient F_0, F deux faces non vides de P telles que $F_0 \subset F$. Il existe une chaîne croissante de faces $F_0, \ldots, F_n$ de P dont la première est F_0, la dernière $F_n = F$, et telles que

$$\operatorname{codim}_{{}^{1}P} F_k = \operatorname{codim}_{{}^{1}P} F_0 - k \quad (1)$$

pour $k = 0, \ldots, n$.

On obtient ainsi une chaîne maximale de $[F_0, F]$ et toutes les chaînes maximales de $[F_0, F]$ ont la même longueur.

Comme F est une face de P, F est un polyèdre convexe et F_0 est une face de F. Soit k la codimension de F dans ${}^{1}P$. Vu III.2.9, F possède une face maximale F' qui inclut F_0 et $\operatorname{codim}_{{}^{1}P} F' = k+1$. En itérant ce procédé, on obtient la chaîne annoncée (dans l'ordre inverse, il est vrai).

Cette chaîne est maximale, puisque deux faces d'un polyèdre, emboîtées l'une dans l'autre ont des codimensions distinctes (une façon de le voir est de remarquer que toute face de P est la trace sur P de son enveloppe linéaire).

Considérons à présent une autre chaîne maximale de $[F_0, F]$: elle ne peut être de longueur supérieure à celle que nous connaissons, puisque toutes les codimensions possibles sont réalisées;

---

(1) Si L est une variété linéaire et si $A \subset L$, $\operatorname{codim}_L A$ désigne la codimension de A dans L.

elle ne peut pas non plus être de longueur inférieure car alors une face de la chaîne ne serait pas maximale dans la suivante.

Remarque. Si P est un polytope, une chaîne maximale issue de $\emptyset$ et aboutissant en P est souvent appelée tour maximale.

III.2.12. Si P est un polyèdre proprement convexe, F une face propre de P et F_0 une face propre de F telle que codim $F_0 = k$, alors il existe une face F_1 de P telle que codim $F_1 = k-1$ et $F_0 = F \cap F_1$.

Nous allons tout d'abord supposer que F est une face maximale de P. Le résultat est connu lorsque k vaut 2 (III.2.7). Supposons-le vrai pour toute valeur de k inférieure à n et considérons une face F_0 de F telle que codim $F_0 = n$ (avec $n \geq 3$). Il existe une face F_2 de F telle que codim $F_2 = 2$ et $F_0 \subset F_2$; F_2 est l'intersection de deux faces maximales de P exactement, à savoir F et F' (III.2.8). Travaillons dans le polyèdre convexe F' : F_0 est une face propre de F_2 qui est une face maximale de F, d'où $\text{codim}_{l_{F'}} F_0 = n-1$; l'hypothèse de récurrence garantit l'existence d'une face F_1 de F', donc de P, telle que $\text{codim}_{l_{F'}} F_1 = n-2$ et $F_0 = F_1 \cap F_2$; dans ces conditions, $F_0 = F_1 \cap F_2 = F_1 \cap F \cap F' = F_1 \cap F$ et codim $F_1 = \text{codim}_{l_{F'}} F_1 + 1 = n-1$.

Supposons à présent que la codimension de F soit égale à r (avec $r>0$); il est possible de trouver une face F' de P telle que $F \subset F'$ et codim $F' = r-1$. Appliquons la première partie du raisonnement au polyèdre convexe F' : il existe une face F_1 de F', donc de P, telle que $\text{codim}_{l_{F'}} F_1 = \text{codim}_{l_{F'}} F_0 - 1$ et $F_0 = F \cap F_1$; dès lors, codim $F_1 = \text{codim}_{l_{F'}} F_1 + r-1 = \text{codim}_{l_{F'}} F_0 - 1 + r - 1 =$ codim $F_0 - 1$.

III.2.13. Soit $P = \{x : f_i(x) \leq \alpha_i,\ i = 1,\dots,n\}$ ($\alpha_i \geq 0$, $i=1,\dots,n$) un polyèdre convexe, la famille des f_i pouvant être redondante. Si F est une face propre de P et si $J = \{i : f_i(x) = \alpha_i,\ \forall x \in F\}$, tout point interne de pos $\{f_j : j \in J\}$ est une forme associée à un hyperplan d'appui de P dont la trace sur P est F. De plus, pos $\{f_j : j \in J\}$ n'est pas un sous-espace.

Remarquons d'abord que $F = \bigcap_{j\in J} \{x \in P : f_j(x) = \alpha_j\}$.

Soit $f \in {}^i\text{pos}\,\{f_j : j \in J\}$: il existe des $\lambda_j > 0$ ($j\in J$) tels que $f = \sum_{j\in J} \lambda_j f_j$.

Si $\lambda = \sum_{j\in J} \lambda_j \alpha_j$, on a

$$\{x \in P : f(x) = \lambda\} = \{x \in P : \sum_{j\in J} \lambda_j f_j(x) = \sum_{j\in J} \lambda_j \alpha_j\}$$

$$= \{x \in P : \sum_{j\in J} \lambda_j (f_j(x)-\alpha_j) = 0\}$$

$$= \{x \in P : f_j(x) = \alpha_j,\ j \in J\} = F,$$

l'avant-dernière égalité résultant des inégalités $f_j(x) - \alpha_j \leq 0$ ($j\in J$). Ceci montre notamment que $0 \notin {}^i\text{pos}\,\{f_j : j \in J\}$, donc que pos $\{f_j : j \in J\}$ n'est pas un sous-espace.

Il reste à montrer que $f^{-1}(\{\lambda\})$ est d'appui pour P : quel que soit $x \in P$, $f(x) = \sum_{j\in J} \lambda_j f_j(x) \leq \sum_{j\in J} \lambda_j \alpha_j = \lambda$.

III.2.14. <u>Un ensemble non vide</u> A <u>est un polyèdre convexe si et seulement s'il est une cellule convexe algébriquement fermée, dont la codimension est finie et qui possède un nombre fini de faces</u>.

Montrons que la condition est suffisante, la réciproque ayant été démontrée en III.1.1, III.1.4 et III.2.10.

Supposons tout d'abord A proprement convexe. A chaque face propre F de A, associons un hyperplan d'appui H_F de A tel que $F = A \cap H_F$; si Σ_F désigne le demi-espace fermé associé à H_F et contenant A, montrons que $A = \bigcap_{F\in\mathcal{F}(A)\setminus\{A,\emptyset\}} \Sigma_F$. Soient x un point de $\complement A$ et y un point de ${}^iA$; le segment épointé $]x;y[$ contient un point z marginal de A [*;I.3.3]; par z passe un hyperplan d'appui H de A (I.2.2) : $F_0 = A \cap H$ est une face propre de A; à F_0, on a associé un hyperplan d'appui H_{F_0} de A tel que $F_0 = H_{F_0} \cap A$; x n'appartient pas à Σ_{F_0} puisque $y \in {}^i\Sigma_{F_0}$ et $z \in H_{F_0}$; partant,

$\bigcap_{F\in\mathcal{F}(A)\setminus\{A,\emptyset\}} \Sigma_F \subset A$; l'inclusion réciproque est triviale.

Supposons à présent la codimension de A non nulle, mais finie; nous pouvons supposer sans restriction que l'origine appartient à ${}^{1}A$. Par hypothèse, A possède un nombre fini de faces dans E, donc dans ${}^{1}A$.

En vertu des lignes précédentes, il existe dans ${}^{1}A$, n demi-espaces fermés $\Sigma_1', \Sigma_2', \ldots, \Sigma_n'$ tels que $A = \bigcap_{j=1}^{n} \Sigma_j'$. Si S désigne un supplémentaire de ${}^{1}A$, on a bien entendu $A = \bigcap_{j=1}^{n} (\Sigma_j'+S) \cap {}^{1}A$; or, pour tout indice j de $\{1,2,\ldots,n\}$, $\Sigma_j' + S$ est un demi-espace fermé de E; de plus, A étant de codimension finie, ${}^{1}A$ peut s'écrire comme l'intersection d'un nombre fini d'hyperplans, donc comme l'intersection d'un nombre fini de demi-espaces fermés. En résumé, A est bien un polyèdre convexe.

III.3. <u>CARACTERISATIONS DES POLYEDRES CONVEXES DE DIMENSION FINIE</u>

III.3.1. <u>Définitions</u>. a) Dans $\mathbb{R}^d$, un hyperplan H peut s'écrire sous la forme $\{x \in \mathbb{R}^d : (x|u) = \alpha\}$, où u est un vecteur non nul et α un réel; cet hyperplan détermine deux demi-espaces fermés, à savoir $\Sigma_1 = \{x \in \mathbb{R}^d : (x|u) \leq \alpha\}$ et $\Sigma_2 = \{x \in \mathbb{R}^d : (x|u) \geq \alpha\}$; le vecteur u est appelé normale extérieure à Σ_1, tandis que -u est une normale extérieure à Σ_2. Ainsi, tout polyèdre convexe P de $\mathbb{R}^d$ peut être défini par la donnée de certaines normales extérieures u_j et de réels α_j, puisqu'on peut écrire P sous la forme $\bigcap_{j=1}^{n} \{x \in \mathbb{R}^d : (x|u_j) \leq \alpha_j\}$; on dira que les vecteurs u_j sont les <u>normales extérieures</u> de P.

b) Un ensemble convexe A de $\mathbb{R}^d$ sera dit <u>engendré finiment</u> s'il existe des vecteurs $a_1, a_2, \ldots, a_m$ tels que $A = \{\sum_{j=1}^{m} \lambda_j a_j : \lambda_j \geq 0 \text{ pour } j = 1,2,\ldots,m\}$, ou bien, tels que, pour un certain indice k de $\{1,2,\ldots,m\}$,

$$A = \{x = \sum_{j=1}^{m} \lambda_j a_j : \sum_{j=1}^{k} \lambda_j = 1 \text{ et } \lambda_j \geq 0 \text{ pour } j = 1,2,\ldots,m\}.$$

III.3.2. <u>Pour un convexe</u> A <u>non vide de</u> $\mathbb{R}^d$, <u>les propositions suivantes sont équivalentes</u> :

(i) A <u>est un polyèdre convexe</u>;

(ii) A <u>est un convexe fermé qui possède un nombre fini de faces</u>;

(iii) A <u>est l'enveloppe convexe d'un nombre fini de points et de demi-droites pointées</u>;

(iv) A <u>est engendré finiment</u>;

(v) A <u>est la somme de l'enveloppe convexe d'un nombre fini de points et d'un nombre fini de demi-droites pointées, d'extrémité</u> 0.

Nous savons déjà que (i) et (ii) sont équivalents (III.2.14).

(ii) $\Rightarrow$ (iii). A est en effet engendré par ses facettes irréductibles (II.5.8), qui sont en nombre fini vu notre hypothèse. Chacune de celles-ci est une variété linéaire ou une demi-variété linéaire (II.5.9), donc est l'enveloppe convexe d'un nombre fini de points et de demi-droites pointées, ce qui permet de conclure.

(iii) $\Rightarrow$ (iv). Si A est l'enveloppe convexe des points $x_1, x_2, \ldots, x_k$ et des demi-droites $[x_{k+1} : x_{k+1} + u_1), \ldots, [x_m : x_m + u_{m-k})$,

$$A = \left\{ \sum_{j=1}^{k} \lambda_j x_j + \sum_{j=k+1}^{m} \lambda_j (x_j + \alpha_{j-k}\, u_{j-k}) : \alpha_1, \ldots, \alpha_{m-k} \geq 0;\ \lambda_1, \ldots, \lambda_m \geq 0\right.$$

$$\left.\text{et } \sum_{j=1}^{m} \lambda_j = 1 \right\} = \left\{ \sum_{j=1}^{m} \lambda_j x_j + \sum_{j=1}^{m-k} \mu_j u_j : \sum_{j=1}^{m} \lambda_j = 1; \lambda_1, \ldots, \lambda_m \geq 0 \text{ et}\right.$$

$\left.\mu_1, \ldots, \mu_{m-k} \geq 0\right\}$; en d'autres termes, A est engendré finiment.

(iv) $\Rightarrow$ (v). Supposons que A coïncide avec l'ensemble

$$\left\{ \sum_{j=1}^{m} \lambda_j x_j : \sum_{j=1}^{k} \lambda_j = 1,\ \lambda_j \geq 0 \text{ pour } j = 1, 2, \ldots, m \right\};$$

on peut toujours supposer que les points $x_{k+1}, \ldots, x_m$ ne coïncident pas avec l'origine, ce qui permet d'écrire A sous la forme

$$^c\{x_1, x_2, \ldots, x_m\} + [0 : x_{k+1}) + \ldots + [0 : x_m) .$$

(v) $\Rightarrow$ (ii). Le convexe A, étant la somme d'un ensemble $P = {}^c\{x_1, x_2, \ldots, x_k\}$ et des demi-droites $[0 : x_{k+1}), \ldots, [0 : x_m)$, est fermé puisque P est compact et que la somme d'un nombre fini de demi-droites fermées est fermée.

Considérons une face F non vide de A; à F, on peut associer un sous-ensemble I_F de $\{1,2,\ldots,k\}$ et un sous-ensemble J_F de $\{k+1,\ldots,m\}$ de la façon suivante : $\begin{cases} j \in I_F \text{ si et seulement si } x_j \in F \\ j \in J_F \text{ si et seulement si un} \end{cases}$ translaté de la demi-droite $[0:x_j)$ est incluse dans F. (Notons qu'au contraire de I_F, l'ensemble J_F peut être vide).

Nous allons vérifier que F coïncide avec l'ensemble

$$F' = \begin{cases} {}^c\Big(\bigcup_{j\in I_F}\{x_j\}\Big) + \sum_{k\in J_F}[0:x_k) & \text{si } J_F \text{ n'est pas vide,} \\ {}^c\Big(\bigcup_{j\in I_F}\{x_j\}\Big) & \text{sinon.} \end{cases}$$

Traitons uniquement le cas où J_F n'est pas vide, le raisonnement étant identique pour $J_F = \emptyset$.

Visiblement, $F' \subset F$. Réciproquement, soit x un point de F; il existe des indices $i_1, i_2,\ldots,i_r$ de $\{1,2,\ldots,k\}$ et $j_1,j_2,\ldots,j_s$ de $\{k+1,\ldots,m\}$ tels que $x = \lambda_{i_1} x_{i_1} +\ldots+\lambda_{i_r} x_{i_r} + \lambda_{j_1} x_{j_1} +\ldots+\lambda_{j_s} x_{j_s}$ avec $\lambda_{i_1},\ldots,\lambda_{i_r}, \lambda_{j_1},\ldots,\lambda_{j_s} > 0$ et $\sum_{k=1}^{r} \lambda_{i_k} = 1$; le point x est interne à l'ensemble

$$D = {}^c\Big(\bigcup_{k=1}^{r}\{x_{i_k}\}\Big) + \sum_{k=1}^{s}[0:x_{j_k}) \ ;$$

comme ${}^iD$ rencontre F et que F est une face, D est inclus dans F; dès lors, $x \in D \subset F'$.

Ainsi, à chaque face F de A, on peut associer un et un seul sous-ensemble $I_F \cup J_F$ de $\{1,2,\ldots,m\}$, ce sous-ensemble ne pouvant d'ailleurs provenir que de la face F. Dès lors, A possède un nombre fini de faces, ce qui termine la démonstration.

III.3.3. <u>Théorème de Minkowski-Weyl</u>. <u>Dans</u> $\mathbb{R}^d$, <u>un cône de sommet</u> 0 <u>est polyédral si et seulement s'il possède un nombre fini de générateurs</u>.

Cela découle directement de la description des polyèdres convexes donnée dans le théorème précédent.

La nécessité de la condition a été prouvée par H. Minkowski [1], tandis que la suffisance est dûe à H. Weyl [1].

III.3.4. *Un convexe non vide* A *de* $\mathbb{R}^d$ *est un polytope si et seulement s'il est l'enveloppe convexe d'un nombre fini de points.*

Un polyèdre convexe de $\mathbb{R}^d$ est borné, c'est-à-dire est un polytope, si et seulement s'il ne contient aucune demi-droite. Le résultat III.3.2 permet alors de conclure.

Corollaire. Dans $\mathbb{R}^d$, *la somme de deux polytopes est un polytope.*

En effet, si $A = {}^c\{a_1, a_2, \ldots, a_m\}$ et $B = {}^c\{b_1, b_2, \ldots, b_n\}$,
$A+B = {}^c\{a_1+b_1, a_1+b_2, \ldots, a_1+b_n, a_2+b_1, \ldots, a_2+b_n, \ldots, a_m+b_1, \ldots, a_m+b_n\}$.

III.3.5. *Dans* $\mathbb{R}^d$, *la somme de deux polyèdres convexes est un polyèdre convexe.*

C'est évident puisque tout polyèdre convexe est la somme d'un polytope et d'un nombre fini de demi-droites pointées, d'extrémité 0.

III.3.6. *Théorème de Farkas. Le système linéaire* $M\alpha = y$ (M *est la matrice de format* $d \times n$ *qui juxtapose les vecteurs-colonnes* u_i, y *est un vecteur-colonne donné d'ordre* d, α *un vecteur-colonne inconnu d'ordre* n) *admet une solution* $\alpha \geq 0$ (*c'est-à-dire de composantes toutes non négatives*) *si et seulement si tout vecteur-ligne* x *d'ordre* d *pour lequel* $xM \geq 0$ *donne aussi* $xy \geq 0$.

Désignons par P le cône polyédral $\bigcap_{j=1}^{n} \{x \in \mathbb{R}^d : (x|u_j) \leq 0\}$;
$\alpha \geq 0$ équivaut à $y \in P^+$, ou encore, à $(x|y) \leq 0$ pour tout $x \in P$. Or, $x \in P$ équivaut à $xM \leq 0$. Au total, $\alpha \geq 0$ si et seulement si $xy \leq 0$ pour tout x tel que $xM \leq 0$, ou encore, si et seulement si $xy \geq 0$ pour tout x tel que $xM \geq 0$.

III.3.7. *Détermination des points extrêmes d'un polyèdre convexe de* $\mathbb{R}^d$.

Considérons un polyèdre convexe P de $\mathbb{R}^d$ défini par l'intersection supposée non vide d'un nombre fini n de demi-espaces fermés associés à des hyperplans $H_1, H_2, \ldots, H_n$. Quand l'intersection d'un nombre fini de ces hyperplans rencontre P, elle est une variété d'appui de P, et toutes les variétés d'appui de P autres que $\mathbb{R}^d$ s'obtiennent ainsi.

En particulier, un point extrême de P s'obtient quand ladite intersection se réduit à un point de P; si donc chaque H_i est représenté par une équation linéaire $f_i(x) = \alpha_i$, les points extrêmes de P sont les solutions appartenant à P (c'est-à-dire les solutions qui satisfont à toutes les inégalités initiales) des systèmes cramériens extraits du système linéaire $f_1 = \alpha_1, \dots, f_{n_d} = \alpha_n$.

Il résulte de là qu'un polyèdre convexe de $\mathbb{R}^d$ défini par moins de d inégalités est obligatoirement dépourvu de points extrêmes; c'est par exemple le cas d'un demi-espace fermé pour $d \geq 2$.

III.3.8. Un <u>point à l'infini</u> de $\mathbb{R}^d$ est une classe de l'ensemble des demi-droites pointées de $\mathbb{R}^d$ pour l'équivalence "être translaté de"; la <u>direction</u> d'un point à l'infini est la demi-droite d'extrémité O appartenant à la classe d'équivalence; remarquons que notre terminologie, empruntée en partie à Rockafellar [1], diffère de celle utilisée en géométrie projective, où un point à l'infini est une classe d'équivalence de droites parallèles.

L'<u>enveloppe convexe</u> C de n ($n \geq 1$) points $x_1, x_2, \dots, x_n$ et de m ($m \geq 0$) points à l'infini $p_1, p_2, \dots, p_m$ de $\mathbb{R}^d$ est, par définition, la somme vectorielle de l'enveloppe convexe de $\{x_1, x_2, \dots, x_n\}$ et des directions $d_1, d_2, \dots, d_m$ des points à l'infini $p_1, p_2, \dots, p_m$. On peut représenter cette situation de façon très concrète en se plaçant dans l'espace $\mathbb{R}^{d+1}$, et en identifiant tout point x_o de $\mathbb{R}^d$ au point $(x_o, 1)$ de l'hyperplan $H = \{(x,1) : x \in \mathbb{R}^d\}$ de $\mathbb{R}^{d+1}$, et tout point à l'infini p_o à un point $(u_o, 0)$ du sous-espace vectoriel H_o parallèle à H dans $\mathbb{R}^{d+1}$, avec u_o, non nul, appartenant à la direction de p_o; construire l'ensemble C revient à rechercher la trace sur H de l'enveloppe convexe des demi-droites issues de l'origine et passant par les points de $\mathbb{R}^{d+1}$ associés aux points et aux points à l'infini considérés.

Avec ces définitions, une partie de l'énoncé III.3.2 peut se traduire en ces termes :

<u>Tout polyèdre convexe de $\mathbb{R}^d$ est l'enveloppe convexe d'un nombre fini de points et de points à l'infini</u>.

III.3.9. Un m-*simplexe généralisé* de $\mathbb{R}^d$ désigne un polyèdre convexe de dimension m, qui est l'enveloppe convexe de m+1 points et points à l'infini; un m-simplexe généralisé S peut donc s'écrire sous la forme

$$S = {}^c\{x_1, x_2, \dots, x_k\} + \sum_{j=k+1}^{m+1} [0:x_j),$$

avec $1 \leq k \leq m+1$ et où les points $(x_1,1),\dots,(x_k,1)$, $(x_{k+1},0),\dots,(x_{m+1},0)$ de $\mathbb{R}^{d+1}$ sont linéairement indépendants. Les points $x_1,x_2,\dots,x_k$ seront appelés les *sommets* de S, tandis que les directions $[0:x_{k+1}),\dots,[0:x_{m+1})$ seront les *sommets à l'infini* de S; de plus, un point à l'infini sera dit appartenir à S si sa direction est dans le cône asymptote de S, c'est-à-dire dans le cône $\sum_{j=k+1}^{m+1} [0:x_j)$.

Par exemple, les 1-simplexes généralisés sont les segments de droite pointés et les demi-droites pointées; les 2-simplexes généralisés sont les triangles, les cônes plans pointés et les enveloppes convexes de deux demi-droites translatées l'une de l'autre, mais de supports distincts (c'est-à-dire les demi-tranches planes); plus généralement, les m-simplexes sont des m-simplexes généralisés, de même que les orthants de dimension m qui correspondent au cas où les m-simplexes généralisés possèdent m sommets à l'infini et un seul sommet à distance finie.

III.3.10. *Un convexe fermé* S *de* $\mathbb{R}^d$ *est un* d-*simplexe généralisé si et seulement s'il est de l'une des formes suivantes, à une translation près* :

a) $S = \{x \in \mathbb{R}^d : f_i(x) \geq 0,\ i = 1,\dots,d,\ \sum_{i=1}^{d} f_i(x) \leq 1\}$,

où les $f_i (i=1,\dots,d)$ *sont linéairement indépendants* (d-*simplexe*);

b) $S = \{x \in \mathbb{R}^d : f_i(x) \geq 0,\ i = 1,\dots,d\}$

où les $f_i (i=1,\dots,d)$ *sont linéairement indépendants* (d-*cône simplicial*);

c) $S = \{x \in \mathbb{R}^d : f_i(x) \geq 0,\ i = 1,\dots,k-1,k+1,\dots,d+1,\ \sum_{i=1}^{k-1} f_i(x) \leq 1\}$

où les $f_i (i=1,\dots,k-1,k+1,\dots,d+1)$ *sont linéairement indépendants* (*cas mixte*).

Soit S un d-simplexe généralisé : $S = {}^{c}\{x_1,\dots,x_k\} + \sum_{l=k+1}^{d+1} [0:x_k)$.

Posons $T = {}^{c}\{x_1,\dots,x_k\}$ et $C = \sum_{i=k+1}^{d+1} [0:x_i)$. Quitte à effectuer une translation, on peut supposer que 0 est un sommet de T, donc $T = {}^{c}\{0,x_1,\dots,x_{k+1}\}$ (après rebaptême). Supposons que $\dim ({}^{l}T \cap {}^{l}C) > 0$: $\dim {}^{l}S = \dim {}^{l}(T+C) = \dim {}^{c}T + \dim {}^{l}C - \dim ({}^{l}T \cap {}^{l}C)$

$$< k-1 + d-k+1 = d,$$

ce qui est absurde. Dès lors, T et C s'ignorent. De plus, on voit sans peine que $\dim {}^{l}T = k-1$ et $\dim {}^{l}C = d-k+1$, sans quoi $\dim {}^{l}S < d$, donc T est un (k-1)-simplexe et C est un cône simplicial. Posons $X_1 = {}^{l}T$ et $X_2 = {}^{l}C$: on a $\mathbb{R}^d = X_1 \oplus X_2$.

Dans X_1, les faces maximales ${}^{c}\{0,x_1,\dots,[x_i],\dots,x_{k-1}\}$ sont les traces sur T des $f_i^{-1}(\{0\})$, où $f_i(x_j) = \delta_{ij}$ (c'est la base duale de $(x_1,\dots,x_{k-1})$) et ${}^{c}\{x_1,\dots,x_{k-1}\} = T \cap f^{-1}(\{1\})$ où $f(x_j) = 1$; comme $f = \sum_{i=1}^{k-1} \lambda_i f_i$, $1 = f(x_j) = \lambda_j$ $(j=1,\dots,k-1)$, donc $f = \sum_{i=1}^{k-1} f_i$. Ainsi, $T = \{x \in X_1 : f_i(x) \geq 0 \ (i=1,\dots,k-1), \sum_{i=1}^{k-1} f_i(x) \leq 1\}$, où les f_i sont linéairement indépendants (en réservant le cas où $T = \{0\}$).

Dans X_2, $C = \{x \in X_2 : f_i(x) \geq 0, (i=k+1,\dots,d+1)\}$, où les f_i sont linéairement indépendants (en réservant le cas où $C = \{0\}$).

Posons $f_i'(x) = \begin{cases} f_i(x_1) & \text{si } i = 1,\dots,k-1 \\ f_i(x_2) & \text{si } i = k+1,\dots,d+1 \end{cases}$

où x_1, x_2 sont les composantes de x dans la décomposition $\mathbb{R}^d = X_1 \oplus X_2$.

Un point x appartient à T + C si et seulement si $x_1 \in T$ et $x_2 \in C$, soit si

$$f_i'(x) = f_i(x_1) \geq 0, \quad i = 1,\dots,k-1$$

$$\sum_{i=1}^{k-1} f_i'(x) = \sum_{i=1}^{k-1} f_i(x) \leq 1,$$

$$f_i'(x) = f_i(x_2) \geq 0, \quad i = k+1,\dots,d+1$$

ce qui prouve que

$$S = \{x \in \mathbb{R}^d ; f_i(x) \geq 0, \; i=1,\dots,k-1,k+1,\dots,d+1, \; \sum_{i=1}^{k-1} f_i(x) \leq 1\}$$

où les f_i sont linéairement indépendants.

Dans le cas où $C = \{0\}$ $(k=d+1)$,

$S = \{x \in \mathbb{R}^d ; f_i(x) \geq 0, \; i=1,\dots,d, \; \sum_{i=1}^{d} f_i(x) \leq 1\}$; si

$T = \{0\}$, $S = \{x \in \mathbb{R}^d : f_i(x) \geq 0, \; i=1,\dots,d\}$.

La réciproque se vérifie sans peine.

III.3.11. Cette terminologie permet de donner, pour les polyèdres convexes de $\mathbb{R}^d$, un théorème analogue au théorème de Carathéodory :

<u>Tout</u> d-<u>polyèdre convexe</u> P <u>est la réunion de tous les</u> d-<u>simplexes généralisés dont les sommets</u> (<u>à l'infini ou non</u>) <u>appartiennent à</u> P.

Soit P un d-polyèdre convexe que l'on peut sans restriction supposer non borné et contenant l'origine; il peut s'écrire sous la forme

$$P = {}^c\{x_1,x_2,\dots,x_n\} + \sum_{j=1}^{m} [0:u_j) \text{ avec } n \geq 1 \text{ et } m \geq 1.$$

Comme P peut être identifié dans $\mathbb{R}^{d+1}$ à la trace sur l'hyperplan $H = \{(x,1) : x \in \mathbb{R}^d = {}^1P\}$ de l'enveloppe convexe C des demi-droites $\bigcup_{\lambda \geq 0} \{\lambda(x_j,1)\}$ et $\bigcup_{\mu \geq 0} \{\mu(u_k,0)\}$ pour $j = 1,2,\dots,n$ et $k = 1,2,\dots,m$, il suffit de montrer qu'un point arbitraire y de C est une combinaison linéaire à coefficients non négatifs de d+1 points linéairement indépendants de l'ensemble $S = \{(x_1,1),\dots,(x_n,1), (u_1,0),\dots,(u_m,0)\}$; y peut s'écrire sous la forme $y = \sum_{j=1}^{p} \lambda_j y_j$, avec $\lambda_j \geq 0$ et $y_j \in S$ pour $j = 1,2,\dots,p$.

Si les points y_j ne sont pas linéairement indépendants, on peut trouver des scalaires $\mu_1, \mu_2,\dots,\mu_p$, dont un au moins est positif, tels que $\sum_{j=1}^{p} \mu_j y_j = 0$. Soient

$\lambda^* = \max\{\lambda : \lambda\mu_j \leq \lambda_j$ pour $j = 1,2,\ldots,p\}$ et $\lambda_j' = \lambda_j - \lambda^* \mu_j$; dans ces conditions, $y = \sum_{j=1}^{p} \lambda_j' y_j$, avec $\lambda_j' \geq 0$ pour $j=1,2,\ldots,p$, mais un au moins de ces λ_j' est nul; y peut donc s'écrire comme une combinaison linéaire à coefficients non négatifs de m' éléments de S, avec $m' < m$. En répétant ce raisonnement autant de fois qu'il le faut, on arrive, après un nombre fini d'opérations, à écrire y comme combinaison linéaire à coefficients non négatifs de $r(r \leq d+1)$ points $z_1, z_2,\ldots,z_r$ linéairement indépendants de S. En choisissant éventuellement des points $z_{r+1},\ldots,z_{d+1}$ de S qui forment avec $z_1,\ldots,z_r$ une base de $\mathbb{R}^{d+1}$, on peut écrire

$$y = \sum_{j=1}^{d+1} \alpha_j z_j, \text{ avec } \alpha_j \geq 0 \text{ pour } j = 1,2,\ldots,d+1 .$$

III.3.12. <u>Dans $\mathbb{R}^d$, un d-polyèdre convexe P ne contient pas de droite si et seulement si l'enveloppe spatiale de l'ensemble de ses normales extérieures coïncide avec $\mathbb{R}^d$.</u>

Quitte à effectuer une translation, on peut supposer que l'origine est dans l'intérieur de P qui peut donc s'écrire sous la forme

$$P = \bigcap_{j=1}^{n} \{x \in \mathbb{R}^d : (x|u_j) \leq 1\} .$$

Si l'enveloppe spatiale S de l'ensemble $\{u_1,u_2,\ldots,u_n\}$ des normales extérieures de P est distincte de $\mathbb{R}^d$, elle est contenue dans un hyperplan homogène $H = \{x \in \mathbb{R}^d : (x|u) = 0\}$. Pour tout réel λ et tout indice j de $\{1,2,\ldots,n\}$, $(\lambda u|u_j) = 0$, ce qui entraîne l'inclusion de la droite $(0:u)$ dans P.

Réciproquement, si une droite $D = x + (0:u)$ est incluse dans P, la translatée de D en l'origine, c'est-à-dire la droite $(0:u)$, est incluse dans P; dès lors, $(\lambda u|u_j) \leq 1$ pour tout réel λ, ce qui entraîne $(u|u_j) = 0$ pour tout indice j de $\{1,2,\ldots,n\}$; S est donc contenu dans l'hyperplan orthogonal à u.

III.3.13. <u>Dans</u> $\mathbb{R}^d$, <u>soit</u> $P = \{x \in \mathbb{R}^d : (x|x_i) \leq 0, i=1,\ldots,n\}$ <u>un cône polyédral et soit</u> F <u>une face de</u> P. <u>Si</u> $J = \{i \in \{1,\ldots,n\} : (x|u_i) = 0, \forall x \in F\}$, <u>on a l'égalité</u>

$$\tilde{F} = \{y \in P^+, (y|x) = 0, \forall x \in F\} = \text{pos } \{u_j : j \in J\} .$$

Soit $y \in \tilde{F}$: $y \in P^+$, donc y s'écrit $y = \sum_{i=1}^{n} \alpha_i u_i (\alpha_i \geq 0, i=1,\ldots,n)$. Pour tout $k \in \{1,\ldots,n\} \setminus J$, il existe $x_k \in F$ tel que $(u_k|x) > 0$, donc $(y|x_k) = \sum_{i=1}^{n} \alpha_i (u_i|x_k)$ est strictement positif si $\alpha_k > 0$, ce qui est absurde, puisque $y \in \tilde{F}$. Ainsi, $y = \sum_{j \in J} \alpha_j u_j$ $(\alpha_j \geq 0, \forall j \in J)$. On en conclut que $\tilde{F} \subset \text{pos } \{u_j : j \in J\}$.
Comme l'inclusion réciproque est immédiate, l'égalité est démontrée.

III.4. POLARITE DES POLYEDRES CONVEXES

III.4.1. <u>Si</u> P <u>est un polyèdre convexe de</u> $\mathbb{R}^d$ <u>auquel</u> 0 <u>est intérieur</u>, P* <u>est un polytope convexe</u>.

Ce théorème sera une conséquence de III.4.4. Donnons-en cependant une preuve directe.

Le polaire P* de P est un convexe de $\mathbb{R}^d$ algébriquement fermé (II.6.1.2) et borné (II.6.2.3), donc P* est un convexe compact.

Tout point exposé de P*, distinct de 0, est une face de P* qui ne contient pas 0. Dès lors, l'ensemble des points exposés de P* est fini. En vertu du théorème de Straszewicz (II.3.5), $P^* = [^c(\exp P^*)]^-$, donc P* est un polytope convexe.

III.4.2. <u>Un convexe fermé</u> $P \subset \mathbb{R}^d$ <u>auquel</u> 0 <u>est intérieur est un polytope convexe si et seulement si</u> P* <u>est un polytope convexe auquel</u> 0 <u>est intérieur</u>.

Soit $P \subset \mathbb{R}^d$ un polytope convexe tel que $0 \in \mathring{P}$. Nous savons déjà que P* est un polytope convexe. Puisque P est borné, II.6.2.4 assure que 0 est intérieur à P*.

A l'inverse, si P* est un polytope convexe auquel 0 est intérieur, P = P** est un polytope convexe auquel 0 est intérieur.

III.4.3. Lemme. Si $\Sigma = \{x : f_o(x) \leq \alpha\}$ $(\alpha \geq 0,\ f_o \neq 0)$ est un demi-espace fermé, $\Sigma^* = [0 : \frac{1}{\alpha} f_o]$ si $\alpha > 0$ et $\Sigma^* = [0 : f_o)$ si $\alpha = 0$.

En effet, si $\alpha > 0$, $\lambda \frac{1}{\alpha} f_o(x) \leq \lambda \leq 1$ pour tout $\lambda \in [0,1]$ et tout $x \in \Sigma$, donc $[0 : \frac{1}{\alpha} f_o] \subset \Sigma^*$; si $\alpha = 0$, $\lambda f_o(x) \leq 0$ pour tout $\lambda \in [0,+\infty[$ et tout $x \in \Sigma$, donc $[0 : f_o) \subset \Sigma^*$.

Si f est linéairement indépendant de f_o, il existe $x \in E$ tel que $f_o(x) = 0$ et $f(x) = 1$, donc $f_o(2x) = 0$, soit $2x \in \Sigma$, et $f(2x) = 2$, ce qui montre que $f \notin \Sigma^*$, soit que $\Sigma^* \subset (0 : f_o)$.

Si $f = \lambda f_o$ avec $\lambda < 0$, on voit sans peine, en choisissant x tel que $f_o(x) = \frac{2}{\lambda} < 0$, que $f \notin \Sigma^*$.

Dans le cas où $\alpha > 0$, si $f = \frac{\lambda}{\alpha} f_o$ avec $\lambda > 1$, il suffit de choisir x tel que $f_o(x) = \alpha$ pour voir que $f \notin \Sigma^*$.

On obtient ainsi les résultats annoncés.

III.4.4. Si $P = \bigcap_{i=1}^{k} \{x : f_i(x) \leq \alpha_i\} \cap \bigcap_{i=k+1}^{n} \{x : f_i(x) \leq 0\}$, $(\alpha_i > 0$ pour $i = 1,\ldots,k)$, est un polyèdre convexe, le polaire de P est

$$P^* = {}^c\{0, \frac{f_1}{\alpha_1},\ldots,\frac{f_k}{\alpha_k}\} + \sum_{i=k+1}^{n} [0 : f_i) .$$

En vertu de II.6.1.7 et III.4.3,

$$P^* = \bar{^c}(\bigcup_{i=1}^{k} [0 : \frac{1}{\alpha_i} f_i] \cup \bigcup_{i=k+1}^{n} [0 : f_i)) ,$$

l'adhérence étant prise dans $\sigma(E^*,E)$, donc

$$P^* = [{}^c\{0,\frac{f_1}{\alpha_1},\ldots,\frac{f_k}{\alpha_k}\} + \sum_{i=k+1}^{n} [0 : f_i)]^-$$

soit, puisque l'ensemble entre crochets est de dimension finie et fermé dans son enveloppe spatiale, donc $\sigma(E^*,E)$-fermé,

$$P^* = {}^c\{0,\frac{f_1}{\alpha_1},\ldots,\frac{f_k}{\alpha_k}\} + \sum_{i=k+1}^{n} [0 : f_i) .$$

III.4.5. Il est intéressant d'avoir une description des $\hat{F}$.

__Soit__ $P = \bigcap_{i=1}^{n} \{x : f_i(x) \leq 1\}$ __un polyèdre convexe.__

__Si__ F __est une face propre de__ P, __intersection des faces maximales__ $F_j = \{x \in P : f_j(x) = 1\}$ __où__ j __parcourt__ $\mathcal{J} \subset \{1,\dots,n\}$.

$$\hat{F} = {}^c\{f_j : j \in \mathcal{J}\} .$$

Par définition,

$$\hat{F} = \{f \in P^* : f(x) = 1,\ \forall x \in F\} .$$

Si $f \in \hat{F}$, $f(x) = 1$ pour tout $x \in {}^1F = \bigcap_{j\in\mathcal{J}} H_j$, où $H_j = {}^1F_j$, $(j\in\mathcal{J})$. Dès lors, f est une forme linéaire associée à un hyperplan qui inclut $\bigcap_{j\in\mathcal{J}} \bar{f}_j^1(\{0\})$, ce qui permet d'écrire $f = \sum_{j\in\mathcal{J}} \alpha_j f_j$, vu III.2.6.

Soit $x \in F$: on a

$$1 = f(x) = \sum_{j\in\mathcal{J}} \alpha_j f_j(x) = \sum_{j\in\mathcal{J}} \alpha_j .$$

De là, $f \in {}^1\{f_j : j \in \mathcal{J}\}$ et ainsi

$$\hat{F} \subset {}^1\{f_j : j \in \mathcal{J}\} .$$

Nous allons utiliser une récurrence sur le cardinal de $\mathcal{J}$ pour préciser la forme de $\hat{F}$.

Si card $\mathcal{J} = 1$, $\mathcal{J} = \{i\}$ $(i \in \{1,\dots,n\})$ et $F = F_i$ donc $\hat{F} = \hat{F}_i = \{f_i\}$ puisque H_i est le seul hyperplan d'appui de P qui détermine F_i.

Supposons que, si card $\mathcal{J} \leq r$, $\hat{F} = {}^c\{f_j : j \in \mathcal{J}\}$. Soit F' une face de P, intersection des faces maximales F_k $(k\in\mathcal{K},\ \mathcal{K}\subset \{1,\dots,n\}$, card $\mathcal{K} = r+1)$. On sait déjà que

$$\hat{F}' \subset {}^1\{f_k : k \in \mathcal{K}\} .$$

Si $f \in \hat{F}' \setminus {}^c\{f_k : k \in \mathcal{K}\}$, soit f' un point interne de ${}^c\{f_k : k \in \mathcal{K}\}$. Le segment $[f:f']$ rencontre ${}^c\{f_k : k \in \mathcal{K}\}$ en un point marginal m de ce dernier ensemble. Le point m appartient à une face de ${}^c\{f_k : k \in \mathcal{K}\}$, soit à ${}^c\{f_k : k \in \mathcal{K}'\}$ $(\mathcal{K}' \not\subset \mathcal{K})$. Vu l'hypothèse de récurrence,

$$ {}^c\{f_k : k \in \mathcal{K}'\} = \hat{G} , $$

où $G = \bigcap_{k \in \mathcal{K}'} F_k$; c'est une face, donc une facette de P* (II.6.4.2). Puisque $[f:f']$, inclus dans P*, rencontre ${}^c\{f_k : k \in \mathcal{K}'\}$ en un point distinct de f et f', $[f:f'] \subset {}^c\{f_k : k \in \mathcal{K}'\} \subset {}^c\{f_k : k \in \mathcal{K}\}$, ce qui contredit l'hypothèse sur P.

En conclusion, quelle que soit la face propre F de P, intersection des faces maximales F_j, $j \in \mathcal{J}$, $\mathcal{J} \in \{1,\ldots,n\}$,

$$ \hat{F} = {}^c\{f_j : j \in \mathcal{J}\} . $$

<u>Remarque</u>. Comme tout polyèdre convexe auquel 0 est proprement interne peut s'écrire sous la forme décrite en III.4.5, nous avons en fait déterminé de la sorte les $\hat{F}$ de tout polyèdre de ce type.

III.4.6. <u>Soit</u> P <u>un polytope convexe dans</u> $\mathbb{R}^d$ <u>contenant</u> 0. <u>Si l'ensemble des sommets de</u> P <u>est</u> $\exp P = \{x_1,\ldots,x_n\}$,

$$ P^* = \{y \in \mathbb{R}^d : (y|x_i) \le 1,\ i = 1,\ldots,n\} . $$

L'ensemble $A = \{y \in \mathbb{R}^d : (y|x_i) \le 1,\ i = 1,\ldots,n\}$ est un polyèdre convexe du type décrit en III.4.3. Son polaire est

$$ A^* = {}^c\{0,x_1,\ldots,x_n\} $$

soit, puisque $P = {}^c\{x_1,\ldots,x_n\} \ni 0$, $A^* = P$. Ainsi, $A^{**} = P^*$ et, en vertu du théorème des bipolaires, $A = P^*$.

III.4.7. _Soit_ P _un_ d-_polytope convexe contenant_ 0. _L'ensemble, ordonné par inclusion, des faces propres de_ P _qui ne contiennent pas_ 0 _est anti-isomorphe à l'ensemble, ordonné par inclusion, des faces propres d'un polyèdre convexe, sans droites, de dimension finie._

Puisque $P \subset \mathbb{R}^d$ est borné, 0 est intérieur à $P^* \subset \mathbb{R}^d$ (II.6.2.4). Les propositions II.6.4.4 et II.6.4.5 assurent que $\mathcal{F}(P^*)$ est anti-isomorphe à l'ensemble des faces propres de $P^{**} = P$ qui ne contiennent pas 0, augmenté de $\emptyset$ et P. Comme $\widehat{P^*} = \emptyset$ et $\hat{\emptyset} = P$, l'ensemble des faces propres de P^* est anti-isomorphe à l'ensemble des faces propres de P qui ne contiennent pas 0, puisque $\hat{\cdot}$ est injective.

De plus, P^* ne peut contenir de droite. En effet, si on avait $(x:0) \subset P^*$, on aurait $\lambda(x|y) \leq 1$ pour tout $y \in P$ et tout $\lambda \in \mathbb{R}$, soit $(x|y) = 0$ pour tout $y \in P$, ce qui empêcherait P d'être de dimension d.

III.4.8. Récemment, Lohman et Morrison ont publié un article [1] dans lequel ils caractérisent les sommets du polaire d'un polytope convexe équilibré P. Le lecteur se rendra aisément compte que le polaire P^o utilisé par ces auteurs coïncide avec P^* (car P est convexe équilibré). Voici comment dériver le résultat de Lohman et Morrison de III.4.6.

Soit P _un polygone convexe auquel_ 0 _est intérieur et dont les sommets sont_ $\pm x_i$ $(i=1,\ldots,n)$. _Le polaire_ P^* _de_ P _est le polygone dont les sommets sont_ $\pm y_i$ _où_

$$y_i = \left(\frac{x_{i2} - x_{i'2}}{x_{i1}\, x_{i'2} - x_{i'1}\, x_{i2}} , \frac{x_{i1} - x_{i'1}}{x_{i1}\, x_{i'2} - x_{i'1}\, x_{i2}} \right)$$

$(i=1,\ldots,n)$, _où_ $x_{i'}$ _désigne le sommet de_ P _qui suit_ x_i _lorsqu'on parcourt la marge de_ P _dans le sens des aiguilles d'une montre._

Compte tenu de III.4.6, les sommets de P* sont les solutions appartenant à P des systèmes cramériens extraits du système

$$\begin{cases} y_1 \; x_{11} + y_2 \; x_{12} = 1 \\ \vdots \\ y_1 \; x_{n1} + y_2 \; x_{n2} = 1 \\ -y_1 \; x_{11} - y_2 \; x_{12} = 1 \\ \vdots \\ -y_1 \; x_{n1} - y_2 \; x_{n2} = 1 \end{cases}$$

On voit aisément que les seuls systèmes cramériens extraits de ce système sont

$$\begin{cases} y_1 \; x_{i1} + y_2 \; x_{i2} = 1 \\ y_1 \; x_{j1} + y_2 \; x_{j2} = 1 \end{cases} \qquad \begin{cases} -y_1 \; x_{i1} - y_2 \; x_{i2} = 1 \\ -y_1 \; x_{j1} - y_2 \; x_{j2} = 1 \end{cases}$$

$$\begin{cases} y_1 \; x_{i1} + y_2 \; x_{i2} = 1 \\ -y_1 \; x_{j1} - y_2 \; x_{j2} = 1 \end{cases} \qquad (i \neq j;\; i,j = 1,\ldots,n)$$

dont les solutions sont respectivement

$$\left(\frac{x_{j2} - x_{i2}}{x_{i1} \; x_{j2} - x_{j1} \; x_{i2}} , \frac{x_{i1} - x_{j1}}{x_{i1} \; x_{j2} - x_{j1} \; x_{i2}} \right) = k_{ij},\; - k_{ij} \text{ et}$$

$$\left(\frac{-x_{i2} - x_{j2}}{- x_{i1} \; x_{j2} + x_{j1} \; x_{i2}} , \frac{x_{i1} + x_{j1}}{- x_{i1} \; x_{j2} + x_{j1} \; x_{i2}} \right) .$$

Les points du dernier type n'appartiennent pas à P et les $\pm\, k_{ij}$ appartiennent à P si et seulement si x_j et x_i sont consécutifs, d'où le résultat.

III.4.8. Exemples de polaires

Dans les figures qui suivent, le polyèdre P est représenté en trait fort, les normales extérieures u_i à P telles que

$$P = \{x : (x|u_i) \leq 1,\ i = 1,\ldots,n\}$$

sont représentées en pointillé, enfin le polaire P* est dessiné en trait fin.

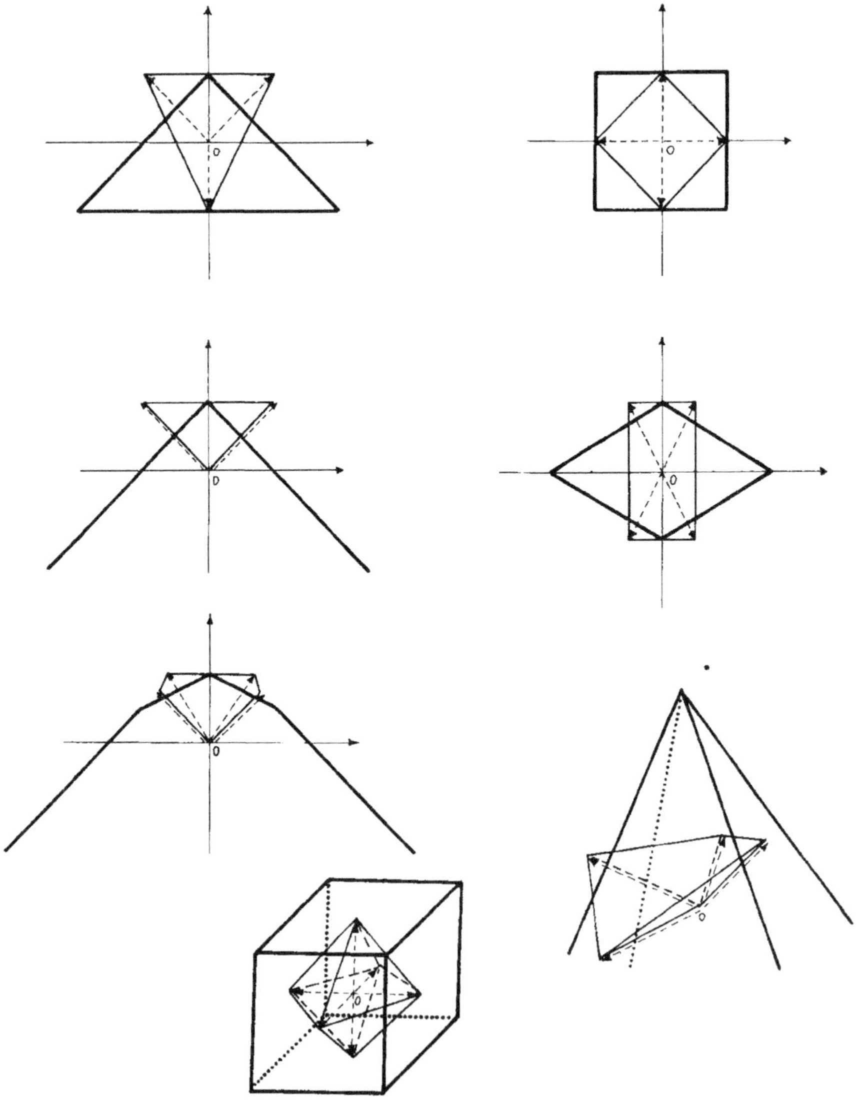

III.5. DUALITE DES POLYEDRES - TYPE COMBINATOIRE

III.5.1. Définitions

a) Deux polyèdres convexes P et P' sont dits duaux si les lattis $\mathcal{F}(P)$ et $\mathcal{F}(P')$ sont anti-isomorphes.

De façon équivalente, P et P' sont duaux s'il existe une bijection de $\mathcal{F}(P)$ vers $\mathcal{F}(P')$ qui inverse les relations d'inclusion.

b) Deux polyèdres convexes P et P' ont même type combinatoire si les lattis $\mathcal{F}(P)$ et $\mathcal{F}(P')$ sont isomorphes.

De façon équivalente, P et P' ont même type combinatoire s'il existe une bijection de $\mathcal{F}(P)$ vers $\mathcal{F}(P')$ qui préserve l'inclusion.

Deux polyèdres convexes ayant même type combinatoire sont dits combinatoirement équivalents, ce qu'on note $P \approx P'$.

III.5.2. Deux polyèdres convexes duaux d' [resp. combinatoirement équivalents à] un même troisième sont combinatoirement équivalents.

C'est évident.

III.5.3. Dans $\mathbb{R}^d$, si P est un polytope convexe auquel O est intérieur [resp. un cône convexe polyédral de sommet O], P^* est un polytope [resp. un cône polyédral] dual de P.

Il suffit d'utiliser III.4.2, II.6.4.4 et II.6.4.5.

III.5.4. Tout polyèdre convexe est combinatoirement équivalent à un polyèdre convexe de dimension finie.

On peut invoquer III.1.9. Voici une autre preuve.

On peut évidemment supposer que 0 est proprement interne à P, donc que P est du type décrit en III.4.3. Le polaire de P est un polytope convexe et l'ensemble des faces propres de P, ordonné par inclusion, est anti-isomorphe à l'ensemble, ordonné par inclusion, des faces de P* qui ne contiennent pas 0. A son tour, cet ensemble est anti-isomorphe à l'ensemble, ordonné par inclusion, des faces propres d'un polyèdre de dimension finie P' (III.4.6). Ainsi, $\mathcal{F}(P)$ est isomorphe, en tant qu'ensemble ordonné, donc en tant que lattis, à $\mathcal{F}(P')$. De là, P et P' sont combinatoirement équivalents.

III.5.5. <u>Remarque</u>. Ce théorème est d'une importance capitale, puisqu'il permet de réduire l'étude de la structure faciale des polyèdres convexes à celle des polyèdres convexes de dimension finie. Ceci autorise la convention suivante.

Dans la suite de ce paragraphe, tous les polyèdres convexes seront de dimension finie, de même que E.

III.5.6. <u>Exemples de polyèdres duaux</u>

Dans les figures ci-dessous, on note par F' l'image de la face F dans l'anti-isomorphisme.

a)

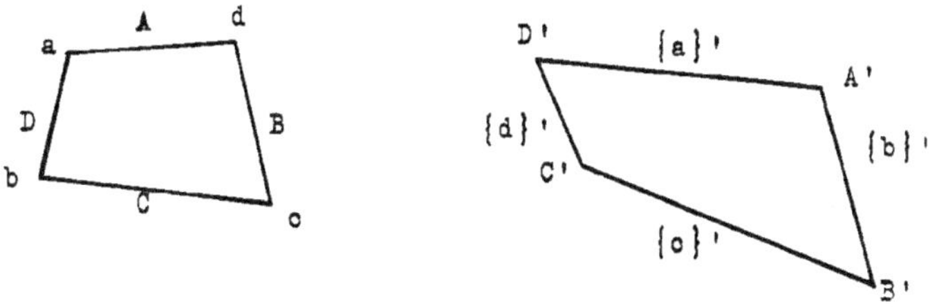

b)

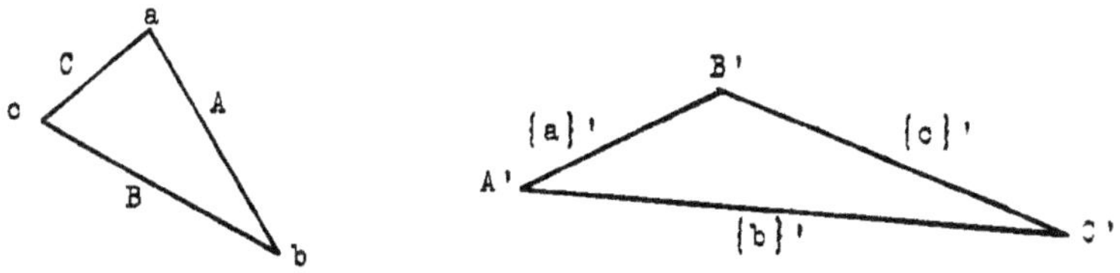

c)

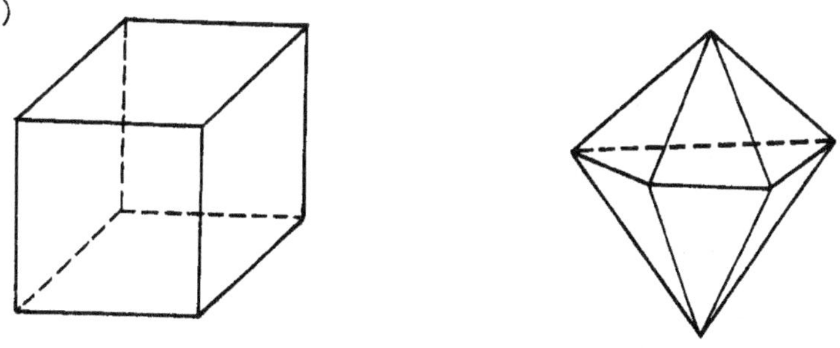

<u>cube</u> : 8 sommets, 12 arêtes, 6 faces maximales

<u>octaèdre</u> : 6 sommets, 12 arêtes, 6 faces maximales

d)

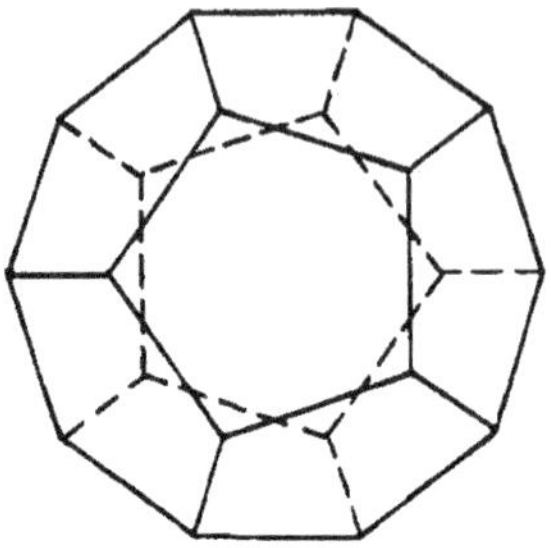

<u>dodécaèdre</u> : 20 sommets,
30 arêtes
12 faces maximales

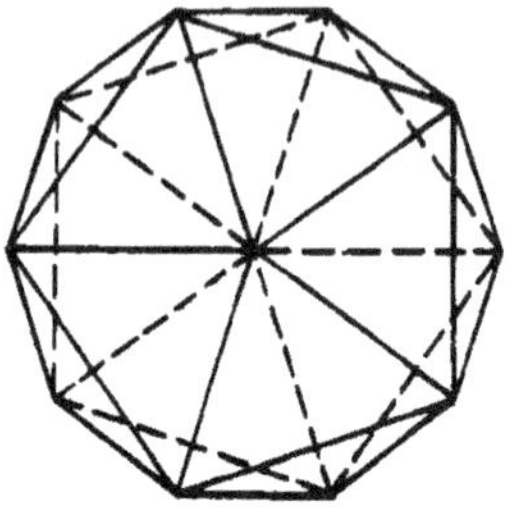

<u>icosaèdre</u> : 12 sommets,
30 arêtes,
20 faces maximales

e)

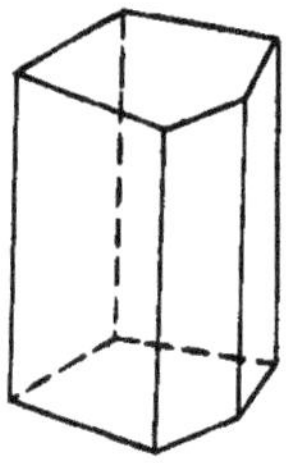

<u>prisme à base pentagonale</u>

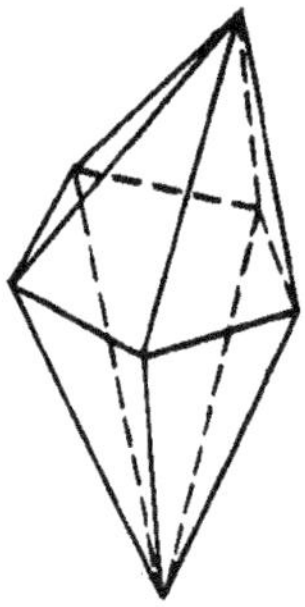

<u>bipyramide à base pentagonale</u>

f)

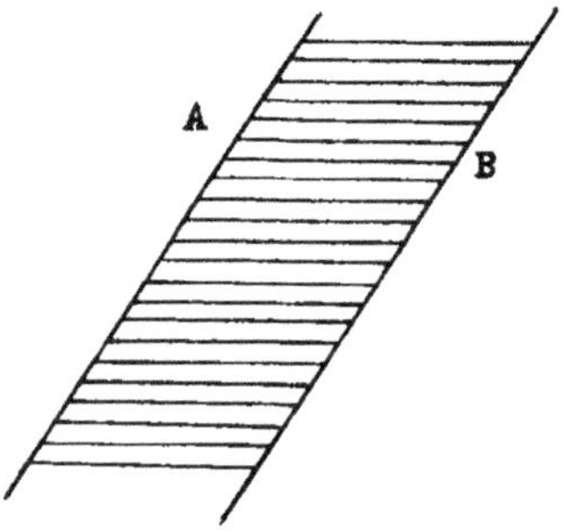

<u>bande</u> : 2 faces maximales

<u>segment</u> : 2 sommets

III.5.7. <u>Si P et P' sont des polyèdres convexes combinatoirement équivalents par l'isomorphisme</u> φ,

a) $\mathrm{codim}_{1_P} F = \mathrm{codim}_{1_{P'}} \varphi(F)$, $\forall F \in \mathcal{F}(P)$,

b) $F \approx \varphi(F)$, $\forall F \in \mathcal{F}(P)$,

c) $f_k'(P) = f_k'(P')$, $\forall k$.

Puisque $\varphi : \mathcal{F}(P) \to \mathcal{F}(P')$ est un isomorphisme de lattis, $\varphi(P) = P'$ et l'image par φ d'une face maximale est une face maximale. Dès lors, si F est P ou une face maximale de P, $\mathrm{codim}_{1_P} F = \mathrm{codim}_{1_{P'}} \varphi(F)$.

Etablissons la propriété a) par récurrence sur la codimension des faces.

Supposons que $\mathrm{codim}_{1_P} F = \mathrm{codim}_{1_{P'}} \varphi(F)$ pour toute face de P de codimension k, $0 \leq k \leq n$. Soit F une face de P de codimension k+1 : F est strictement incluse dans une face F' de P, de codimension k, F' étant minimale pour cette propriété. Comme φ préserve les relations d'inclusion, $\varphi(F) \subset \varphi(F')$, donc $\mathrm{codim}_{1_{P'}} \varphi(F) \geq \mathrm{codim}_{1_{P'}} \varphi(F')$. Comme deux facettes, dont l'une est incluse dans l'autre n'ont jamais même dimension, $k' = \mathrm{codim}_{1_{P'}} \varphi(F) > \mathrm{codim}_{1_{P'}} \varphi(F') = k$.

Si on avait $\mathrm{codim}_{1_{P'}} \varphi(F) \geq k+2$, il existerait une face F" de $\varphi(F')$ incluant $\varphi(F)$ et minimale pour cette propriété. Visiblement, $\mathrm{codim}_{1_{P'}} F'' = k'-1$. On aurait donc $\varphi(F') \supset F'' \supset \varphi(F)$, ce qui est absurde. Ainsi $\mathrm{codim}_{1_{P'}} \varphi(F) = k+1$.

Le cas de la face vide ne fait aucun problème.

La propriété c) résulte immédiatement de a).

Pour établir b), remarquons que, en vertu de II.4.3 $\mathcal{F}(F) = \{F' \in \mathcal{F}(P) : F' \subset F\}$. Il est alors évident que $\varphi_{|\mathcal{F}(F)}$ est un isomorphisme de $\mathcal{F}(F)$ vers $\mathcal{F}[\varphi(F)] = \{\varphi(F') \in \mathcal{F}(P') : F' \subset F\}$.

III.5.8. <u>Si</u> P <u>et</u> P' <u>sont des polyèdres convexes dépourvus de droites et combinatoirement équivalents par l'isomorphisme</u> φ, dim F = dim $\varphi(F)$ <u>quelle que soit la face</u> F <u>de</u> P, <u>donc</u> $f_k(P) = f_k(P')$ <u>pour tout</u> k.

Posons d = dim ${}^1P$ et d' = dim ${}^1P'$.

Puisque P est dépourvu de droites, il possède un point exposé a, face minimale de codimension d dans ${}^1P$. De là, $\mathrm{codim}_{{}^1P'}\ \varphi(\{a\}) = d$. Or, $\varphi(\{a\})$ est une facette minimale de P', donc un point extrême de P' (II.5.2). Ainsi, $\mathrm{codim}_{{}^1P'}\ \varphi(\{a\}) = d'$, ce qui livre d = d'.

Pour toute face F de P,

$$\dim F = d\text{-}\mathrm{codim}_{{}^1P} F = d'\text{-}\mathrm{codim}_{{}^1P'} \varphi(F) = \dim \varphi(F).$$

III.5.9. <u>Si</u> $P \approx P'$, $\varphi(\bigcap_{i\in I} F_i) = \bigcap_{i\in I} \varphi(F_i)$ <u>et</u> $\varphi(\bigvee_{i\in I} F_i) = \bigvee_{i\in I} \varphi(F_i)$, <u>si</u> $F_i \in \mathcal{F}(P)$ $(i\in I)$.

C'est trivial.

III.5.10. <u>Si</u> f <u>est un automorphisme affin de</u> $\mathbb{R}^d$ <u>et si</u> $P \subset \mathbb{R}^d$ <u>est un polyèdre</u>, $P \approx f(P)$.

C'est évident.

III.5.11. <u>Tous les</u> d-<u>simplexes sont combinatoirement équivalents</u>.

En effet, toute famille de d+1 points affinement indépendants est affinement équivalente à toute autre famille de d+1 points affinement indépendants. Comme les applications affines commutent avec l'opération de formation des enveloppes convexes, il s'ensuit que deux d-simplexes quelconques se correspondent dans une bijection affine et III.5.10 permet de conclure.

III.5.12. <u>Soient</u> P,P' <u>deux polytopes et</u> Ψ <u>une bijection de</u> ${}^pP$ <u>vers</u> ${}^pP'$ <u>telle que, si</u> $A \subset {}^pP$, <u>il existe</u> $F \in \mathcal{F}(P)$ <u>tel que</u> $A = {}^pF$ <u>si et seulement s'il existe</u> $F' \in \mathcal{F}(P')$ <u>tel que</u> $\Psi(A) = {}^pF'$; <u>alors</u> Ψ <u>peut être étendue à une bijection de</u> $\mathcal{F}(P)$ <u>vers</u> $\mathcal{F}(P')$ <u>grâce à laquelle</u> $P \approx P'$.

Définissons $\varphi : \mathcal{F}(P) \to \mathcal{F}(P')$ de la façon suivante : à tout $F \in \mathcal{F}(P)$, on associe $\varphi(F) = {}^c[\Psi({}^pF)]$. Vérifions qu'effectivement $\varphi(F) \in \mathcal{F}(P')$. Puisque $F = {}^{cp}F$ et ${}^pF \subset {}^pP$, il existe une face F' de P' telle que $\Psi({}^pF) = {}^pF'$; dès lors ${}^c[\Psi({}^pF)] = {}^{cp}F' = F'$ est bien un élément de $\mathcal{F}(P')$.

Montrons que φ est une bijection. Elle est injective, puisque Ψ l'est. Soit $F' \in \mathcal{F}(P')$: l'ensemble $A = \Psi^{-1}({}^pF')$ est inclus dans ${}^pP$. Comme $\Psi(A) = {}^pF'$, il existe $F \in \mathcal{F}(P)$ tel que $A = {}^pF$, donc ${}^cA \in \mathcal{F}(P)$. De plus, $\varphi({}^cA) = \varphi(F) = {}^c[\Psi({}^pF)] = {}^c[\Psi(A)] = {}^{cp}F' = F'$. De là, φ est surjective.

La restriction de φ à ${}^pP \subset \mathcal{F}(P)$ est ψ. En effet, si $\{x\} \in \mathcal{F}(P)$, $\psi(\{x\}) = {}^c[\psi({}^p\{x\})] = \{\psi(x)\}$.

Enfin, φ respecte l'inclusion : il suffit de remarquer que si $F_1, F_2 \in \mathcal{F}(P)$ et si $F_1 \subset F_2$, ${}^pF_1 \subset {}^pF_2$.

De là, φ est un isomorphisme latticiel de $\mathcal{F}(P)$ vers $\mathcal{F}(P')$.

III.5.13. <u>Si</u> P <u>et</u> P' <u>sont des polyèdres convexes duaux grâce à l'anti-isomorphisme</u> φ,

$$\dim F + \dim \varphi(F) = d + p' - 1$$

<u>pour toute face propre de</u> P <u>et</u>

$$d' = d + p' - p$$

<u>où</u> $d = \dim P$, $d' = \dim P'$, $p = \Pi(P)$ <u>et</u> $p' = \Pi(P')$. <u>En particulier, si</u> $p = p'$, $d = d'$.

Soit F une face maximale de P : $\dim F = d-1$. L'image de F par φ est une face minimale de P', donc une variété extrême dont la dimension est la pointure de P' (II.5.3), donc

$$\dim F + \dim \varphi(F) = d + p' - 1 .$$

Supposons que la relation annoncée soit vérifiée pour toute face propre de P de dimension d-h si $h < k$ $(1<k\leq d-p)$.

Si F est une face de P de dimension d-k, F est incluse dans k-1 faces distinctes emboîtées en croissant $F_1,\ldots,F_{k-1}$, de dimensions respectives $d-k+1,\ldots,d-1$, aucune face de P ne pouvant être ajoutée à cette chaîne (si ce n'est P), donc $\varphi(F)$ inclut k-1 faces distinctes de dimensions respectives $p' + k-2, \dots, p'$, aucune face non vide ne pouvant être ajoutée à cette chaîne, donc $\dim \varphi(F) = p' + k-1$.

La relation

$$\dim F + \dim \varphi(F) = d + p' - 1$$

est donc établie, pour toute face propre de P, par récurrence. En utilisant φ^{-1}, on obtient $\dim F + \dim \varphi(F) = d' + p - 1$, donc $d' = d + p' - p$.

Corollaire. Si P et P' sont des polytopes duaux grâce à l'anti-isomorphisme φ, $\dim P = \dim P'$ et

$$\dim F + \dim \varphi(F) = \dim P - 1$$

pour toute face F de P.

De fait, $p = p' = 0$, $\dim \emptyset + \dim P' = \dim P - 1$ et $\dim P + \dim \emptyset = \dim P - 1$.

III.5.14. Tout d-simplexe est dual de lui-même

Soit T^d un d-simplexe. Grâce à III.5.11, on peut supposer que 0 est intérieur à T^d. Désignons par $x_1, \dots, x_{d+1}$ les sommets de T^d. Le polaire de T^d est (III.4.5)

$$(T^d)^* = \{y \in \mathbb{R}^d : (y|x_i) \leq 1,\ i = 1, \dots, d+1\} .$$

Puisque les x_i sont affinement indépendants, du système

$$\begin{bmatrix} x_1 \\ \vdots \\ x_{d+1} \end{bmatrix} y = \begin{bmatrix} 1 \\ \vdots \\ 1 \end{bmatrix}$$

on peut extraire $\binom{d+1}{d} = d+1$ sous-systèmes cramériens distincts.

Les solutions de ceux-ci qui appartiennent à $(T^d)^*$ sont les sommets de $(T^d)^*$ (III.3.7). Comme $\dim (T^d)^* = d$ (corollaire de III.5.13), il doit y avoir au moins d+1 telles solutions. Comme il y a au plus d+1 solutions distinctes, on voit que chacune est un sommet de $(T^d)^*$ et que les sommets de $(T^d)^*$ sont affinement indépendants. On en conclut que $(T^d)^*$ est un d-simplexe donc que T^d est dual de lui-même (III.5.11).

III.6. QUOTIENTS ET CONFIGURATIONS SOMMITALES

III.6.1. *Soient* F_1 *une* j-*face non vide et* F_2 *une* k-*face d'un polyèdre* [resp. *polytope*] *convexe* P *telles que* $F_1 \subset F_2$.

L'intervalle $[F_1,F_2]$ *de* $\mathcal{F}(P)$(1) *est isomorphe au lattis des faces d'un* (k-j-1)-*polyèdre* [resp. (k-j-1)-*polytope*] *convexe que l'on note* F_2/F_1 .

On peut évidemment supposer que $0 \in {}^iF_2$. La face F_1 de P est une face du polyèdre F_2, donc (en se plaçant dans ${}^sF_2 = {}^lF_2$), la face $\hat{F}_1$ de F_2^* est telle que $\emptyset = \hat{F}_2 \subset \hat{F}_1 \subset \emptyset = F_2^*$.

L'ensemble, ordonné par inclusion, des faces propres de $\hat{F}_1$ qui ne contiennent pas 0 est anti-isomorphe à $]F_1,F_2[$. En effet, la restriction à $]F_1,F_2[\subset \mathcal{F}(F_2)$ de $\hat{\ }$, définie de $\mathcal{F}(F_2)$ vers $\mathcal{F}(F_2^*)$, est une injection qui applique $]F_1,F_2[$ dans l'ensemble annoncé car si $F_1 \in F \in F_2$, $\hat{F}_1 \ni \hat{F} \ni \hat{F}_2 = \emptyset$ et $\hat{F} \not\ni 0$ (II.6.4.4 et II.6.4.5); de plus, l'image de $]F_1,F_2[$ est exactement l'ensemble annoncé car, si F est une face propre de $\hat{F}_1$, $F \not\ni 0$, F est une face de F_2^*, donc $\hat{F}$ est une face propre de F_2 telle que $\hat{F} \in \hat{\hat{F}}_1 = F_1$. L'utilisation de III.4.7 fournit un isomorphisme de $]F_1,F_2[$ avec l'ensemble, ordonné par inclusion, des faces propres d'un certain polyèdre convexe sans droites P'; ainsi $[F_1,F_2]$ est isomorphe à $\mathcal{F}(P')$ et il suffit de poser $F_2/F_1 = P'$.

Comme $[F_1,F_2]$ a des chaînes maximales de longueur k-j+1, il en est de même de $\mathcal{F}(F_2/F_1)$, donc dim F_2/F_1 = k-j-1.

Dans le cas d'un polytope, aucune face propre de $\hat{F}_1$ ne contient 0 (F_2 est un polytope), donc $]F_1,F_2[$ est anti-isomorphe à $\mathcal{F}(\hat{F}_1) \setminus \{\hat{F}_1,\emptyset\}$. On peut alors poser $F_2/F_1 = (\hat{F}_1)^*$, donc F_2/F_1 est un polytope.

---

(1) Si $\langle E;\leq\rangle$ est un ensemble ordonné, nous posons $[x_1,x_2] = \{x \in E : x_1 \leq x \leq x_2\}$ et $]x_1,x_2[= \{x \in E : x_1 < x < x_2\} = [x_1,x_2] \setminus \{x_1,x_2\}$.

III.6.2. Remarque. Tout comme les duaux, les quotients ne sont pas uniques : seul leur type combinatoire est défini.

III.6.3. Dans les conditions du théorème précédent,

$$(F_2/F_1)^* \approx \hat{F}_1/\hat{F}_2 \ .$$

Il suffit d'examiner la suite d'homomorphismes suivante :

$$\mathcal{F}[(F_2/F_1)^*] \overset{-}{\to} \mathcal{F}(F_2/F_1) \overset{+}{\to} [F_1,F_2] \overset{-}{\to} [\hat{F}_2,\hat{F}_1] \overset{+}{\to} \mathcal{F}(\hat{F}_1/\hat{F}_2).$$

où une flèche marquée + [resp.-] est un isomorphisme [resp.anti-isomorphisme].

III.6.4. Si P est un polyèdre convexe, si F_1 ($\neq \emptyset$), F_2 et F_3 sont des faces de P telles que $F_1 \subset F_2 \subset F_3$, F_2/F_1 est combinatoirement équivalent à une face de F_3/F_1 et

$$(F_3/F_1) \ / \ (F_2/F_1) \approx F_3/F_2 \ .$$

Visiblement, F_2/F_1 est combinatoirement équivalent à l'image de F_2 par le dernier isomorphisme de la suite :

$$\mathcal{F}(F_2/F_1) \to [F_1,F_2] \hookrightarrow [F_1,F_3] \to \mathcal{F}(F_3/F_1) \ .$$

Enfin, $\mathcal{F}(F_3/F_2)$ est isomorphe à $[F_2,F_3]$ donc, puisque $[F_1,F_3]$ est isomorphe à $\mathcal{F}(F_3/F_1)$, $\mathcal{F}(F_3/F_2)$ est isomorphe à l'ensemble des éléments de $\mathcal{F}(F_3/F_1)$ qui suivent l'image de F_2, image qui, comme nous venons de l'établir, est combinatoirement équivalent à F_2/F_1, d'où la relation annoncée.

Ce théorème présente une analogie frappante avec le théorème d'Emmy Noether relatif aux groupes.

III.6.5. Soit x un sommet du polyèdre convexe sans droites P. Sur chaque arête [x:s] de P issue de x, choisissons un point interne. Désignons par C l'enveloppe convexe des points ainsi choisis : c'est un polytope inclus dans P. Puisque x est un point exposé de P, x n'appartient pas à C, donc il existe un hyperplan H qui sépare fortement x de C. Le polytope convexe $H \cap P$ est appelé configuration sommitale de P en x (le terme anglais est "vertex-figure").

III.6.6. Soient P un polyèdre convexe sans droites et x un sommet de P.

Toute configuration sommitale de P en x est combinatoirement équivalente à $P/\{x\}$.

Soit H l'hyperplan qui définit la configuration sommitale donnée. Puisque H ne contient aucun sommet de P, H rencontre l'internat de toute face de P qui contient x. L'application de $[\{x\},P]$ vers $\mathcal{F}(H \cap P)$ qui à $F \in [\{x\},P]$ associe $H \cap F$ est visiblement surjective : $\emptyset$ est l'image de $\{x\}$, $H \cap P$ celle de P et, si F est une face propre de $H \cap P$, F est l'image de la face de P engendrée par les arêtes de P issues de x et passant par les sommets de F. Le caractère injectif de cette application est tout aussi évident. De plus, si $x \in F_1 \subset F_2$, $F_1, F_2 \in \mathcal{F}(P)$, $H \cap F_1 \subset H \cap F_2$. Au total la configuration sommitale $H \cap P$ est isomorphe à $[\{x\},P]$, donc à $\mathcal{F}(P/\{x\})$.

III.7. TYPES COMBINATOIRES FORTS

III.7.1. Définitions

a) Introduisons une notation utile. Si P est un polyèdre convexe de $\mathbb{R}^d$ et si u est un vecteur non nul de $\mathbb{R}^d$, $F(P,u)$ désigne la face de P dans la direction u (il serait sans doute préférable de dire "dans l'orientation u" mais nous nous conformons à l'usage), à savoir

$$F(P,u) = \{x \in P : (x|u) = \inf_{p \in P} (p|u)\}$$

s'il existe α tel que $P \subset \{x : (x|u) \leq \alpha\}$, $F(P,u) = \emptyset$ sinon.

b) Soient P et P' deux polyèdres convexes de $\mathbb{R}^d$. Un isomorphisme latticiel $\varphi : \mathcal{F}(P) \to \mathcal{F}(P')$ est appelé isomorphisme fort si pour toute face propre F de P, il existe $u \in \mathbb{R}^d \setminus \{0\}$ tel que

$$F = F(P,u) \quad \text{et} \quad \varphi(F) = F(P',u) .$$

c) Deux polyèdres convexes P,P' sont dits fortement combinatoirement équivalents s'il existe un isomorphisme fort entre $\mathcal{F}(P)$ et $\mathcal{F}(P')$.

Si P et P' sont fortement combinatoirement équivalents, on dit qu'ils ont même type combinatoire fort.

III.7.2. <u>La relation "avoir même type combinatoire fort" est une équivalence dans l'ensemble des polyèdres de</u> $\mathbb{R}^d$.

C'est évident.

III.7.3. <u>Deux polyèdres fortement combinatoirement équivalents sont combinatoirement équivalents.</u>

C'est évident.

III.7.4. <u>Soient</u> P, P' <u>deux polyèdres convexes sans droites et soit</u> Ψ <u>une bijection de</u> ${}^{p}P$ <u>vers</u> ${}^{p}P'$ <u>telle que, si</u> $A \subset {}^{p}P$, <u>il existe une face maximale</u> F <u>de</u> P <u>telle que</u> $A = {}^{p}F$ <u>si et seulement s'il existe une face maximale</u> F' <u>de</u> P' <u>telle que</u> $\Psi(A) = {}^{p}F'$ <u>et</u> $u \neq 0$ <u>tel que</u> $F = F(P,u)$ <u>et</u> $F' = F(P',u)$; <u>alors,</u> Ψ <u>peut être étendue en un isomorphisme fort</u> φ <u>de</u> $\mathcal{F}(P)$ <u>vers</u> $\mathcal{F}(P')$.

Soit F une face maximale de P : F est un polyèdre convexe sans droites, donc ${}^{p}F \neq \emptyset$ et ${}^{p}F \subset {}^{p}P$. Il existe donc une face maximale F' de P' telle que $\Psi({}^{p}F) = {}^{p}F'$ et $u \in \mathbb{R}^d \setminus \{0\}$ tel que $F = F(P,u)$ et $F' = F(P',u)$. La face F' est univoquement déterminée, donc on peut poser $\varphi(F) = F'$.

Comme toute face non vide de P est l'intersection des faces maximales de P qui l'incluent (III.2.9), on peut définir $\varphi(F)$ par $\varphi(F) = \bigcap_{i \in I} \varphi(F_i)$ où $F = \bigcap_{i \in I} F_i$, les F_i étant toutes les faces maximales qui incluent F.

L'application $\varphi : \mathcal{F}(P) \to \mathcal{F}(P')$ ainsi définie est visiblement un isomorphisme fort.

<u>Corollaire</u>. <u>Le type combinatoire fort d'un polyèdre convexe sans droites est entièrement déterminé par les normales extérieures à ses faces maximales et la liste des sommets incidents à chaque face maximale</u>.

III.7.5. <u>Soient</u> P_1, P_2 <u>des polyèdres convexes</u>. <u>Tous les polyèdres</u>

$$\lambda_1 P_1 + \lambda_2 P_2, \quad (\lambda_1 > 0, \lambda_2 > 0) ,$$

<u>sont fortement combinatoirement équivalents</u>.

Considérons $P = \lambda_1 P_1 + \lambda_2 P_2$ et $P' = \lambda_1' P_1 + \lambda_2' P_2$ ($\lambda_1>0$, $\lambda_2>0$, $\lambda_1'>0$, $\lambda_2'>0$) et posons

$$\varphi[F(P,u)] = F(P',u) .$$

On a défini ainsi une application $\varphi : \mathcal{F}(P) \to \mathcal{F}(P')$. En effet, si $F \in \mathcal{F}(P)$ s'écrit $F(P,u)$ et $F(P,v)$, on a $F = \lambda_1 F(P_1,u) + \lambda_2 F(P_2,u)$ et $F = \lambda_1 F(P_1,v) + \lambda_2 F(P_2,v)$, ce qui livre, en vertu de II.2.9,

$$F(P_1,u) = F(P_1,v) \quad \text{et} \quad F(P_2,u) = F(P_2,v) ,$$

donc

$$F(P',u) = F(P',v) .$$

L'application φ est visiblement surjective. Un raisonnement analogue à celui qui nous a permis de montrer que φ est une fonction prouve l'injectivité de φ.

Montrons que φ préserve l'inclusion. Soit $F_1 \in \mathcal{F}(P)$:

$$F_1 = F(P,u) = \lambda_1 F(P_1,u) + \lambda_2 F(P_2,u) .$$

Si $F_2 \in \mathcal{F}(P)$ est inclus dans F_1, il existe $v \in \mathbb{R}^d \setminus \{0\}$ tel que $F_2 = F(F_1,v)$, donc

$$F_2 = \lambda_1 F[F(P_1,u),v] + \lambda_2 F[F(P_2,u),v] .$$

Or, $F_2 = F(P,w)$, donc

$$F_2 = \lambda_1 F(P_1,w) + \lambda_2 F(P_2,w),$$

ce qui livre, en vertu de II.2.9,

$$F(P_1,w) = F[F(P_1,u),v] \subset F(P_1,u) \text{ et } F(P_2,w) = F[F(P_2,u),v] \subset F(P_2,u);$$

ainsi

$$\varphi(F_2) = \lambda_1' F(P_1,w) + \lambda_2' F(P_2,w) \subset \lambda_1' F(P_2,u) + \lambda_2' F(P_2,u) = \varphi(F_1).$$

Ainsi, φ est un isomorphisme fort entre les lattis $\mathcal{F}(P)$ et $\mathcal{F}(P')$.

III.7.6. <u>Soient</u> P_1 <u>et</u> P_2 <u>des polyèdres ayant même type combinatoire fort</u>. <u>Les polyèdres</u> $\lambda_1 P_1 + \lambda_2 P_2$, $\lambda_1 \geq 0$, $\lambda_2 \geq 0$ <u>et</u> $\lambda_1 + \lambda_2 \neq 0$, <u>ont tous même type combinatoire fort</u>.

Il suffit de montrer que $P = P_1 + P_2$ a le même type combinatoire fort que P_1. Posons

$$\varphi[F(P,u)] = F(P_1,u) .$$

Le recours à II.2.9 montre que φ est une application. Elle est visiblement surjective. L'injectivité s'établit sans peine.

En effet, si $F(P_1,u) = F(P_1,v)$, de

$$F(P,u) = F(P_1,u) + F(P_2,u) \quad \text{et} \quad F(P,v) = F(P_1,v) + F(P_2,v)$$

on tire $F(P,u) = F(P,v)$ car l'égalité de $F(P_1,u)$ et $F(P_1,v)$ implique celle de $F(P_2,u)$ et $F(P_2,v)$, en vertu de l'équivalence combinatoire forte de P_1 et P_2.

Pour prouver que φ préserve l'inclusion, il suffit d'imiter la partie correspondante de la preuve de la proposition précédente.

CHAPITRE IV

LES POLYTOPES

IV.1. GENERALITES SUR LES POLYTOPES

IV.1.1. *L'internat de tout polytope non vide n'est pas vide. De plus, un point* x *est interne au polytope* $P = {}^{c}\{x_1,x_2,\dots,x_n\}$ *si et seulement s'il peut s'écrire sous la forme* $x = \sum_{j=1}^{n} \lambda_j x_j$ *avec* $\sum_{j=1}^{n} \lambda_j = 1$ *et* $\lambda_j > 0$ *pour* $j = 1,2,\dots,n$.

La première partie de l'énoncé découle directement d'un résultat classique affirmant que tout convexe non vide de dimension finie possède un internat non vide [*;IV.1.1,p.138].

Montrons que la condition de la seconde partie de l'énoncé est nécessaire. Si $x \in {}^{i}P$, désignons par y_0 le point $\frac{1}{n} \sum_{j=1}^{n} x_j$, qui appartient visiblement à P et que nous pouvons supposer distinct de x. La droite $(x:y_0)$ insère x dans P : il existe donc un point $y_1 = \sum_{j=1}^{n} \mu_j x_j$ (avec $\sum_{j=1}^{n} \mu_j = 1$ et $\mu_j \geq 0$ pour $j = 1,2,\dots,n$) de P tel que $x \in]y_0:y_1[$. Il est possible de trouver un réel α positif tel que $x = (1-\alpha)y_0 + \alpha y_1$, d'où $x = \sum_{j=1}^{n} \lambda_j x_j$ avec $\lambda_j = (1-\alpha)\frac{1}{n} + \alpha\mu_j > 0$ pour $j = 1,2,\dots,n$ et $\sum_{j=1}^{n} \lambda_j = 1$.

Réciproquement, supposons que x puisse s'écrire sous la forme $\sum_{j=1}^{n} \lambda_j x_j$ avec $\sum_{j=1}^{n} \lambda_j = 1$ et $\lambda_j > 0$ pour $j = 1,2,\dots,n$, et désignons par y un point arbitraire de ${}^{1}P \setminus \{x\}$; il existe des réels $\mu_1,\mu_2,\dots,\mu_n$ dont la somme vaut 1 tels que $y = \sum_{j=1}^{n} \mu_j x_j$. La droite $(y:x)$ insère x dans P car les points du type $\alpha y + (1-\alpha)x$ appartiennent à P dès que α est dans un voisinage convenable de 0 dans $\mathbb{R}$:

en fait, il suffit de choisir α inférieur en valeur absolue au plus petit des nombres $\frac{\lambda_j}{|\lambda_j - \mu_j|}$ lorsque l'indice j varie de 1 à n, mais que λ_j est distinct de μ_j.

IV.1.2. <u>Un ensemble</u> P <u>de</u> $\mathbb{R}^d$ <u>est un polytope si et seulement s'il est convexe, compact et possède un profil fini. En corollaire, tout polytope est l'enveloppe convexe d'un ensemble fini</u>.

D'une part, le théorème de Krein-Milman et le résultat III.3.4 montrent qu'un convexe compact possédant un profil fini est un polytope.

Inversement, tout polytope $P = {}^c\{x_1, x_2, \ldots, x_n\}$ est visiblement convexe et compact. Le théorème de Krein-Milman livre une nouvelle fois $P = {}^c{}^pP$. Supposons qu'il existe un point x dans ${}^pP \setminus \{x_1, x_2, \ldots, x_n\}$. Comme x appartient à P, il existe des réels $\alpha_1, \alpha_2, \ldots, \alpha_n$ non négatifs tels que $x = \sum_{j=1}^{n} \alpha_j \, x_j$ avec $\sum_{j=1}^{n} \alpha_j = 1$. Nous pouvons supposer sans restriction que α_1 est distinct de 0 et de 1; dans ces conditions, $x = \alpha_1 \, x_1 + (1-\alpha_1) \sum_{j=2}^{n} \frac{\alpha_j}{1-\alpha_1} x_j$ avec $\sum_{j=2}^{n} \frac{\alpha_j}{1-\alpha_1} x_j \in P$, ce qui contredit le caractère extrême du point x.

IV.1.3. <u>Dans</u> $\mathbb{R}^d$, <u>l'enveloppe convexe</u>, <u>la somme vectorielle</u>, <u>l'intersection d'un nombre fini de polytopes sont des polytopes</u>; <u>l'intersection d'un polytope avec un polyèdre convexe</u> (<u>en particulier</u>, <u>une variété linéaire</u>) <u>est un polytope</u>; <u>toute image affine d'un polytope est un polytope</u>.

Il suffit, pour la première partie de l'énoncé, de prouver les propriétés pour deux polytopes K_1 et K_2. Ceux-ci peuvent être définis comme les enveloppes convexes d'un ensemble fini : $K_1 = {}^c\{x_1^1, x_2^1, \ldots, x_r^1\}$ et $K_2 = {}^c\{x_1^2, x_2^2, \ldots, x_s^2\}$. Dès lors, ${}^c(K_1 \cup K_2) = {}^c\{x_1^1, \ldots, x_r^1, x_1^2, \ldots, x_s^2\}$; c'est l'enveloppe convexe d'un ensemble fini, donc un polytope. De même, $K_1 + K_2 = {}^c(\{x_1^1, \ldots, x_r^1\} + \{x_1^2, \ldots, x_s^2\})$ est l'enveloppe convexe d'un nombre fini de points.

L'intersection d'un nombre fini de polytopes est un polyèdre borné, donc un polytope.

Si K est un polytope et P un polyèdre, $K \cap P$ est un polyèdre borné, donc un polytope.

En particulier, si K est un polytope et V une variété linéaire, $K \cap V$ est un polytope.

Un polytope étant l'enveloppe convexe d'un ensemble fini A, son image par une transformation affine f est l'enveloppe convexe de f(A), donc c'est un polytope.

IV.1.4. <u>Dans</u> $\mathbb{R}^d$, <u>un</u> d-<u>polyèdre convexe</u> P <u>est un</u> d-<u>polytope si et seulement si l'enveloppe positive de l'ensemble de ses normales extérieures coïncide avec</u> $\mathbb{R}^d$.

Quitte à effectuer une translation, on peut écrire P sous la forme

$$P = \bigcap_{j=1}^{n} \{x \in \mathbb{R}^d : (x|u_j) \leq 1\} .$$

Si l'enveloppe positive de l'ensemble $U = \{u_1, u_2, \ldots, u_n\}$ des normales extérieures de P est distincte de $\mathbb{R}^d$, elle est contenue dans un demi-espace fermé $\{x \in \mathbb{R}^d : (x|u) \geq 0\}$; dans ces conditions, pour tout λ non positif, $(\lambda u|u_j) \leq 0$ pour $j = 1,2,\ldots,n$ et la demi-droite $[0:-u)$ est incluse dans P.

Réciproquement, si une demi-droite $D = x + [0:u)$ est incluse dans P, alors $[0:u) \subset P$, d'où $(\lambda u|u_j) \leq 1$ pour tout réel non négatif λ, ce qui exige que $(u|u_j) \leq 0$ pour tout indice j de $\{1,2,\ldots,n\}$, c'est-à-dire que $\text{pos}\, U \subset \{x \in \mathbb{R}^d : (x|u) \leq 0\}$.

IV.1.5. Rockafellar [1;p.183] signale que dans certains problèmes, il est intéressant "d'approcher" un compact convexe par des polytopes. Ceci peut être réalisé grâce au résultat suivant :

<u>Dans</u> $\mathbb{R}^d$, <u>soient</u> A <u>un compact convexe non vide et</u> B <u>un convexe tel que</u> $A \subset \mathring{B}$. <u>Il existe un polytope</u> P <u>tel que</u> $P \subset \mathring{B}$ <u>et</u> $A \subset \mathring{P}$.

Pour chaque point x de A, il est possible de construire un d-simplexe S_x tel que $x \in \mathring{S}_x$ et $S_x \subset \mathring{B}$. Comme A est compact, il existe un nombre fini de point $x_1, x_2, \ldots, x_n$ de A tels que $A \subset \bigcup_{j=1}^{n} \mathring{S}_{x_j}$. Le polytope $P = {}^c(\bigcup_{j=1}^{n} S_{x_j})$ répond à la question.

IV.1.6. On appelle <u>sommand</u> d'un convexe non vide C tout convexe (forcément non vide) A pour lequel il existe un convexe B tel que $C = A+B$. En vue de caractériser les sommands d'un polytope, nous avons besoin de ce résultat préliminaire.

<u>Lemme</u>. <u>Dans $\mathbb{R}^d$, tout sommand d'un compact convexe non vide</u> C <u>est compact</u>.

Supposons que A et B soient des sommands de C tels que $A+B=C$.

Il nous suffit de démontrer que A et B sont fermés. En effet, A (resp. B) ne peut être vide, donc $A+b \subset C$ ou $A \subset C-b$ (resp. $a+B \subset C$ ou $B \subset C-a$) pour tout point b de B (resp. a de A); dès lors, si A (resp. B) est fermé, il est aussi compact puisqu'il est contenu dans le compact $C-b$ (resp. $C-a$).

Nous allons procéder par récurrence sur la dimension de C.

Avant toute chose, remarquons que $C = A+B = \bar{A}+\bar{B} = A+\bar{B} = \bar{A}+B$.

Si un compact convexe de dimension 0 ou 1 est la somme de deux convexes, ceux-ci sont évidemment fermés.

Supposons que si un compact convexe non vide de dimension au plus égale à $n-1$ $(n>1)$ est la somme de deux convexes, ceux-ci sont fermés; considérons un compact convexe de dimension n, des convexes A et B tels que $C = A+B$; nous allons nous contenter de montrer que A est fermé, le raisonnement étant analogue pour B.

Si A n'est pas fermé, il existe un point a dans $\bar{A}\setminus A$; on peut trouver une forme linéaire f non nulle et un réel α tels que $\bar{A} \subset \{x : f(x) \leq \alpha\}$, $f(A) \neq \{\alpha\}$ et $f(a) = \alpha$ (I.1.3). Comme $\bar{B}$ est compact, il existe un réel β et un point b de $\bar{B}$ tels que $\bar{B} \subset \{x : f(x) \leq \beta\}$ et $f(b) = \beta$. En conséquence,

$$C \cap \{x : f(x) = \alpha+\beta\} = (A \cap \{x : f(x) = \alpha\}) + (\bar{B} \cap \{x : f(x) = \beta\})$$

est un compact convexe non vide de dimension inférieure ou égale à $n-1$ puisque C n'est pas inclus dans $f^{-1}(\{\alpha+\beta\})$. En vertu de l'hypothèse de récurrence, $A' = A \cap \{x : f(x) = \alpha\}$ est un compact convexe non vide; $\{a\}$ peut être fortement séparé de A'(I.3.3) : il existe une forme linéaire non nulle g et un réel γ tels que $\sup g(A') < \gamma$ et $g(a) = \gamma$. Par ailleurs, on peut trouver un réel δ et un point c de $B' = \bar{B} \cap \{x : f(x) = \beta\}$ tels que $g(c) = \sup g(B') = \delta$.

Dans ces conditions, tout point z de $C \cap \{x : f(x) = \alpha + \beta\}$ appartient à $A' + B' \subset \{x : g(x) < \gamma + \delta\}$, ce qui est absurde puisque $a + c$ appartient à $C \cap \{x : f(x) = \alpha + \beta\} \cap \{x : g(x) = \delta + \gamma\}$.

<u>Dans $\mathbb{R}^d$, tout sommand d'un polytope non vide</u> P <u>est un polytope</u>.

Soient A et B deux sommands de P tels que A + B = P. Nous savons déjà que A et B sont compacts (lemme); il nous suffit donc de démontrer que A et B sont des polyèdres convexes.

Comme P est un polytope, il existe des formes linéaires non nulles $f_1, f_2, \ldots, f_n$ et des réels $\alpha_1, \alpha_2, \ldots, \alpha_n$ tels que $P = \bigcap_{j=1}^{n} \{x : f(x) \leq \alpha_j\}$, où la famille $(\{x : f_j(x) \leq \alpha_j\})_{j=1,2,\ldots,n}$ n'est pas redondante.

Or, A et B sont compacts : dès lors, pour chaque indice j de $\{1,2,\ldots,n\}$, il existe des réels β_j, γ_j et des points a_j de A et b_j de B tels que

$$A \subset \{x : f_j(x) \leq \beta_j\} \quad \text{et} \quad f_j(a_j) = \beta_j ,$$

$$A \subset \{x : f_j(x) \leq \gamma_j\} \quad \text{et} \quad f_j(b_j) = \gamma_j ;$$

de plus, $\alpha_j = \beta_j + \gamma_j$: en effet, d'une part, $f_j(a_j) + f_j(b_j) = \beta_j + \gamma_j \leq \alpha_j$ puisque $a_j + b_j$ appartient à P; d'autre part, pour un point x de la face maximale

$F = \{x : f_j(x) = \alpha_j\} \cap \bigcap_{k \in \{1,2,\ldots,n\} \setminus \{j\}} \{x : f_k(x) \leq \alpha_k\}$ de P (III.2.5), $x = u + v$ avec $u \in A$ et $v \in B$, donc $f_j(x) = \alpha_j = f_j(u) + f_j(v) \leq \beta_j + \gamma_j$.

Montrons que $A = \bigcap_{j=1}^{n} \{x : f_j(x) \leq \beta_j\}$; un raisonnement analogue permettrait de démontrer que $B = \bigcap_{j=1}^{n} \{x : f_j(x) \leq \gamma_j\}$.

Bien entendu, $A \subset \bigcap_{j=1}^{n} \{x : f_j(x) \leq \beta_j\}$. Pour vérifier l'inclusion réciproque, considérons un point a de $\bigcap_{j=1}^{n} \{x : f_j(x) \leq \beta_j\}$; $a + B \subset \bigcap_{j=1}^{n} \{x : f_j(u) \leq \beta_j + \gamma_j = \alpha_j\} = P = A + B$, ce qui entraîne $a \in A$ (I.3.4).

IV.2. FACES DES POLYTOPES

IV.2.1. *Soient* P *un polytope et* A *une partie de* ${}^{p}P$; ${}^{c}A$ *est une face de* P *si et seulement si* ${}^{1}A \cap {}^{c}({}^{p}P \setminus A) = \emptyset$.

Nous pouvons évidemment supposer A non vide et distinct de ${}^{p}P$.

Si ${}^{c}A$ est une face de P, il existe un hyperplan d'appui H de P tel que ${}^{c}A = P \cap H$. Si un point x appartient à $({}^{p}P \setminus A) \cap H$, x est situé dans ${}^{c}A$, ce qui est impossible puisque x est un point extrême de P. On en conclut que ${}^{c}({}^{p}P \setminus A) \cap {}^{1}A = \emptyset$.

Réciproquement, supposons que ${}^{1}A \cap ({}^{p}P \setminus A) = \emptyset$. Si la dimension de P vaut 0 ou 1, ${}^{c}A$ est trivialement une face de P. Si $d = \dim P > 1$, montrons que le résultat souhaité est valable pour P sachant qu'il l'est pour tout polytope de dimension inférieure à d. Puisque ${}^{1}A$ est disjoint de ${}^{c}({}^{p}P \setminus A)$, il existe un hyperplan H qui contient ${}^{1}A$ et tel que Σ, un des deux demi-espaces fermés associés à H, contient ${}^{c}({}^{p}P \setminus A)$. L'hyperplan H est d'appui pour P car $P = {}^{c}{}^{p}P = {}^{c}[A \cup ({}^{p}P \setminus A)] \subset \Sigma$, ainsi donc $F = P \cap H$ est une face de P; comme ${}^{c}A \subset F$, $\dim F < d$ et ${}^{1}A \cap {}^{c}({}^{p}F \setminus A) \subset {}^{1}A \cap {}^{c}({}^{p}P \setminus A) = \emptyset$, l'hypothèse de récurrence entraîne que ${}^{c}A$ est une face de F, donc une face de P.

IV.2.2. *Si* P *est un* d-*polytope et si* F *est une* k-*face de* P, *il existe une* (d-k-1)-*face* F* *de* P *telle que* $\dim (F \cup F^*) = d$ *et* $F \cap F^* = \emptyset$.

Les cas où $d = 0$, $k = -1$ et $k = d$ sont triviaux.

Si $k = 0$, F est un sommet $\{a\}$ de P; considérons un point x_0 arbitraire dans ${}^{i}P$: la demi-droite $]a:x_0)$ contient un point x_1 marginal de P; désignons par F* une face maximale quelconque passant par x_1 : visiblement $F \cap F^* = \emptyset$ et $\dim (F \cup F^*) = d$. Si $k = d - 1$, F est une face maximale de P : il suffit de prendre pour F* tout sommet de P non situé dans F.

Nous pouvons supposer à présent $d \geq 3$ et $1 \leq k$.

Appelons dimension duale dans P d'une k-face F de P le nombre $j = d-k+1$. Nous allons procéder par récurrence sur j.

La propriété est acquise pour j=1. Prouvons-la pour une valeur de j telle que $1 < j \leq d - 2$, en admettant qu'elle est établie pour tout entier strictement inférieur à j. Il existe une face maximale

F_1 de P contenant la k-face F de P. Comme la dimension duale de F dans F_1 vaut j-1, l'hypothèse de récurrence garantit l'existence d'une (d-k-2)-face F_2 de F_1 telle que dim $(F \cup F_2)$ = d-1 et $F_2 \cap F = \emptyset$. Or, il existe une (d-k-1)-face F* de P telle que $F_2 = F^* \cap F_1$; dans ces conditions, $F \cap F^* = F \cap F^* \cap F_1 = F \cap F_2 = \emptyset$; de plus, dim $(F \cup F^*)$ = d, car ${}^1(F \cup F_2) = {}^1F_1$, $F \cup F_2 \subset F \cup F^*$ et $F^* \neq F_1$.

IV.2.3. <u>Dans</u> $\mathbb{R}^d$, <u>s'il existe deux sommets</u> p_1 <u>et</u> p_2 <u>d'un polytope</u> P <u>non situé dans une face</u> F <u>de</u> P, <u>alors il existe une arête de</u> P <u>disjointe de</u> F.

On peut supposer F non vide et l'écrire sous la forme $P \cap \{x : f(x) = \alpha\}$, avec $P \subset \{x : f(x) \geq \alpha\}$; on a, par exemple, $f(p_2) \geq f(p_1) > \alpha$. Si $[p_1 : p_2]$ est une arête, le théorème est démontré. Dans le cas contraire, désignons par F_a la facette liée à un point a quelconque de $]p_1 : p_2[$; la dimension de F_a vaut au moins 2. Si ${}^1F_a$ est parallèle à $H = \{x : f(x) = \alpha\}$, il existe un troisième sommet de P dans F_a, donc il existe au moins une arête dans l'hyperplan $\{x : f(x) = f(p_1)\}$ qui est disjoint de H. Sinon, ${}^1F_a$ rencontre H en un point x; la droite (x:a) insère a dans P, d'où l'on peut déterminer un point extrême p_3 de P tel que $f(p_3) > f(p_1)$. Si l'on recommence ce raisonnement avec les sommets p_3 et p_2 , on conclut que $[p_2 : p_3]$ est une arête de P disjointe de F, ou qu'il existe un sommet p_4 de P situé dans $\{x : f(x) > \inf \{f(p_2), f(p_3)\}\}$.

En procédant de la sorte, on arrive fatalement au résultat souhaité puisque le nombre de sommets de P est fini.

IV.2.4. <u>Dans</u> $\mathbb{R}^d$, <u>si</u> s <u>est un sommet d'un polytope</u> P <u>et</u> Σ <u>un demi-espace fermé qui inclut toutes les arêtes de</u> P <u>issues de</u> s <u>et dont l'hyperplan marginal</u> H <u>contient</u> s, <u>alors</u> P <u>est inclus dans</u> Σ.

Le résultat est trivial pour tout polytope de dimension 1.

Supposons qu'il soit vrai pour tout polytope de dimension inférieure ou égale à n-1 et considérons un polytope P de dimension n $(1 < n \leq d)$ qui possède comme sommet un point s situé dans un hyperplan H et dont toutes les arêtes issues de s sont incluses dans un demi-espace fermé Σ associé à H.

Procédons par l'absurde et supposons que P ne soit pas inclus dans Σ. Désignons par P_1 le polytope $P \cap (H \cup C\Sigma)$; il est clair que

P_1 possède un sommet dans $C\Sigma$ et que tout sommet de P_1, contenu dans $C\Sigma$, est également un sommet de P. De plus, le point s est un sommet du polytope $P_2 = P_1 \cap H$: dans la variété linéaire H que l'on peut toujours supposer homogène, il existe donc un hyperplan d'appui G de P_2 qui passe par s. A partir de là, il est aisé de construire, dans $\mathbb{R}^d$, un hyperplan d'appui H_1 de P_1 , qui contient G et passe par un sommet de P_1 contenu dans $C\Sigma$; en d'autres termes, il existe une face $F = H_1 \cap P_1$ de P_1 qui contient s et un sommet contenu dans $C\Sigma$. L'hypothèse de récurrence garantit l'existence d'une arête $[s:t]$ de F, donc de P_1, dont l'extrémité t appartient à $C\Sigma$. L'arête $[s:t]$ est aussi une arête de P. En effet, dans le cas contraire, il existerait un point x de $]s:t[$ et une droite D, distincte de $(s:t)$, mais qui insère x dans P, donc dans P_1; ceci contredit le fait que $[s:t]$ est une arête de P_1.

L'hypothèse de départ selon laquelle P rencontre $C\Sigma$ était donc absurde.

IV.2.5. <u>Si</u> s <u>et</u> t <u>sont deux sommets d'un polytope</u> P, <u>il existe un chemin polygonal composé d'arêtes de</u> P <u>joignant</u> s <u>à</u> t, <u>c'est-à-dire qu'il est possible de trouver des sommets</u> $a_1, a_2, \ldots, a_n$ <u>de</u> P <u>tels que</u> $[a_j : a_{j+1}]$, <u>pour</u> $j = 0, 1, \ldots, n$ <u>et avec</u> $a_0 = s$, $a_{n+1} = t$, <u>soient des arêtes de</u> P.

Le résultat est évident pour tout polytope de dimension 1.

Supposons-le vrai pour tout polytope de dimension inférieure ou égale à n-1; considérons un polytope P de dimension n et deux sommets s et t de P. Si s et t appartiennent à une même face propre de P, l'hypothèse de récurrence permet de conclure. Dans le cas contraire, soit F une face maximale de P contenant s. En vertu du résultat IV.2.4, il existe une arête $[t:t_1]$ de P telle que t_1 soit situé dans le demi-espace ouvert contenant F et associé à l'hyperplan parallèle à ^1F qui passe par t. En répétant cette opération autant de fois qu'il est nécessaire, on construit un chemin polygonal, composé d'arêtes de P, joignant t à un sommet t* contenu dans F. En utilisant l'hypothèse de récurrence, il est possible de construire un chemin polygonal, composé d'arêtes de P, joignant s à t*, donc au total, s à t.

IV.3. POLYTOPES PARTICULIERS

IV.3.1. Les simplexes

IV.3.1.1. Définition. Le type le plus simple de polytopes est constitué des d-*simplexes* T^d qui sont définis comme étant l'enveloppe convexe de d+1 points affinement indépendants; remarquons qu'un d-simplexe T^d peut aussi être considéré comme étant l'enveloppe convexe d'un (d-1)-simplexe T^{d-1} et d'un point qui n'appartient pas à l'enveloppe linéaire de T^{d-1}.

Comme exemples, signalons les ensembles uniponctuels (0-simplexes), les segments de droite pointés (1-simplexes), les triangles (2-simplexes) et les tétraèdres (3-simplexes).

IV.3.1.2. *Chaque k-face d'un d-simplexe* T^d *est un k-simplexe, et k+1 sommets de* T^d *sont les sommets d'une k-face de* T^d*; de plus,* $f_k(T^d)$ *vaut* $\binom{d+1}{k+1}$.

En effet, chaque face F de T^d étant un polytope dont les sommets appartiennent à l'ensemble V de tous les sommets de T^d, F est l'enveloppe convexe d'un sous-ensemble de V. Comme tout sous-ensemble de points affinement indépendants est composé de points affinement indépendants, F est un simplexe dont la dimension est inférieure ou égale à d.

Or, par définition même du simplexe, tout sous-ensemble W comprenant exactement d points de V engendre un hyperplan qui est d'appui pour T^d; dès lors, ${}^cW$ est un (d-1)-simplexe qui est une face maximale.

Comme d-1 points de V déterminent une face maximale d'une face maximale de T^d, c'est-à-dire une (d-2)-face de T^d, on prouve de proche en proche que chaque k-face de T^d est un k-simplexe et que k+1 sommets de T^d sont les sommets d'une k-face de T^d.

En conséquence, $f_k(T^d) = \binom{d+1}{k+1}$.

IV.3.1.3. <u>Toute</u> (d-k)-<u>face d'un</u> d-<u>simplexe</u> T^d <u>est l'intersection des</u> k-<u>faces maximales qui la contiennent</u>.

Si F est une (d-k)-face, elle est l'enveloppe convexe de d-k+1 sommets de T^d. Les faces maximales qui contiennent F sont les enveloppes convexes de d sommets. En fait, les d-k+1 sommets de F étant fixés, il reste d-(d-k+1) = k-1 sommets libres à prendre parmi les d+1-(d-k+1) sommets restents;donc, on aura $\binom{k}{k-1}$ = k faces maximales qui contiennent F.

IV.3.1.4. Rappelons encore que tous les d-simplexes sont du même type combinatoire (III.5.11) et que le dual d'un d-simplexe est aussi un d-simplexe (III.5.14).

IV.3.2. <u>Les pyramides</u>

IV.3.2.1. <u>Définitions</u>. Une d-<u>pyramide</u> P^d est l'enveloppe convexe de la réunion d'un (d-1)-polytope K, appelé la <u>base</u> de P^d, et d'un point x, appelé le <u>sommet</u>(1) de P^d, qui n'appartient pas à ^1K. Bien entendu, tout d-simplexe est une d-pyramide.

Si P^d est une d-pyramide de base P^{d-1}, où P^{d-1} est une (d-1)-pyramide dont la base est un (d-2)-polytope K^{d-2}, on dira que P^d est une pyramide du deuxième ordre, de base K^{d-2}. Plus généralement, pour un nombre entier positif r, on dira que P^d est une d-<u>pyramide du</u> r<u>^{e}ordre</u>, de base K^{d-r}, si P^d est une pyramide de base P^{d-1}, où P^{d-1} est une (d-1)-pyramide du (r-1)^{e} ordre. de base K^{d-r}. On convient de plus que toute d-pyramide est une d-pyramide du premier ordre et que tout d-polytope est une d-pyramide d'ordre 0.

(1) Le lecteur saisira aisément la nuance entre "le sommet de P^d" et "un sommet de P^d" (l'anglais n'a pas ces faiblesses puisqu'il dispose respectivement des mots "apex" et "vertex").

IV.3.2.2. *Soit* P^d *une* d-*pyramide de base* K *et de sommet* x. *Les faces propres de* P^d *sont les faces non vides de* K, $\{x\}$ *et les pyramides dont les bases sont les faces propres de* K *et le sommet* x.

Comme l'hyperplan de $\mathbb{R}^d$ passant par x et parallèle à ${}^1K$ rencontre P^d au seul point x, $\{x\}$ est une face propre de P^d. Les sommets de P^d sont donc x et les sommets de K.
Toute face propre de P^d étant un polytope qui est l'enveloppe convexe de sommets de P^d est du type décrit dans l'énoncé.
Réciproquement, toute face propre de K est également une face propre de P^d (III.2.3).
Enfin, si F est une face propre de K, il existe un hyperplan H_o dans ${}^1K$ tel que $F = H_o \cap K$; $H = {}^1(H_o \cup \{x\})$ est un hyperplan de $\mathbb{R}^d$ puisque la dimension de K vaut d-1. Dans ces conditions, il est clair que $H \cap P^d = {}^c(F \cup \{x\})$; ce dernier ensemble, qui est une pyramide de base F et de sommet x, est une face propre de P^d.

IV.3.2.3. *Si* $K_1 \approx K_2$ *et si* P_j *est une* d-*pyramide de base* K_j (j=1,2), *alors* $P_1 \approx P_2$.

Cela résulte directement de la description des faces d'une pyramide (IV.3.2.2).

IV.3.2.4. *Si* P^d *est une* d-*pyramide de base* K, *alors* $f_k(P^d) = f_k(K) + f_{k-1}(K)$.

En effet, $f_o(P^d)$ est le nombre de sommets de P^d, qui sont x et les sommets de K; ils sont donc en nombre $f_o(K) + 1 = f_o(K) + f_{-1}(K)$.
D'autre part, pour $1 \leq k \leq d-1$, les k-faces de P^d sont les k-faces de K et les pyramides dont la base est une (k-1)-face de K et le sommet x, donc

$$f_k(P^d) = f_k(K) + f_{k-1}(K).$$

De plus, comme on a posé $f_d(K) = f_{-2}(K) = 0$, on obtient

$$f_{-1}(P^d) = 1 = f_{-1}(K) + f_{-2}(K) \quad \text{et}$$

$$f_d(P^d) = 1 = f_d(K) + f_{d-1}(K) .$$

IV.3.2.5. Si P^d est une d-pyramide du r^{e} ordre et de base K^{d-r}, alors

$$f_k(P^d) = \sum_{i=o}^{r} \binom{r}{i} f_{k-i}(K^{d-r}) \text{ pour tout entier } k.$$

Procédons par récurrence sur le nombre r.

En vertu du résultat précédent, on sait que pour une d-pyramide P^d du premier ordre et de base K^{d-1}, on a $f_k(P^d) = f_k(K^{d-1}) + f_{k-1}(K^{d-1})$, ce qui est bien égal à $\sum_{i=o}^{1} \binom{1}{i} f_{k-i}(K^{d-1})$.

Nous allons montrer à présent que si la relation est vraie pour toute pyramide du r^{e} ordre, elle l'est également pour une d-pyramide P^d du $(r+1)^{\text{e}}$ ordre et de base K^{d-r+1} $(r<d)$.
On peut considérer que P^d est une d-pyramide du r^{e} ordre, de base K^{d-r}, celle-ci étant elle-même une pyramide du premier ordre, de base K^{d-r-1}, donc

$$f_k(P^d) = \sum_{i=o}^{r} \binom{r}{i} f_{k-i}(K^{d-r})$$

avec

$$f_{k-i}(K^{d-r}) = \sum_{s=o}^{1} \binom{1}{s} f_{k-i-s}(K^{d-r-1}) = f_{k-i}(K^{d-r-1}) + f_{k-i-1}(K^{d-r-1}).$$

Dès lors,

$$f_k(P^d) = \sum_{i=o}^{r} \binom{r}{i} [f_{k-i}(K^{d-r-1}) + f_{k-i-1}(K^{d-r-1})]$$

$$= \binom{r}{o} f_k(K^{d-r-1}) + [\binom{r}{o} + \binom{r}{1}] f_{k-1}(K^{d-r-1}) + \dots$$

$$+ [\binom{r}{r-1} + \binom{r}{r}] f_{k-r}(K^{d-r-1}) + \binom{r}{r} f_{k-r-1}(K^{d-r-1})$$

$$= \binom{r+1}{o} f_k(K^{d-r-1}) + \binom{r+1}{1} f_{k-1}(K^{d-r-1}) + \dots \binom{r+1}{r+1} f_{k-r-1}(K^{d-r-1})$$

$$= \sum_{i=o}^{r+1} \binom{r+1}{i} f_{k-i}(K^{d-r-1}).$$

IV.3.2.6. Les d-simplexes sont les d-pyramides du $(d-1)^e$ ordre, ou encore les d-pyramides du d^e ordre.

En effet, une d-pyramide du $(d-1)^e$ ordre a pour base un segment qui est lui-même une 1-pyramide du premier ordre. Donc, toute pyramide du $(d-1)^e$ ordre est une d-pyramide du d^e ordre, c'est-à-dire un d-simplexe puisque les d-simplexes se caractérisent comme étant des d-pyramides dont la base est un (d-1)-simplexe.

IV.3.3. Les bipyramides

IV.3.3.1. Définitions. Si K^{d-1} est un (d-1)-polytope et I un segment vrai pointé tel que $I \cap K^{d-1}$ se réduise à un point unique appartenant à ${}^iI \cap {}^iK^{d-1}$, alors $B^d = {}^c(I \cup K^{d-1})$ est appelé une d-bipyramide de base K^{d-1}.

Etant donné un entier positif r, on peut définir une d-bipyramide du r^e ordre, en analogie avec les pyramides du r^e ordre. Une d-bipyramide du premier ordre est une d-bipyramide au sens habituel. De là, on définit par récurrence une d-bipyramide du r^e ordre : il s'agit d'une d-bipyramide B^d de base B^{d-1}, où B^{d-1} est une (d-1)-bipyramide du $(r-1)^e$ ordre.

Le représentant le plus simple de ce type est le d-polytope croisé (en anglais "d-crosspolytope") Q^d; celui-ci peut être défini comme l'enveloppe convexe de d segments $[v_j : w_j]$ (pour $j=1,2,\dots,d$), deux à deux orthogonaux et dont les points milieux coïncident. Par exemple, un 3-polytope croisé est un octaèdre Q^3 dont la base est un losange; celui-ci est évidemment un 2-polytope croisé ou encore une 2-bipyramide dont une diagonale peut être prise comme base; un octaèdre est donc une 3-bipyramide du 3e ordre.

IV.3.3.2. Soient $B^d = {}^c(I \cup K^{d-1})$ une d-bipyramide de base K^{d-1} et $I = [x_0 : x_1]$. Les faces propres de B^d sont les faces propres de K^{d-1}, $\{x_0\}$, $\{x_1\}$ et les pyramides dont les bases sont des faces propres de K^{d-1} et le sommet x_0 ou x_1.

Le raisonnement est identique à celui de IV.3.2.2.

IV.3.3.3. Si $K_1 \approx K_2$ et si B_j est une bipyramide de base K_j (pour $j=1,2$), alors $B_1 \approx B_2$.

Cela résulte directement de l'énoncé précédent.

IV.3.3.4. Si B^d est une d-bipyramide de base K^{d-1}, alors $f_k(B^d) = 2f_{k-1}(K^{d-1}) + f_k(K^{d-1})$ pour $0 \leq k \leq d-2$, et $f_{d-1}(B^d) = 2f_{d-2}(K^{d-1})$.

Pour $k \leq d-2$, les k-faces de B^d sont les k-faces de K^{d-1} et les k-pyramides dont les bases sont des (k-1)-faces de K^{d-1}; donc, $f_k(B^d) = 2f_{k-1}(K^{d-1}) + f_k(K^{d-1})$.

Les faces maximales de B^d s'obtiennent en formant l'enveloppe convexe de la réunion d'une (d-2)-face de K^{d-1} et d'une des deux extrémités du segment I engendrant B^d (remarquons que K^{d-1} n'est pas une face de B^d); dès lors, $f_{d-1}(B^d) = 2f_{d-2}(K^{d-1})$.

IV.3.3.5. Les d-bipyramides du $(d-1)^{e}$ ordre sont aussi des d-bipyramides du d^{e} ordre.

En effet, une d-bipyramide du $(d-1)^{e}$ ordre a pour base un segment qui peut être considéré comme une bipyramide du premier ordre.

IV.3.3.6. Soit Q^d un d-polytope croisé engendré par d segments $[v_j;w_j]$; pour chaque (k-1)-face F de Q^d $(1 \leq k \leq d)$, il existe k indices différents $i_1, i_2, \ldots, i_k$ et k points distincts $z_{i_j} \in \{v_{i_j}, w_{i_j}\}$ tels que $F = {}^c\{z_{i_1}, z_{i_2}, \ldots, z_{i_k}\}$; de plus, Q^d est une bipyramide de base Q^{d-1}, où Q^{d-1} est un (d-1)-polytope croisé.

Cela se déduit sans peine de la définition d'un polytope croisé, ainsi que du résultat IV.3.3.2.

IV.3.3.7. Si Q^d est un d-polytope croisé, alors $f_k(Q^d) = 2^{k+1}\binom{d}{k+1}$ pour $d \geq 1$ et $-1 \leq k < d$.

Procédons par récurrence. Si $d = 1$ et $-1 \leq k < 1$, Q^1 est un segment vrai pointé, donc $f_{-1}(Q^1) = 1$ et $f_0(Q^1) = 2$.

Supposons la relation vraie pour tout d-polytope croisé et considérons un (d+1)-polytope croisé Q^{d+1}; il s'agit d'une (d+1)-bipyramide de base Q^d, où Q^d est un d-polytope croisé. Pour $k \leq d-1$,

on a $f_k(Q^{d+1}) = 2f_{k-1}(Q^d) + f_k(Q^d)$ (IV.3.3.4), avec
$f_k(Q^d) = 2^{k+1}\binom{d}{k+1}$; donc, $f_k(Q^{d+1}) = 2.2^k \binom{d}{k} + 2^{k+1}\binom{d}{k+1} = 2^{k+1}\binom{d+1}{k+1}$.
Pour $k = d$, $f_d(Q^{d+1}) = 2f_{d-1}(Q^d) = 2.2^d\binom{d}{d} = 2^{d+1}$.

IV.3.4. Les prismes

IV.3.4.1. Définitions. Soient K^{d-1} un (d-1)-polytope et $I = [0:x]$ un vrai segment pointé non parallèle à ${}^{l}K^{d-1}$; la somme vectorielle $P^d = K^{d-1} + [0:x]$ est, par définition, un d-prisme de base K^{d-1}. Evidemment, P^d peut être considéré comme l'enveloppe convexe de la réunion de K^{d-1} avec son translaté $x + K^{d-1}$.

Si l'on convient qu'un d-prisme du premier ordre désigne un d-prisme, on dira qu'un d-polytope P^d est un d-prisme du r^{e} ordre et de base K^{d-r} lorsque P^d est un prisme de base P^{d-1}, où P^{d-1} est un (d-1)-prisme du (r-1)^{e} ordre et de base K^{d-r} (r étant un entier positif inférieur ou égal à d). Par un raisonnement déjà formulé à plusieurs reprises, on montre que les d-prismes du (d-1)^{e} ordre coïncident avec les d-prismes du d^{e} ordre : ce sont les d-parallélotopes; un d-parallélotope coïncide donc avec la somme vectorielle de d segments ayant un point en commun, tels qu'aucun d'eux ne soit parallèle (c'est-à-dire contenu dans) l'enveloppe linéaire de tous les autres.
Le plus simple d-parallélotope est le d-cube C^d (aussi appelé le d-polytope mesure) qui est la somme vectorielle de d segments orthogonaux, d'égale longueur; on peut donc trouver un système de coordonnées tel que $C^d = [0,1]^d$.

IV.3.4.2. Soit $P^d = K^{d-1} + [0:x]$ un d-prisme de base K^{d-1}; les k-faces de P sont les k-faces de K^{d-1}, les k-faces de $x + K^{d-1}$ et les k-prismes $F + [0:x]$ dont la base est une (k-1)-face de K^{d-1}.

Bien entendu, toute face de K^{d-1} ou de $x + K^{d-1}$ est une face de P^d; de même, si F est une face propre de K^{d-1}, $F + [0:x]$ est une face propre de P^d.

Réciproquement, soit F une face propre de P^d. Il existe un hyperplan H de $\mathbb{R}^d$ tel que $F = H \cap P^d$. Mais, comme $P^d = {}^{c}[K^{d-1} \cup (x+K^{d-1})]$, ${}^{p}P^d \subset {}^{p}K^{d-1} \cup {}^{p}(x+K^{d-1})$; dès lors, nous devons distinguer trois possibilités. Ou bien H est disjoint de K^{d-1} : $H \cap (x+K^{d-1}) = F$ une face de $x + K^{d-1}$. Ou bien H est disjoint de $x + K^{d-1}$: $H \cap K^{d-1} = F$ est une face de K^{d-1}. Ou bien H rencontre à la fois K^{d-1} et $x + K^{d-1}$: H est alors d'appui pour K^{d-1} et $x + K^{d-1}$; de plus, si $H \cap K^{d-1} = F_1$, alors $H \cap (x+K^{d-1}) = F_1 + x$; il en résulte que $F = H \cap P^d$ est un prisme de base F_1.

IV.3.4.3. <u>Corollaires</u>. 1) <u>Si</u> P^d <u>est un</u> d-<u>prisme de base</u> K^{d-1}, <u>alors</u> $f_0(P^d) = 2f_0(K^{d-1})$ <u>et</u> $f_k(P^d) = 2f_k(K^{d-1}) + f_{k-1}(K^{d-1})$ <u>pour</u> $1 \leq k \leq d$.

2) <u>Si</u> $K_1 \approx K_2$ <u>et si</u> P_j <u>est un prisme de base</u> K_j $(j=1,2)$, <u>alors</u> $P_1 \approx P_2$.

Cela découle de la description des bases d'un prisme (IV.3.4.2).

IV.3.4.4. <u>Pour un</u> d-<u>parallélotope</u> P^d, <u>on a</u> $f_k(P^d) = 2^{d-k}\binom{d}{k}$ <u>avec</u> $0 \leq k \leq d$.

Pour d = 1, P^1 est un segment; $f_0(P^1) = 2$ et $f_1(P^1) = 1$ vérifient bien la relation.
Si celle-ci est vraie pour tout d-parallélotope avec $0 \leq k \leq d$, elle doit l'être également pour un (d+1)-parallélotope P^{d+1}, dont la base est un d-parallélotope P^d, et pour une valeur de k telle que $0 \leq k \leq d+1$. En effet, si $0 < k \leq d$,
$f_k(P^{d+1}) = 2f_k(P^d) + f_{k-1}(P^d) = 2.2^{d-k}\binom{d}{k} + 2^{d-k+1}\binom{d}{k-1}$
$= 2^{d-k+1}\left[\binom{d}{k} + \binom{d}{k-1}\right] = 2^{d-k+1}\binom{d+1}{k}$. Si $k = 0$,
$f_0(P^{d+1}) = 2f_0(P^d) = 2.2^d\binom{d}{0} = 2^{d+1}$. Enfin, pour $k = d+1$, $f_{d+1}(P^{d+1})$ vérifie encore la formule.

IV.3.4.5. <u>Soit</u> K^* <u>un polytope dual de</u> K. <u>Toute bipyramide</u> B <u>de base</u> K <u>et de sommets</u> x_0, x_1 <u>est duale de tout prisme</u> $P = [0:x] + K^*$ <u>de base</u> K^*.

De fait, il suffit d'associer à toute face propre F de K, le prisme dont la base est la face F' de K^* correspondant à F (pour l'anti-isomorphisme entre les lattis $\mathcal{F}(K)$ et $\mathcal{F}(K^*)$); à x_0 (resp. x_1), la base $x + K^*$ (resp. K^*) de P; enfin, à une pyramide de sommet x_0 (resp. x_1) et de base égale à une face F de K, l'intersection de la base $x + K^*$ (resp. K^*) de P avec le prisme $F' + [0:x]$, où F' est la base de K^* correspondant à F.

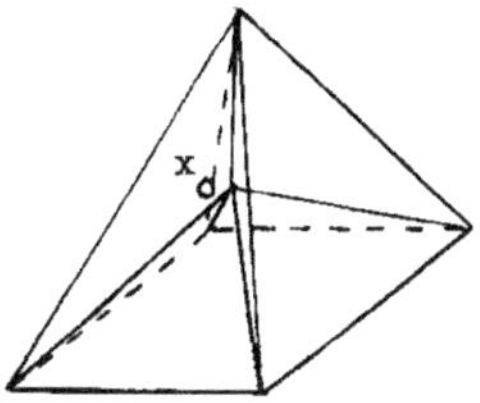

Diagramme de Schlegel[1] d'une 4-pyramide du deuxième ordre, de sommet x_o.

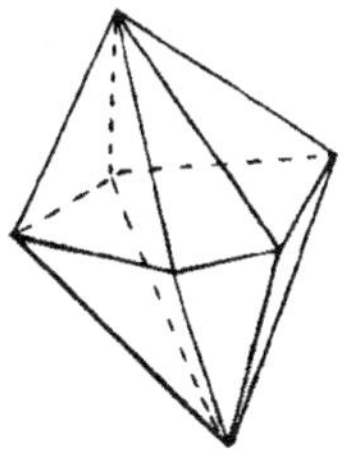

3-bipyramide du premier ordre.

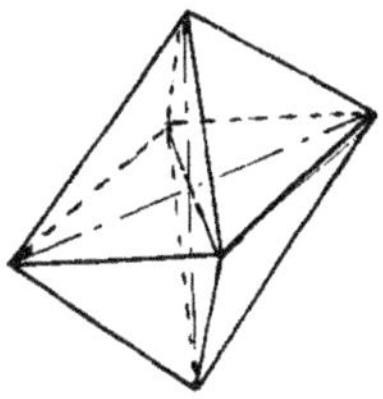

3-polytope croisé (3-bipyramide du deuxième ordre).

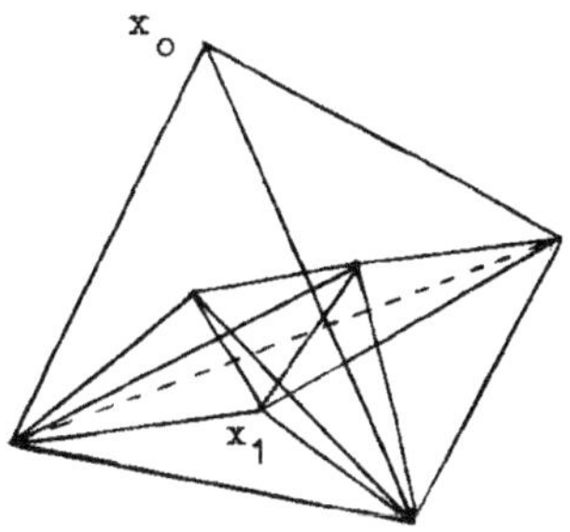

Diagramme de Schlegel d'une 4-bipyramide du troisième ordre de sommets x_o et x_1.

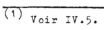

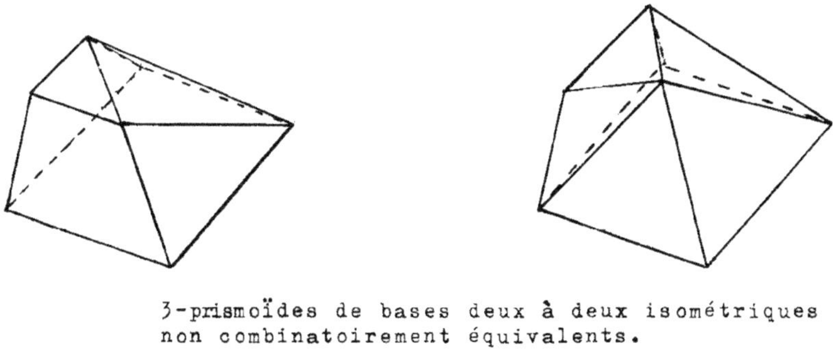

3-prismoïdes de bases deux à deux isométriques non combinatoirement équivalents.

(1) Voir IV.5.

IV.3.4.6. <u>Les</u> d-<u>polytopes croisés et les</u> d-<u>cubes sont duaux l'un de l'autre</u>.

C'est vrai pour d = 2 : tout carré est dual de tout losange.

Supposons que ce soit aussi vrai pour $d < D$. Le D-cube est un prisme dont la base est un (D-1)-cube et un D-polytope croisé est une D-bipyramide dont la base est un (D-1)-polytope croisé; IV.3.4.5 montre que le D-cube et le D-polytope croisé sont duaux.

On conclut par récurrence.

IV.3.4.7. Les <u>prismoïdes</u> forment une famille de polytopes dont la définition généralise celle des prismes. Si P_1, P_2 sont des polytopes contenus dans deux hyperplans parallèles mais distincts de $\mathbb{R}^d$, tels que ${}^c(P_1 \cup P_2)$ soit de dimension d, alors $P^d = {}^c(P_1 \cup P_2)$ est appelé un d-prismoïde de bases P_1 et P_2.
Remarquons que le nombre de faces d'un d-prismoïde n'est pas en général déterminé par les nombres $f_k\ (P_1)$ et $f_k\ (P_2)$, ni même par le type combinatoire de P_1 et P_2, mais dépend de la nature des polytopes P_1 et P_2 eux-mêmes et de leurs positions respectives.

IV.3.5. <u>Les polytopes amicaux</u>

IV.3.5.1. <u>Définition</u>. Un polytope P est dit k-<u>amical</u> (le terme anglais est "k-<u>neighbourly</u>") si chaque sous-ensemble de k points de $V = {}^pP$ est l'ensemble des sommets d'une face propre de P.

IV.3.5.2. <u>Si</u> P <u>est un polytope</u> k-<u>amical</u>, <u>alors</u> k <u>sommets quelconques de</u> P <u>sont affinement indépendants</u>.

Procédons par l'absurde et supposons que $W = \{w_1, w_2, \ldots, w_k\}$ soit un sous-ensemble affinement dépendant de $V = {}^pP$. Sans nuire à la généralité, nous pouvons supposer que $w_k \in {}^l\{w_1, w_2, \ldots, w_{k-1}\}$. Puisque $W \subset V$, il existe un point z dans $V \setminus W$. Considérons l'ensemble $Z = \{w_1, w_2, \ldots, w_{k-1}, z\}$; P étant k-amical, $F = {}^cZ$ est une face propre de P et $Z = {}^pF$. Pour tout hyperplan H tel que $F = H \cap P$, on a $w_k \in {}^l\{w_1, w_2, \ldots, w_{k-1}\} \subset {}^lZ \subset H$. De là, w_k appartient aussi à F. Mais, puisque w_k est un sommet de P qui est contenu dans F, il est aussi un sommet de F; ceci entraîne la contradiction $w_k \in {}^pF = Z$. En d'autres termes, chaque sous-ensemble W de V contenant k points est affinement indépendant.

IV.3.5.3. Corollaires. 1) *Si* P *est un polytope* k-*amical et si* j *est tel que* $1 \leq j \leq k$, *alors* P *est aussi* j-*amical*.

2) *Si* P *est un polytope* k-*amical et si* $W \subset {}^pP$ *contient au moins* k+1 *points, alors* ${}^cW$ *est aussi un polytope* k-*amical*.

3) *Si* P *est un polytope* k-*amical comprenant* k^* *sommets avec* $k^* > k$, *alors, pour tout* j *tel que* $0 \leq j \leq k-1$, $f_j(P) = \binom{k^*}{j+1}$.

Seul le dernier énoncé mérite quelques explications.

On déduit du théorème précédent que chaque ensemble de k sommets de P détermine une (k-1)-face de P qui est un simplexe. Inversement, puisque chaque (k-1)-face de P contient au moins k sommets, ceux-ci déterminent une face propre de P, il s'ensuit que chaque (k-1)-face de P est un (k-1)-simplexe. Donc, toute j-face de P $(0 \leq j \leq k-1)$ est un j-simplexe et comprend exactement j+1 sommets.

IV.3.5.4. *Si* P *est un* d-*polytope* k-*amical avec* $k > [\frac{d}{2}]$, *alors* P *est un* d-*simplexe*.

Si P n'est pas un d-simplexe, alors ${}^pP$ contient au moins d+2 points. Soit W un sous-ensemble quelconque de ${}^pP$, formé de d+2 points exactement. Par le théorème de Radon, W est la réunion de deux sous-ensembles disjoints Y et Z tels que ${}^cY \cap {}^cZ \neq \emptyset$. Sans nuire à la généralité, nous pouvons supposer que Y contient r points, avec $r \leq [\frac{d+2}{2}] = [\frac{d}{2}] + 1 \leq k$. Puisque P est k-amical, on déduit du premier corollaire de IV.3.5.3 que ${}^cY$ est une face de P. Dans ces conditions, pour tout hyperplan d'appui H de P tel que $H \cap P = {}^cY$, on a $H \cap {}^cZ \neq \emptyset$, d'où $H \cap Z \neq \emptyset$. Mais ceci est impossible, car H ne contient aucun sommet de P autre que les points de Y.

En conclusion, le cardinal de ${}^pP$ vaut exactement d+1 et P est bien un simplexe.

IV.3.6. Les polytopes simpliciaux et simples

IV.3.6.1. Définitions. Un ensemble fini X de $\mathbb{R}^d$ sera dit *en position générale* si tout sous-ensemble de X, contenant au plus d+1 points, est affinement indépendant; d+1 points de X n'appartiennent donc jamais à un même hyperplan.

Un d-polytope de $\mathbb{R}^d$ est <u>simplicial</u> si toutes ses faces maximales sont des (d-1)-simplexes, ce qui entraîne que toutes ses faces propres sont des simplexes. Comme exemples de polytopes simpliciaux, citons les polygones, les d-simplexes, les d-bipyramides dont la base est un (d-1)-polytope simplicial et, en particulier, les d-polytopes croisés.

Un d-polyèdre sans droites est <u>simple</u> si chaque sommet de P se trouve dans exactement d faces maximales.

Ainsi, tout polygone et même tout 2-polyèdre sans droites est simple. D'autres exemples sont fournis par les d-simplexes et les d-prismes dont la base est un (d-1)-polytope simple, en particulier, les d-cubes.

IV.3.6.2. <u>Si</u> P <u>est un</u> d-<u>polytope tel que</u> ${}^pP$ <u>est en position générale</u>, <u>alors</u> P <u>est simplicial</u>; <u>la réciproque n'est pas exacte</u>.

En effet, si ${}^pP$ est en position générale, aucun hyperplan de $\mathbb{R}^d$ ne contient plus de d sommets de P; en conséquence, chaque face maximale de P est un (d-1)-simplexe et, dès lors, chaque face propre de P est un simplexe.

Par ailleurs, les sommets d'un d-polytope simplicial P ne doivent pas nécessairement être en position générale : plus de d sommets de P peuvent se trouver dans un même hyperplan, mais celui-ci ne peut être d'appui pour P. Par exemple, l'octaèdre régulier à trois dimensions est simplicial, bien qu'il possède quatre sommets situés dans un même hyperplan.

IV.3.6.3. <u>Tout</u> (2d)-<u>polytope</u> d-<u>amical</u> P <u>est simplicial</u> ($d \geq 1$).

Le résultat est trivial lorsque d=1. Supposons donc d supérieur à 1.

Soit F une face maximale de P; F est un polytope d-amical (IV.3.5.3,2); comme la dimension de F vaut 2d-1 et est donc supérieure à d, F est un (2d-1)-simplexe en vertu du résultat IV.3.5.4.

<u>Remarque</u>. Il est aisé de construire des (2d+1)-polytopes qui sont d-amicaux, mais non simpliciaux; pour preuve, toute 3-pyramide dont la base n'est pas un 2-simplexe.

IV.3.6.4. Si P est un d-polytope simplicial, alors $df_{d-1}(P) = 2f_{d-2}(P)$.

De fait, chaque (d-2)-face de P est l'intersection de deux faces maximales de P. Or, toute face maximale de P est un (d-1)-simplexe, donc contient d faces de dimension d-2. En conséquence, $df_{d-1}(P) = 2f_{d-2}(P)$.

IV.3.6.5. Le dual d'un polytope simplicial est simple et réciproquement.

Ce résultat, qui découle instantanément des définitions, montre que, du point de vue combinatoire, il n'existe pas d'avantage à considérer un type plutôt que l'autre.

IV.3.6.6. Si P est un d-polytope simple qui n'est pas un simplexe, il existe une face maximale F de P et une arête de P disjointe de F.

Le résultat est trivial lorsque d=2. Supposons-le vrai pour tout polytope simple de dimension inférieure ou égale à k-1 et traitons le cas d'un polytope simple P de dimension k (k>2).

Considérons une face maximale quelconque F_1 de P; visiblement, F_1 est un (k-1)-polytope simple.

Si F_1 n'est pas un simplexe, l'hypothèse de récurrence garantit l'existence d'une face maximale F_2 de F_1 et d'une arête F_3 de F_1 disjointe de F_2. Comme F_2 est une (k-2)-face de P, il existe une (k-1)-face F_4 de P qui est distincte de F_1, mais qui contient F_2; $^1F_4$ est alors un hyperplan qui rencontre $^1F_1$ suivant $^1F_2$ et qui est disjoint de l'arête F_3 de P. Par contre, si F_1 est un simplexe, il doit exister au moins deux sommets de P qui n'appartiennent pas à F_1, puisque P n'est pas un simplexe; il suffit dans ce cas d'appliquer le résultat IV.2.3.

IV.3.6.7. Un d-polyèdre P sans droites est simple si et seulement si toute k-face de P $(0 \leq k \leq d-1)$ est l'intersection d'exactement d-k faces maximales.

La condition est évidemment suffisante.

Etablissons sa nécessité. Soit x un sommet de P. Recherchons $P/\{x\}$. Nous savons (III.6.6) que $P/\{x\}$ est combinatoirement équivalent à une configuration sommitale de P en x.

Cette dernière est obtenue en prenant la trace sur P d'un hyperplan H qui sépare x de points choisis dans l'internat de chaque arête issue de x. Comme d-1 faces maximales aboutissent en x, H ∩ P est la section d'un d-cône à d-1 faces maximales, donc est un (d-1)-simplexe.

Ainsi, $P/\{x\} = T^{d-1}$, où T^{d-1} est un (d-1)-simplexe. L'intervalle $[\{x\},P]$ de $\mathcal{F}(P)$ est donc latticiellement isomorphe à $\mathcal{F}(T^{d-1})$.

Soit F une k-face de P contenant x. L'image de F dans $\mathcal{F}(T^{d-1})$ est une (k-1)-face de T^{d-1}. En effet, toute chaîne maximale issue du minimum $\{x\}$ et aboutissant en F est de longueur k+1, donc toute chaîne maximale issue de $\emptyset$ et aboutissant en l'image de F est aussi de longueur k+1. Dans T^{d-1}, l'image de F est incluse dans $(d-1)-(k-1) = d-k$ faces maximales et est leur intersection, d'où la conclusion.

IV.3.7. <u>Les polytopes cycliques</u>

IV.3.7.1. <u>Définition</u>. Soit M la <u>courbe des moments</u> dans $\mathbb{R}^d$ définie paramétriquement par $x(\tau) = (\tau, \tau^2, \ldots, \tau^d)$ avec $\tau \in \mathbb{R}$. Un <u>polytope cyclique</u> C(v,d) est, par définition, l'enveloppe convexe de v $(v \geq d+1)$ points distincts $x(\tau_i)$, pour $i = 1,2,\ldots,v$, appartenant à M, avec $\tau_1 < \tau_2 < \ldots < \tau_v$.

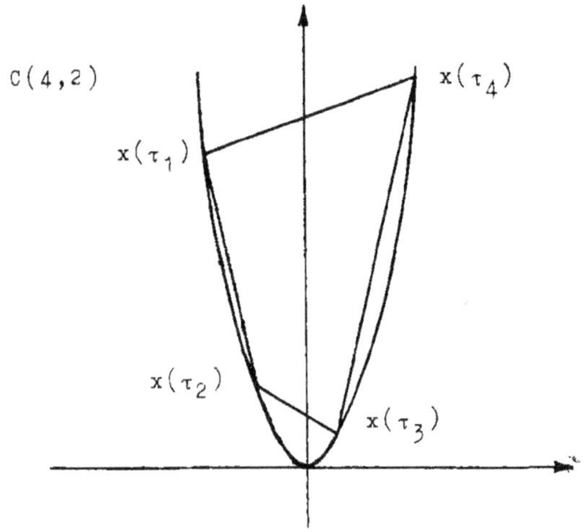

IV.3.7.2. <u>${}^{P}C(v,d)$ est en position générale; dès lors, C(v,d) est un polytope simplicial</u>.

Montrons que les sommets de C(v,d) sont en position générale; il suffira alors d'appliquer le résultat IV.3.6.2 pour terminer la preuve.

Soit W un sous-ensemble quelconque de ${}^{P}C(v,d)$, contenant exactement d+1

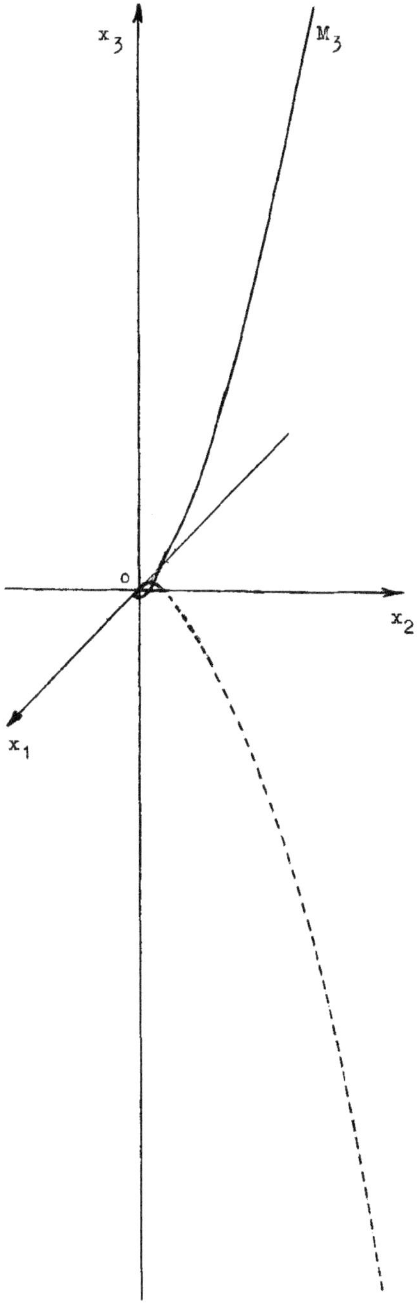

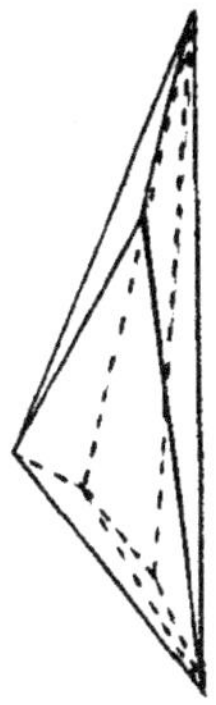

C(6,3)
8 faces maximales

C(4,3)
4 faces maximales

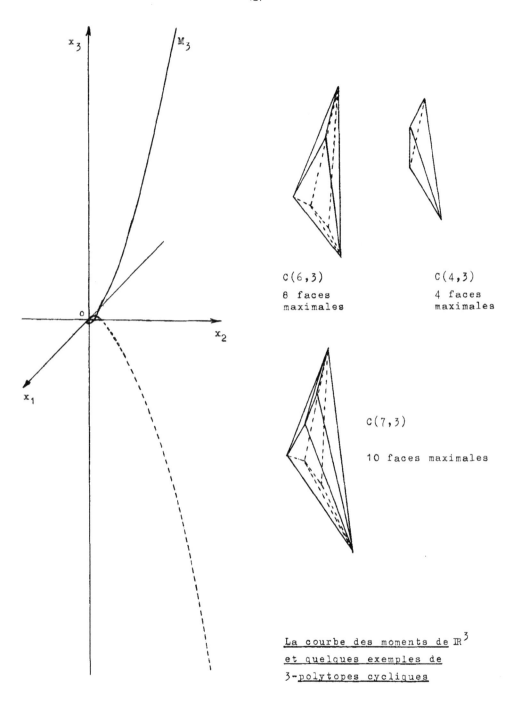

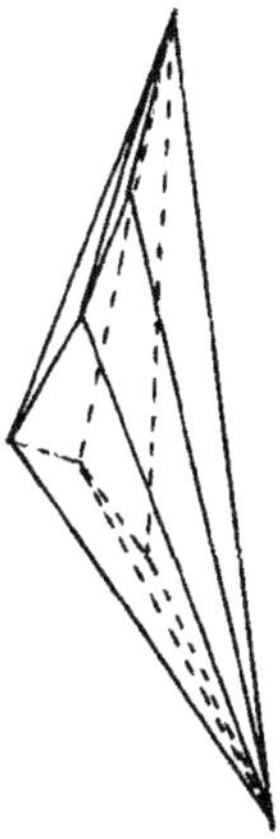

C(7,3)

10 faces maximales

La courbe des moments de $\mathbb{R}^3$ et quelques exemples de 3-polytopes cycliques

points; supposons que les points de W correspondent à des valeurs $\sigma_1, \sigma_2, \ldots, \sigma_{d+1}$ du paramètre τ; comme le déterminant de Vandermonde

$$\begin{vmatrix} 1 & \sigma_1 & \sigma_1^2 & \ldots & \sigma_1^d \\ 1 & \sigma_2 & \sigma_2^2 & \ldots & \sigma_2^d \\ \vdots & & \cdots & & \vdots \\ 1 & \sigma_{d+1} & \sigma_{d+1}^2 & \ldots & \sigma_{d+1}^d \end{vmatrix} = \prod_{1 \leq i < j \leq d+1} (\sigma_i - \sigma_j)$$

n'est pas nul, W est un ensemble affinement indépendant et ${}^{P}C(v,d)$ est en position générale.

IV.3.7.3. <u>Si</u> k <u>est un entier tel que</u> $2k \leq d$, <u>l'enveloppe convexe de tout ensemble composé de</u> k <u>sommets de</u> $C(v,d)$ <u>est une</u> $(k-1)$ <u>face de</u> $C(v,d)$.

Soit $W = \{x(\tau_i^*) : i = 1,2,\ldots,k\}$ un sous-ensemble composé de k sommets distincts de $C(v,d)$, avec $2k \leq d$.

Considérons le polynôme

$$p(\tau) = \prod_{j=1}^{k} (\tau - \tau_j^*)^2 = \beta_0 + \beta_1 \tau + \beta_2 \tau^2 + \ldots + \beta_{2k} \tau^{2k};$$

posons $b = (\beta_1, \beta_2, \ldots, \beta_{2k}, 0, 0, \ldots, 0)$ et $H = \{x \in \mathbb{R}^d : (x|b) = -\beta_0\}$.

Pour tout indice j compris entre 1 et k, on a évidemment

$$p(\tau_j^*) = 0, \text{ d'où } x(\tau_j^*) \in H .$$

Par contre, si $x(\tau) \in M \setminus W$, on a

$$(x(\tau)|b) = -\beta_0 + \prod_{j=1}^{k} (\tau - \tau_j^*)^2 > -\beta_0.$$

Il en résulte que H est un hyperplan d'appui pour $C(v,d)$ tel que $H \cap {}^{P}C(v,d) = W$; partant, ${}^{c}W = C(v,d) \cap H$ et ${}^{c}W$ est une face de $C(v,d)$. Comme $C(v,d)$ est simplicial et comme $k \leq [\frac{d}{2}]$, ${}^{c}W$ est un simplexe et, de plus, W est un ensemble affinement indépendant (IV.3.7.2), donc la dimension de ${}^{c}W$ vaut $k-1$.

IV.3.7.4. <u>Corollaires</u>. 1) $f_k\ (C(v,d)) = \binom{v}{k+1}$ pour $0 \leq k \leq [\frac{d}{2}]$.

2) $C(v,d)$ <u>est</u> $[\frac{d}{2}]$ - <u>amical</u>.

C'est évident grâce au théorème précédent.

IV.3.7.5. <u>Soit</u> W <u>un ensemble composé de</u> d <u>sommets de</u> $C(v,d)$; ${}^cW$ <u>est une face maximale de</u> $C(v,d)$ <u>si et seulement si deux points arbitraires de</u> ${}^pC(v,d) \setminus W$ <u>sont séparés sur</u> M <u>par un nombre pair de points de</u> W (cette condition porte le nom de "<u>condition de parité de Gale</u>").

Le sous-ensemble W de ${}^pC(v,d)$, contenant d points, est affinement indépendant en vertu de IV.3.7.2; ainsi, ${}^1W = H$ est un hyperplan de $\mathbb{R}^d$. Puisque M est une courbe du d^e ordre, $H \cap M = W$ et les points de W divisent M en d+1 arcs qui se trouvent alternativement de part et d'autre de H. Dès lors, ${}^cW$ est une face maximale de $C(v,d)$ si et seulement si H est un hyperplan d'appui pour $C(v,d)$, c'est-à-dire si et seulement si les points de ${}^pC(v,d)$ se trouvent dans un même demi-espace fermé associé à H; ceci se produit si et seulement si la condition de parité de Gale est satisfaite.

IV.3.7.6. <u>Corollaires</u>. 1) $f_{d-1}(C(v,d)) = \binom{v - [\frac{d+1}{2}]}{v - d} + \binom{v - [\frac{d+2}{2}]}{v - d}$

2) <u>Deux polytopes cycliques</u> $C_1(v,d)$ <u>et</u> $C_2(v,d)$ <u>ont même type combinatoire</u>.

Cela résulte de la condition de parité de Gale.

IV.4. <u>EQUATION D'EULER</u>

Dans l'étude combinatoire des polyèdres convexes, un des premiers et des plus importants résultats est le théorème d'Euler (1752) qui affirme que $s - a + f = 2$ pour tout 3-polytope, où s, a et f désignent respectivement les nombres de sommets, d'arêtes et de 2-faces du polytope. Cet énoncé a été généralisé par Poincaré [1] et Schläfli [1] pour tout d-polytope P : on obtient de la sorte une relation entre les nombres de k-faces $(0 \leq k \leq d-1)$

de P, à savoir $\sum_{j=o}^{d-1} (-1)^j f_j(P) = 1 + (-1)^{d-1}$. Nous allons démontrer cette formule en adoptant le raisonnement de Mc Mullen-Shephard [1] qui est très géométrique; avant cela, nous devons donner deux lemmes.

IV.4.1. _Pour tout polytope_ P _de_ $\mathbb{R}^d$, _il existe un hyperplan homogène dont chaque translaté contient au plus un sommet de_ P.

Désignons par $a_1, a_2, \ldots, a_n$ les sommets de P. Pour deux sommets distincts a_i et a_j de P, construisons l'hyperplan orthogonal à $a_i - a_j$, soit $H_{ij} = \{x \in \mathbb{R}^d : (a_i - a_j | x) = 0\}$. La réunion de tous ces hyperplans diffère de $\mathbb{R}^d$ donc il existe un point a tel que $(a_i - a_j | a) \neq 0$ pour tous indices i, j distincts de $\{1, 2, \ldots, n\}$. L'hyperplan homogène $H = \{x \in \mathbb{R}^d : (a|x) = 0\}$ répond à la question. En effet, si H_i est le translaté de H passant par un sommet a_i, H_i coïncide avec $\{x \in \mathbb{R}^d : (a|x) = (a|a_i)\}$, d'où $a_j \notin H_i$ pour tout j distinct de i puisque $(a|a_i) \neq (a|a_j)$.

IV.4.2. _Dans_ $\mathbb{R}^d$ $(d \geq 2)$, _soient_ P _un polytope et_ H _un hyperplan qui rencontre_ $\dot{P}$ _mais qui n'est pas d'appui pour_ P; H _rencontre_ ${}^iP$. _En conséquence, si_ P _est un_ d-_polytope_, $H \cap P$ _est un_ (d-1)-_polytope_.

Comme H n'est pas d'appui pour P, il existe deux sommets p_1, p_2 de P contenus respectivement dans les deux demi-espaces ouverts associés à H. Désignons par a un point interne à P.
Si $a \in H$, alors H rencontre évidemment ${}^iP$.
Sinon, a appartient par exemple au demi-espace ouvert qui contient p_1 : le segment $[a:p_2[$, pourtant inclus dans ${}^iP$, perce le plan H, ce qui montre que l'intersection de H avec ${}^iP$ n'est pas vide.

Si P est un d-polytope, $H \cap P$ est un polytope qui contient un point intérieur à P; dès lors, il existe une boule B de centre x incluse dans P et $B \cap H$ est une (d-1)-boule incluse dans $P \cap H$ dont la dimension est, par conséquent d-1.

IV.4.3. <u>Théorème d'Euler</u>. <u>Pour tout</u> d-<u>polytope</u> P, <u>on a</u>

$$\sum_{j=0}^{d-1} (-1)^j f_j(P) = 1 + (-1)^{d-1} .$$

<u>Cette équation, appelée équation d'Euler, peut encore être écrite sous la forme équivalente</u>,

$$\sum_{j=-1}^{d} (-1)^j f_j(P) = 0 .$$

Nous allons procéder par récurrence sur la dimension d du polytope considéré.

Le théorème est vrai pour d=1, puisqu'alors $f_0(P) = 2$.

Supposons l'équation d'Euler vraie pour tout polytope de dimension inférieure ou égale à d-1 ($d \geq 2$) et considérons, dans $\mathbb{R}^d$, un d-polytope P qui contient n sommets $a_1, \ldots, a_n$. En vertu de IV.4.1, il existe un hyperplan $H = \{x \in \mathbb{R}^d : f(x) = 0\}$ dont chaque translaté contient au plus un sommet de P; quitte à renuméroter les indices, on peut supposer que $f(a_1) < f(a_2) < \ldots < f(a_n)$ et désigner par $H_{2j-1} = \{x \in \mathbb{R}^d : f(x) = f(a_j)\}$ le translaté de H passant par a_j; les hyperplans H_i sont ainsi naturellement ordonnés par la valeur de leur niveau. Construisons n-1 hyperplans supplémentaires $H_2, H_4, \ldots, H_{2n-2}$ qui sont définis de la façon suivante : pour tout $k = 1,2,\ldots,n-1$, H_{2k} est parallèle à H et est strictement situé entre H_{2k-1} et H_{2k+1}, c'est-à-dire que $H_{2k} = \{x \in \mathbb{R}^d : f(x) = \alpha_k\}$ avec $f(a_{k-1}) < \alpha_k < f(a_{k+1})$.
Il est clair que H_1 et H_{2n-1} sont des hyperplans d'appui pour P, tandis que, pour $i = 2,3,\ldots,2n-2$, $P_i = H_i \cap P$ est un (d-1)-polytope (IV.4.2). Soit F une face de P; $F \cap P_i$ est une face de P_i (II.2.2); de plus, pour $2 \leq i \leq 2n-2$, si F^j est une j-face de P (avec $1 \leq j \leq d-1$) dont l'internat rencontre P_i, alors $F \cap P_i$ est une (j-1)-face de P_i (IV.4.2). Dans ces conditions, adoptons la définition suivante,

$$\Psi(F^j, P_i) = \begin{cases} 0 & \text{si } P_i \cap {}^iF^j = \emptyset , \\ 1 & \text{si } P_i \cap {}^iF^j \neq \emptyset . \end{cases}$$

Pour chaque F^j, les premier et dernier hyperplans parallèles à H qui rencontrent F^j possèdent des indices impairs, soient 2l-1 et 2m-1 avec $l < m$ puisque $j \geq 1$; dès lors, pour tout $i = 2l, 2l+1, \ldots, 2m-2$, P_i rencontre l'internat de F^j, d'où le nombre d'indices pairs pour lesquels $\Psi(F^j, P_i)$ prend la valeur 1 dépasse d'une unité celui des indices impairs possédant cette même propriété; ceci peut se traduire par la formule suivante

$$\sum_{i=2}^{2n-2} (-1)^i \, \Psi(F^j, P_i) = 1 ,$$

ce qui entraîne, en effectuant la somme des deux membres de cette dernière égalité sur toutes les j-faces de P,

$$\sum_{j\text{-faces}} \sum_{i=2}^{2n-2} (-1)^i \, \Psi(F^j, P_i) = f_j(P_i), \quad \text{pour } i \leq j \leq d-1 ,$$

d'où

$$\sum_{j=1}^{d-1} (-1)^j \sum_{j\text{-faces}} \sum_{i=2}^{2n-2} (-1)^i \, \Psi(F^j, P_i) = \sum_{j=1}^{d-1} (-1)^j \, f_j(P) .$$

Nous allons calculer ce que vaut le premier membre de cette dernière égalité.

Si i est impair et $j = 1$, $\sum_{j\text{-faces}} \Psi(F^j, P_i)$ désigne le nombre d'arêtes de P dont l'internat rencontre H_i; or, chacune de ces arêtes détermine un sommet de P_i et, réciproquement, tous les sommets de P_i, qui ne sont pas des sommets de P, sont l'intersection de H avec une arête de P (II.4.13); dès lors, $\sum_{j\text{-faces}} \Psi(F^j, P_i) = f_o(P_i) - 1$ puisque chaque P_i contient exactement un sommet de P.

Si i est pair ou $j > 1$, $\sum_{j\text{-faces}} \Psi(F^j, P_i)$ représente le nombre de j-faces de P dont l'internat rencontre H_i; or, chacune de ces faces détermine une (j-1)-face de P_i; réciproquement, si F^* est une (j-1)-face de $H_i \cap P$, il existe une face F de P telle que $F^* = F \cap H_i$ (II.4.13) : vu nos conditions sur i et j, F est nécessairement de dimension j; en conclusion, $\sum_{j\text{-faces}} \Psi(F^j, P_i) = f_{j-1}(P_i)$.

Nous allons à présent rassembler ces résultats et tenir compte de l'hypothèse de récurrence.

Considérons tout d'abord le cas où i est impair;

$$\sum_{j=1}^{d-1} (-1)^j \sum_{j\text{-faces}} \Psi(F^j,P_i) = \sum_{j=1}^{d-1} (-1)^j f_{j-1}(P_i) + 1$$
$$= (-1)\,[f_o(P_i)-1] + \sum_{j=2}^{d-1} (-1)^j f_{j-1}(P_i)$$
$$= \sum_{j=1}^{d-1} (-1)^j f_{j-1}(P_i) + 1$$
$$= - \sum_{j=0}^{d-1} (-1)^j f_j(P_i) + 1$$
$$= - [1+(-1)^{d-2}] + 1 = (-1)^{d-1}$$

Si i est pair, on obtient

$$\sum_{j=1}^{d-1} (-1)^j \sum_{j\text{-faces}} \Psi(F^j,P_i) = \sum_{j=1}^{d-1} (-1)^j f_{j-1}(P_i)$$
$$= - \sum_{j=0}^{d-2} (-1)^j f_j(P_i)$$
$$= - [1+(-1)^{d-2}]$$
$$= (-1)^{d-1} - 1 .$$

En conclusion,

$$\sum_{j=1}^{d-1} (-1)^j f_j(P) = \sum_{i=2}^{2n-2} (-1)^i \sum_{j=1}^{d-1} (-1)^j \sum_{j\text{-faces}} \Psi(F^j,P_i) = (-1)^{d-1}-1-(n-2)$$
$$= 1 + (-1)^{d-1} - n$$
$$= 1+(-1)^{d-1} - f_o(P),$$

ou encore,

$$\sum_{j=-1}^{d} (-1)^j f_j(P) = 0 .$$

IV.4.4. On peut donner une signification géométrique du théorème d'Euler en faisant appel au vecteur f(P) (souvent appelé f-vecteur) d'un polytope P défini par

$$f(P) = (f_o(P), f_1(P),\ldots,f_{d-1}(P)) \in \mathbb{R}^d$$

et à l'hyperplan d'Euler qui est l'hyperplan de $\mathbb{R}^d$ défini par l'équation d'Euler.

Les vecteurs f(P) de tous les d-polytopes P de $\mathbb{R}^d$ sont situés dans l'hyperplan d'Euler, mais dans aucun sous-espace de dimension inférieure à d-1.

Nous allons encore raisonner par récurrence sur la dimension d.

Le résultat est trivial pour d = 1 puisqu'alors f(P) = (2).

Supposons le théorème vrai lorsque la dimension est inférieure ou égale à d-1 et considérons le cas de dimension d.

Soit $\sum_{j=0}^{d-1} \lambda_j f_j(P) = \mu$ une relation linéaire valable pour tous les d-polytopes P; nous allons montrer qu'elle doit être un multiple de l'équation d'Euler pour P.

Considérons un (d-1)-polytope quelconque Q et construisons une d-pyramide R de base Q et une d-bipyramide S de base Q.

Grâce aux résultats IV.3.2.4 et IV.3.3.4 respectivement, on sait que

$$f(R) = (1+f_0(Q), f_0(Q)+f_1(Q), \ldots, f_{d-2}(Q)+1),$$

et

$$f(S) = (2+f_0(Q), 2f_0(Q)+f_1(Q), \ldots, 2f_{d-2}(Q)).$$

Dès lors,

$$f(S) - f(R) = (1, f_0(Q), \ldots, f_{d-2}(Q) - 1) ,$$

d'où

$$0 = \sum_{j=0}^{d-1} \lambda_j (f_j(S) - f_j(R)) = \sum_{j=0}^{d-2} \lambda_{j+1} f_j(Q) + \lambda_0 - \lambda_{d-1}$$

ou encore

$$\sum_{j=0}^{d-2} \lambda_{j+1} f_j(Q) = \lambda_{d-1} - \lambda_0 .$$

Par l'hypothèse de récurrence, cette dernière égalité est un multiple de l'équation d'Euler pour Q, à savoir

$$\sum_{j=0}^{d-2} (-1)^j f_j(Q) = 1 + (-1)^{d-2} .$$

En dehors du cas trivial où $\lambda_j = 0$ pour $j = 0,1,\ldots,d-1$, il en résulte que $\lambda_j = (-1)^{j-1} \lambda_1$ pour $1 \leq j \leq d-1$ et $\lambda_0 = (-1)^{d+1} \lambda_{d-1} = -\lambda_1$.

Dans ces conditions, on obtient en utilisant l'équation d'Euler :

$$\mu = \sum_{j=0}^{d-1} \lambda_j f_j(P) = \lambda_0 f_0(P) + \sum_{j=1}^{d-1} (-1)^{j-1} \lambda_1 f_j(P)$$

$$= \lambda_0 \left(\sum_{j=0}^{d-1} f_j(P) \right)$$

$$= \lambda_0 \left(1 + (-1)^{d-1}\right) .$$

L'équation $\mu = \sum_{j=0}^{d-1} \lambda_j f_j(P)$ est donc un multiple de l'équation d'Euler.

IV.5. DIAGRAMMES DE SCHLEGEL

Ce paragraphe est essentiellement descriptif. Le lecteur intéressé par la théorie des diagrammes de Schlegel consultera avec profit le livre de Grünbaum [1].

IV.5.1. De façon très peu mathématique (mais combien parlante), on peut dire qu'un diagramme de Schlegel d'un polytope P est ce que l'on verrait en collant l'oeil contre une face d'un modèle de P réalisé en verre. La définition orthodoxe est la suivante : si $P \subset \mathbb{R}^d$ est un d-polytope, si F_0 est une face maximale de P et si $x_0 \notin P$ est un point de $\mathbb{R}^d$ tel que, parmi les enveloppes linéaires des faces maximales de P, seule celle de F_0 sépare x_0 de P, un <u>diagramme de Schlegel de</u> P <u>basé sur</u> F_0 est la réunion de F_0 et des projections, depuis x_0, des faces de P, distinctes de F_0, sur ${}^1F_0$.

On notera qu'un diagramme de Schlegel n'est pas en général un polytope, mais un complexe polyédral(1) de $\mathbb{R}^{d-1}$.

---

(1) Un <u>complexe polyédral</u> dans $\mathbb{R}^d$ est un ensemble fini $\mathcal{C}$ de polyèdres de $\mathbb{R}^d$ tel que

a) toute face d'un élément de $\mathcal{C}$ est un élément de $\mathcal{C}$;

b) l'intersection de deux éléments de $\mathcal{C}$ est une face de chacun d'eux.

Un exemple simple de complexe polyédral est donné par le <u>complexe du bord</u> d'un polyèdre P (boundary complex en anglais) constitué par les faces de P distinctes de P, noté $\mathcal{B}(P)$.

IV.5.2. L'intérêt le plus évident des diagrammes de Schlegel est de permettre de représenter un polytope dans un espace d'une dimension inférieure à la sienne.

Les figures ci-dessous, montrent sur des exemples simples, à savoir le 3-simplexe et le 3-cube, la façon de construire un diagramme de Schlegel.

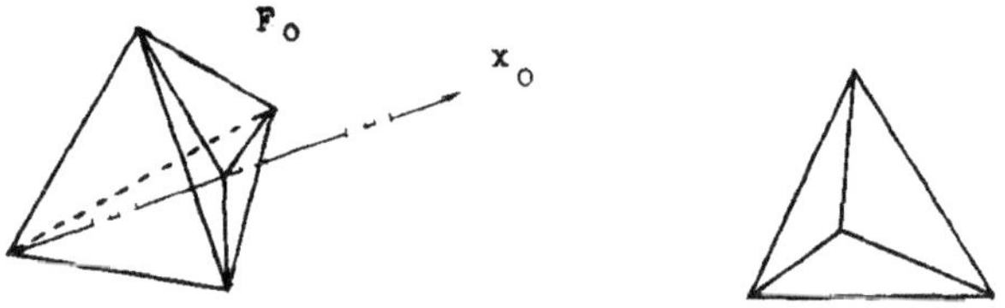

3-simplexe

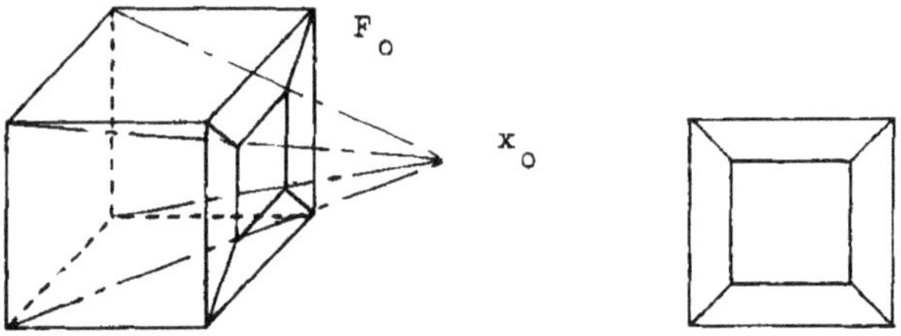

3-cube

IV.5.3. Passons à la représentation du 4-simplexe. La face F_o est un 3-simplexe (IV.3.1.2), c'est-à-dire un tétraèdre. Représentons-le

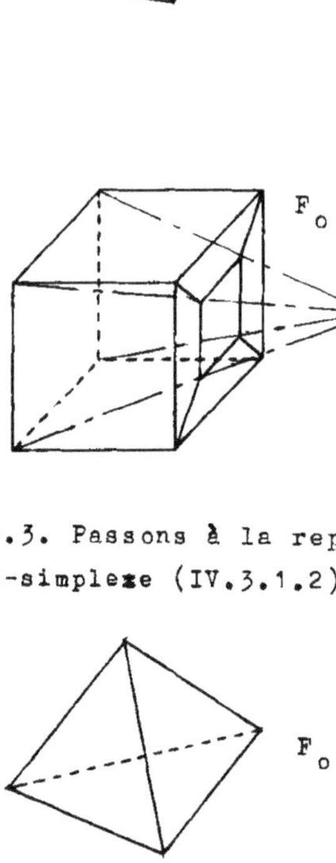

4-simplexe

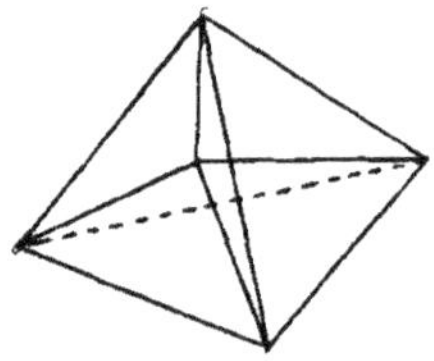

Nous devons projeter sur ^1F_o le complexe du bord de T^4, à l'exception de F_o, à savoir un sommet de T^4, les arêtes joignant celui-ci aux sommets déjà représentés et les faces maximales contenant le sommet à projeter. Représentons la projection du dernier sommet de T^4 sur une copie de F_o. Les projections des arêtes sont évidemment les segments joignant les sommets de F_o au dernier sommet. Nous laissons au lecteur la joie de découvrir les projections des faces maximales.

IV.5.4. Le 4-cube ne fait guère plus de difficultés. La face F_0 est un 3-cube. (IV.3.4.2). Il reste 8 sommets qui constituent une face maximale F_1, cette dernière étant aussi un 3-cube. Les arêtes restantes sont celles qui joignent un sommet de F_0 à un sommet de F_1, et ces arêtes ne se croisent pas. On obtient ainsi le diagramme

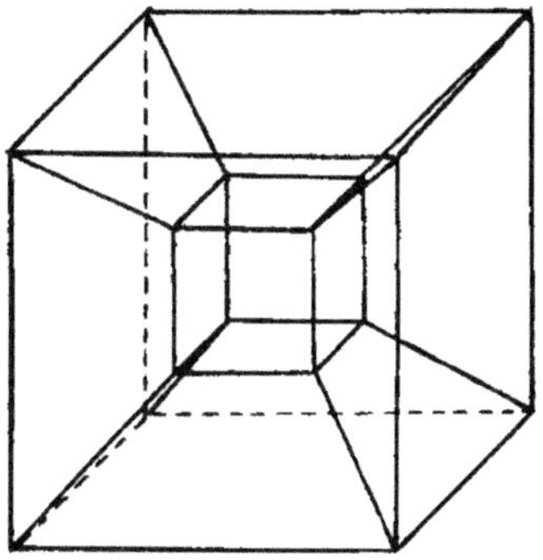

IV.6. LES LATTIS $\mathcal{F}(P)$ ET $\mathcal{F}^*(P)$[1]

Nous avons déjà signalé (III.2.2) que l'ensemble des faces d'un polyèdre est un lattis complet. Donnons quelques propriétés supplémentaires.

IV.6.1. Si P est un polyèdre convexe, $\mathcal{F}(P)$ est un lattis fini, dont tout intervalle est atomique et dualement atomistique.

Il suffit d'invoquer III.2.11 et III.2.9.

IV.6.2. Si P est un polyèdre convexe, toutes les chaînes maximales de tout intervalle de $\mathcal{F}(P)$ ont même longueur, en d'autres termes, $\mathcal{F}(P)$ satisfait à la condition de chaîne de Jordan-Dedekind.

Il suffit d'invoquer III.2.11.

---

(1) Ce paragraphe est destiné aux lecteurs au courant de la théorie des lattis, nous ne rappellerons donc pas les définitions quand elles sont classiques.

IV.6.3. Si P est un cône polyédral, $\mathcal{F}^*(P) = \mathcal{F}(P) \setminus \{\emptyset\}$ est un lattis dont le minimum est la variété extrême de P.

De fait, il suffit de remarquer que $\mathcal{F}(P)$ a un seul atome.

IV.6.4. Si P est un cône polyédral, $\mathcal{F}^*(P)$ est isomorphe au lattis des faces d'un polytope convexe.

Supposons d'abord que P soit dépourvu de droites : P possède une base compacte B [*corollaire p.108] qui est un polytope convexe. Soit H l'hyperplan tel que $B = H \cap P$. L'application qui a toute face F de P associe $F \cap H$ est un isomorphisme latticiel de $\mathcal{F}^*(P)$ vers $\mathcal{F}(B)$. En effet, le caractère bijectif est évident et

$$(F \wedge F') \cap H = F \cap F' \cap H = (F \cap H) \wedge (F' \cap H)$$

et $(F \vee F') \cap H$ est une face de B qui inclut $F \cap H$ et $F' \cap H$, donc

$$(F \vee F') \cap H \supset (F \cap H) \vee (F' \cap H)$$

et, si F_1 est une face de B telle que $F_1 \supset (F \cap H) \vee (F' \cap H)$, pos F_1 (on suppose que 0 est le sommet de P) est une face de P telle que pos $F_1 \supset F \vee F'$, donc $F_1 = (\text{pos } F_1) \cap H \supset (F \vee F') \cap H$ et ainsi

$$(F \vee F') \cap H = (F \cap H) \vee (F' \cap H) .$$

Si P inclut des droites, le lattis $\mathcal{F}^*(P)$ est isomorphe au lattis $\mathcal{F}^*(P')$, où P' est la trace de P sur un supplémentaire de $\Gamma(P)$.

IV.6.5. Si P est un polytope convexe, $\mathcal{F}(P)$ est complémenté. Si P est un cône polyédral, $\mathcal{F}^*(P)$ est complémenté.

Dans le cas d'un polytope, c'est la traduction de IV.2.2. Le cas du cône polyédral se traite grâce à IV.6.4.

IV.6.6. *Si* P *est un polytope*, $\mathcal{F}(P)$ *est distributif* (*donc booléen*) *si et seulement si* P *est un simplexe.*

Si P *est un cône polyédral sans droites*, $\mathcal{F}^*(P)$ *est distributif* (*donc booléen*) *si et seulement si* P *est un cône dont une base est un simplexe.*

Si P *est un cône polyédral*, $\mathcal{F}^*(P)$ *est distributif* (*donc booléen*) *si et seulement si* P *est la somme directe d'un sous-espace et d'un cône du type décrit ci-dessus.*

Les cas des cônes résultent de celui du polytope.

Supposons donc que P soit un polytope tel que $\mathcal{F}(P)$ est distributif. Soient $e_1,\dots,e_n$ les sommets de P. Pour tout $i \in \{1,\dots,n\}$,

$$\{e_i\} \wedge (\bigvee_{j\neq i} \{e_j\}) = \bigvee_{j\neq i} (\{e_i\} \wedge \{e_j\}) = \emptyset .$$

Ainsi, tout ensemble de n-1 sommets de P détermine une face propre (en fait une face maximale) de P : P est (n-1)-amical, donc, si $n > 2$, P est un simplexe (IV.3.5.4) et, si $n = 2$, P est simple et (IV.3.6.6) montre que P doit aussi être un simplexe.

A l'inverse, montrons par récurrence que $\mathcal{F}(T^d)$ est booléen.

Tout d'abord, $\mathcal{F}(T^o)$ est visiblement booléen : c'est l'algèbre B_2 à deux éléments.

Nous savons que tout d-simplexe T^d est l'enveloppe convexe d'un (d-1)-simplexe T^{d-1} et d'un point x n'appartenant pas à ${}^l(T^{d-1})$. Toute face F de T^d peut s'écrire

$$F = {}^c(F' \cup F'') ,$$

où $F' \in \mathcal{F}(T^{d-1})$ et $F'' \in \mathcal{F}(\{x\})$. Le lattis $\mathcal{F}(T^d)$ est donc isomorphe au produit direct $\mathcal{F}(T^{d-1}) \times \mathcal{F}(\{x\})$ car

$$F_1 \wedge F_2 = {}^c(F_1' \cup F_1'') \cap {}^c(F_2' \cup F_2'') = {}^c[(F_1' \cap F_2') \cup (F_1'' \cap F_2'')]$$

comme le montre une étude des différentes possibilités pour F_1'' et F_2''.

Ainsi, puisque $\mathcal{F}(T^o) = B_2$, on a, par récurrence

$$\mathcal{F}(T^d) = (B_2)^{d+1} .$$

CHAPITRE V

REPRESENTATIONS DE POLYEDRES

V.1. REPRESENTATIONS ASSOCIEES A $\mathcal{N}(U)$

Soit $U = (u_1,\ldots,u_n)$ un n-uple de vecteurs de $\mathbb{R}^d$. On désigne par $\mathcal{N}(U)$[(1)] l'ensemble des polyèdres convexes non vides de $\mathbb{R}^d$ qui sont intersections de demi-espaces fermés dont les normales extérieures sont $u_1,\ldots,u_n$.

Un élément P de $\mathcal{N}(U)$ peut donc s'écrire

$$P = \{x \in \mathbb{R}^d : (x|u_i) \le \alpha_i,\ i = 1,\ldots,n\} ;$$

ainsi, U étant donné, P est entièrement déterminé par le vecteur $(\alpha_1,\ldots,\alpha_n) \in \mathbb{R}^n$.

Si $P + a$ $(a \in \mathbb{R}^d)$ est un translaté de P,

$$P + a = \{x+a : (x|u_i) \le \alpha_i,\ i = 1,\ldots,n\} = \{x : (x-a|u_i) \le \alpha_i,\ i = 1,\ldots,n\}$$

$$= \{x : (x|u_i) \le \alpha_i + (a|u_i),\ i = 1,\ldots,n\} ,$$

et le vecteur qui détermine $P + a$ est

$$(\alpha_1+(a|u_1),\ldots,\alpha_n+(a|u_n)) .$$

Nous nous intéressons particulièrement aux propriétés de P invariantes par translation, telles le type combinatoire fort.

Dès lors, nous désirons identifier les translatés de P. Ceci justifie la définition suivante : une <u>représentation associée</u> à $\mathcal{N}(U)$ est une application linéaire φ de $\mathbb{R}^n$ dans un espace vectoriel réel E, dont le noyau est

$$\ker \varphi = \{((a|u_1),\ldots,(a|u_n)) : a \in \mathbb{R}^d\} .$$

---

(1) Mc Mullen utilise la notation $\mathcal{P}(U)$ ([1], p.84) mais nous craignons une confusion avec la notation introduite en II.4.2.

Remarquons que $x \in \ker \varphi$ si et seulement si le système linéaire

$$(S_n) \quad \begin{cases} u_{11}\, a_1 + \ldots + u_{1d}\, a_d = x_1 \\ \ldots \\ u_{n1}\, a_1 + \ldots + u_{nd}\, a_d = x_n \end{cases}$$

possède une solution $a = (a_1, \ldots, a_d) \in \mathbb{R}^d$.

Nous supposerons (ce qui est loisible, puisque la structure de $P \in \mathcal{N}(U)$ est déterminée par celle de $P \cap {}^sU^{(1)}$) que ${}^sU = \mathbb{R}^d$, ce qui assure que les éléments de $\mathcal{N}(U)$ sont dépourvusde droites (IV.1.4).

Lorsque le système (S_n) est résoluble, il possède une seule solution, donc l'application

$$a \to ((a|u_1), \ldots, (a|u_n))$$

est une injection linéaire de $\mathbb{R}^d$ dans $\mathbb{R}^n$, donc $\dim (\ker \varphi) = d$. Dès lors, $\dim [\varphi(\mathbb{R}^n)] = n-d$ et on peut, sans perte de généralité supposer que $E = \mathbb{R}^{n-d}$.

Considérons l'application linéaire $u : \mathbb{R}^n \to \mathbb{R}^d$ définie par $u(x) = \sum_{i=1}^{n} x_i\, u_i$, où les x_i sont les coordonnées de x dans la base canonique $(e_1, \ldots, e_n)$ de $\mathbb{R}^n$.

La transposée[2] ${}^tu$ de cette application est donnée par

$$[{}^tu(x)]_i = ({}^tu(x)|e_i) = (x|u(e_i)) = (x|u_i) ,$$

soit

$$^tu(x) = ((x|u_1), \ldots, (x|u_n)) .$$

---

(1) Par ${}^sU$, nous entendons ${}^s\{u_1, \ldots, u_n\}$.

(2) Rappelons que la transposée de $f : \mathbb{R}^n \to \mathbb{R}^d$ est l'unique application linéaire ${}^tf : \mathbb{R}^d \to \mathbb{R}^n$ telle que $(f(x)|(y)) = (x|{}^tf(y))$ pour tout $x \in \mathbb{R}^n$ et tout $y \in \mathbb{R}^d$.

C'est l'application que nous venons de décrire; l'hypothèse sur V assure (cf. ci-dessus) que ${}^t u$ est une injection.

L'application $\varphi : \mathbb{R}^n \to \mathbb{R}^{n-d}$ est une représentation linéaire de $\mathcal{N}(U)$ si et seulement si la suite

$$0 \to \mathbb{R}^d \xrightarrow{{}^t u} \mathbb{R}^n \xrightarrow{\varphi} \mathbb{R}^{n-d} \to 0$$

est exacte, c'est-à-dire si $\ker \varphi = \operatorname{im} {}^t u$ et φ est surjective.

C'est évident, vu ce qui précède.

V.2. POINT ASSOCIE A UN ELEMENT DE $\mathcal{N}(U)$

Soit $\varphi : \mathbb{R}^n \to \mathbb{R}^{n-d}$ une représentation associée à $\mathcal{N}(U)$. Posons $\bar{U} = (\bar{u}_1,\ldots,\bar{u}_n)$, où $\bar{u}_i = \varphi(e_i)$, $(i=1,\ldots,n)$, $(e_1,\ldots,e_n)$ étant la base standard de $\mathbb{R}^n$.

Le point

$$p = \varphi[(\alpha_1,\ldots,\alpha_n)] = \sum_{i=1}^{n} \alpha_i \bar{u}_i$$

est dit associé à P, où P est le polyèdre considéré en V.1.

On remarquera que, en fait, p est associé à la classe [P] des translatés de P.

V.3. REPRESENTATIONS LINEAIRES DE U

V.3.1. Soit φ une représentation associée à $\mathcal{N}(U)$. Les $\bar{u}_1,\ldots,\bar{u}_n$ engendrent $\mathbb{R}^{n-d}$ donc $[\bar{u}_1\ldots\bar{u}_n]$ est de rang n-d et ses n-d vecteurs-lignes $\beta_1,\ldots,\beta_{n-d}$ sont linéairement indépendants. De plus, pour $j = 1,\ldots,n-d$, et $i = 1,\ldots,n$,

$$[u(\beta_j)]_i = (u[{}^t\varphi(e_j)])_i = ((u \circ {}^t\varphi)(e_j)|e_i) = (e_j|(\varphi \circ {}^t u)(e_i)) = 0$$

ou, pour le lecteur qui n'aime pas les transposées, mais adore les indices,

$$u(\beta_j) = \sum_{i=1}^{n} (\beta_j)_i \, u_i = \sum_{i=1}^{n} (\bar{u}_i)_j \, u_i = \left(\sum_{i=1}^{n} (\bar{u}_i)_j \, u_{i1}, \ldots, \sum_{i=1}^{n} (\bar{u}_i)_j \, u_{id} \right)$$

$$= \left(\sum_{i=1}^{n} (\bar{u}_i)_j \, (e_1|u_i), \ldots, \sum_{i=1}^{n} (\bar{u}_i)_j \, (e_d|u_i) \right)$$

$$= ((\varphi[((e_1|u_1), \ldots, (e_1|u_n))])_j, \ldots,$$

$$(\varphi[((e_d|u_1), \ldots, (e_d|u_n))])_j)$$

$$= 0.$$

Ceci nous amène à porter notre attention sur les vecteurs $\gamma = (\gamma_1, \ldots, \gamma_n)$ tels que $u(\gamma) = \sum_{i=1}^{n} \gamma_i \, u_i = 0$. Un tel vecteur sera appelé <u>dépendance linéaire</u> de U.

V.3.2. <u>Les dépendances linéaires de</u> U <u>constituent un sous-espace vectoriel</u> L(U) <u>de</u> $\mathbb{R}^n$, <u>de dimension</u> n-d.

En effet, L(U) est l'ensemble des solutions du système homogène

$$(\gamma_1, \ldots, \gamma_n) \begin{bmatrix} u_1 \\ \vdots \\ u_n \end{bmatrix} = 0$$

où le rang de la matrice des u_i est d, puisque ${}^{s}U = \mathbb{R}^d$.
En termes d'applications, L(U) est le noyau de u qui est de rang d.

V.3.3. Reportons-nous à V.3.1 : les vecteurs $\beta_1, \ldots, \beta_{n-d}$ constituent une base de L(U) et les $\bar{u}_i$ sont les vecteurs-colonnes de la matrice qui a les β_j pour lignes. Ceci motive la définition suivante.

V.3.4. Soit $(\beta_1,\ldots,\beta_{n-d})$ une base de $L(U)$. Nous désignons par $\bar{u}_i$ $(i=1,\ldots,n)$ le $i^{ème}$ vecteur-colonne de la matrice

$$\begin{bmatrix} \beta_{11} & \beta_{12} & \cdots & \beta_{1n} \\ \vdots & \vdots & & \vdots \\ \beta_{n-d,1} & \beta_{n-d,2} & \cdots & \beta_{n-d,n} \end{bmatrix}$$

dont les vecteurs-lignes sont les β_j $(j=1,\ldots,n-d)$ (ces notations n'ont, a priori, aucun rapport avec celles de V.3.1).

Le n-uple $\bar{U} = (\bar{u}_1,\ldots,\bar{u}_n)$ est une <u>représentation linéaire de</u> U. On notera que les $\bar{u}_i$ $(i=1,\ldots,n)$ appartiennent à $\mathbb{R}^{n-d}$ et que ${}^{s}\bar{U} = \mathbb{R}^{n-d}$.

Considérons l'application linéaire $\bar{u} : \mathbb{R}^n \to \mathbb{R}^{n-d}$ définie par $\bar{u}(x) = \sum_{i=1}^{n} x_i \bar{u}_i$. Sa transposée est donnée par ${}^{t}u(x) = \sum_{i=1}^{n-d} x_i \beta_i$.

On a le théorème,

<u>Les colonnes de la matrice représentant une application linéaire $\bar{u} : \mathbb{R}^n \to \mathbb{R}^{n-d}$ dans la base canonique de $\mathbb{R}^n$ constituent une représentation linéaire de U si et seulement si la suite</u>

$$0 \to \mathbb{R}^{n-d} \xrightarrow{{}^t\bar{u}} \mathbb{R}^n \xrightarrow{u} \mathbb{R}^d \to 0$$

<u>est exacte</u>.

Supposons que $\bar{U}$ soit une représentation linéaire de U. Puisque $\bar{U}$ engendre $\mathbb{R}^{n-d}$, $\bar{u}$ est une surjection, donc ${}^t\bar{u}$ est une injection. On sait que u est une surjection (${}^{s}U = \mathbb{R}^d$). De plus,

$$\ker u = \{x : \sum_{i=1}^{n} x_i u_i = 0\} = L(U) = {}^{s}\{\beta_1,\ldots,\beta_{n-d}\} = \operatorname{im} {}^t\bar{u} ,$$

donc la suite étudiée est exacte.

A l'inverse, si on a affaire à une suite exacte, de $\ker u = \operatorname{im} {}^t\bar{u}$, on déduit que les $\beta_j = {}^t\bar{u}(e_j)$ $(j=1,\ldots,n-d)$ engendrent $L(U)$; comme u est surjective, $\dim \ker u = n-d$, donc les β_j constituent une base de $L(U)$. On voit ainsi que $\bar{U} = (\bar{u}_1,\ldots,\bar{u}_n)$ est une représentation linéaire de U.

V.3.5. Puisque la définition de $\bar{U}$ ne dépend que du choix d'une base de L(U), <u>deux représentations linéaires de</u> U <u>sont vectoriellement équivalentes</u> (i.e. se correspondent dans un automorphisme vectoriel de L(U).

V.3.6. <u>Si</u> $\bar{U}$ <u>est une représentation linéaire de</u> U, U <u>est une représentation linéaire de</u> $\bar{U}$.

La preuve la plus rapide est la suivante : comme la suite

$$0 \to \mathbb{R}^{n-d} \overset{t\bar{u}}{\to} \mathbb{R}^n \overset{u}{\to} \mathbb{R}^d \to 0$$

est exacte, la suite

$$0 \leftarrow \mathbb{R}^{n-d} \overset{\bar{u}}{\leftarrow} \mathbb{R}^n \overset{t_u}{\leftarrow} \mathbb{R}^d \leftarrow 0$$

est aussi exacte.

Pour le lecteur timide, fournissons une preuve débordante de coordonnées.

Notons d'abord que $L(\bar{U}) \subset \mathbb{R}^n$ est de dimension

$$n - (n-d) = d \ .$$

Considérons les vecteurs $(u_{1j},\dots,u_{nj})$ $(j=1,\dots,d)$. Ils sont linéairement indépendants puisque le rang de la matrice u_{ij} est d. De plus, quel que soit $j = 1,\dots,d$,

$$\sum_{i=1}^{n} u_{ij}\,\bar{u}_i = \begin{bmatrix} \sum_{i=1}^{n} u_{ij}\,\overline{u_{i1}} \\ \vdots \\ \sum_{i=1}^{n} u_{ij}\,\overline{u_{in-d}} \end{bmatrix} = \begin{bmatrix} \sum_{i=1}^{n} u_{ij}\,\beta_{1i} \\ \vdots \\ \sum_{i=1}^{n} u_{ij}\,\beta_{n-d,i} \end{bmatrix} = 0$$

(nous avons repris les notations de V.3.4), ce qui montre que $(u_{1j},\dots,u_{nj}) \in L(\bar{U})$ pour $j = 1,\dots,d$. Ainsi, ces vecteurs étant linéairement indépendants dans le sous-espace vectoriel $L(\bar{U})$ de dimension d, ils en constituent une base. La représentation linéaire de $\bar{U}$ qui s'obtient à partir de cette base n'est autre que $U = (u_1,\dots,u_n)$.

V.3.7. <u>Soit</u> $\bar{U}$ <u>une représentation linéaire de</u> U. <u>Une condition nécessaire et suffisante pour que</u> $(\gamma_1,\ldots,\gamma_n)$ <u>appartienne à</u> L(U) <u>est qu'il existe</u> $a \in \mathbb{R}^{n-d}$ <u>tel que</u>

$$\gamma_i = (a|\overline{u_i}), \ \forall i \in \{1,\ldots,n\} .$$

Reprenons une fois encore les notations de V.3.4. Le vecteur $\gamma = (\gamma_1,\ldots,\gamma_n)$ appartient à L(U) si et seulement s'il s'écrit sous la forme

$$\gamma = \sum_{j=1}^{n-d} a_j \beta_j ,$$

où $a_j \in \mathbb{R}$ $(j=1,\ldots,n-d)$ c'est-à-dire si et seulement si

$$\gamma_i = \sum_{j=1}^{n-d} a_j(\beta_j)_i = \sum_{j=1}^{n-d} a_j(\overline{u_i})_j = (a|\overline{u_i})$$

où $a = (a_1,\ldots,a_{n-d}) \in \mathbb{R}^{n-d}$.

V.3.8. Revenons à $\mathcal{N}(U)$ qui nous a conduit, grâce à V.3.1, aux représentations linéaires.

<u>L'application</u> $\varphi : \mathbb{R}^n \to \mathbb{R}^{n-d}$ <u>définie par</u>

$$\varphi(\alpha_1,\ldots,\alpha_n) = \sum_{i=1}^{n} \alpha_i \overline{u_i}$$

<u>est une représentation associée à</u> $\mathcal{N}(U)$ <u>si et seulement si</u> $\bar{U} = (\overline{u_1},\ldots,\overline{u_n})$ <u>est une représentation linéaire de</u> U.

Il suffit de rapprocher V.3.4. et V.3.1. On peut aussi éviter les suites exactes comme suit.

La nécessité résulte de V.3.1. Etablissons la suffisance. On a

$$\ker \varphi = \{\alpha \in \mathbb{R}^n : \sum_{i=1}^{n} \alpha_i \overline{u_i} = 0\} = L(\bar{U}) .$$

Si $\bar{U}$ est une représentation linéaire de U, U est une représentation linéaire de $\bar{U}$, donc

$$L(\bar{U}) = \{\gamma \in \mathbb{R}^n : \exists a \in \mathbb{R}^d, \ \gamma_i = (a|u_i), \ i = 1,\ldots,n\}$$

donc $\ker \varphi = \{((a|u_1),\ldots,(a|u_n)) : a \in \mathbb{R}^d\}$.

V.3.9. <u>Si</u> U <u>engendre positivement</u> $\mathbb{R}^d$ (pos U = $\mathbb{R}^d$), pos $\bar{\bar{U}}$ <u>est un cône convexe saillant</u>.

En effet, si x et -x appartiennent à pos $\bar{\bar{U}}$, il existe des $\lambda_i \geq 0$ (i=1,...,n) et des $\mu_i \geq 0$ (i=1,...,n) tels que

$$\sum_{i=1}^{n} \lambda_i \overline{u_i} = - \sum_{i=1}^{n} \mu_i \overline{u_i}$$

donc

$$\sum_{i=1}^{n} (\lambda_i+\mu_i)\overline{u_i} = 0 \quad ,$$

ce qui montre que $(\lambda_1+\mu_1,\ldots,\lambda_n+\mu_n) \in L(\bar{\bar{U}})$ donc, il existe $a \in \mathbb{R}^d$ tel que

$$\lambda_1 + \mu_1 = (a|u_1),\ldots,\lambda_n + \mu_n = (a|u_n) \; .$$

Il existe donc un vecteur dont le produit avec chacun des u_i est non négatif, ce qui est absurde si U engendre positivement $\mathbb{R}^d$.

V.4. <u>PROPRIETES DES REPRESENTATIONS ASSOCIEES A $\mathcal{N}(U)$ ET DES POINTS ASSOCIES AUX ELEMENTS DE $\mathcal{N}(U)$</u>

V.4.1. <u>Soit</u> $P = \{x \in \mathbb{R}^d : (x|u_i) \leq \alpha_i,\ i=1,\ldots,n\}$, <u>avec les notations de</u> V.2,

a) P <u>est non vide</u> (i.e. $P \in \mathcal{N}(U)$) <u>si et seulement si</u> $\bar{p} \in \text{pos } \bar{\bar{U}}$;

b) <u>si</u> n > d, P <u>est d'intérieur non vide si et seulement si</u> $\bar{p} \in [\text{pos } \bar{\bar{U}}]^o$.

En effet, P [resp. $\mathring{P}$] est non vide si et seulement si, après une translation convenable (ce qui n'altère pas $\bar{p}$), $0 \in P$ [$0 \in \mathring{P}$], ce qui exige que $\alpha_i \geq 0$ [resp. $\alpha_i > 0$], i = 1,...,n, donc

$\bar{p} = \sum_{i=1}^{n} \alpha_i \overline{u_i} \in \text{pos } \bar{\bar{U}}$ [resp. $(\text{pos } \bar{\bar{U}})^o$, vu l'hypothèse n > d].

V.4.2. Pour j = 1,...,n, posons

$$F_j = \{x \in P : (x|u_j) = \alpha_j\} \quad .$$

Pour tout sous-ensemble[1] $V \subset U$, posons

$$F(V) = \bigcap_{u_j \in V} F_j \quad .$$

Toute face propre F de P est l'intersection des F_j qui la contiennent. Si $F = F(V)$, on dit que V est un <u>sous-ensemble partiel de</u> U <u>pour</u> F; si V est le plus grand tel sous-ensemble, on dit que V est un <u>sous-ensemble complet de</u> U <u>pour</u> F.

Si $V \subset U$, on pose

$$\tilde{V} = \{\overline{u_j} \in \bar{U} : u_j \notin V\} \quad .$$

V.4.3. <u>Un sous-ensemble</u> V <u>de</u> U <u>est complet</u> [resp. <u>partiel</u>] <u>pour une face non vide de</u> P <u>si et seulement si</u> $\bar{p} \in {}^i[\text{pos } \tilde{V}]$ [resp. $\bar{p} \in \text{pos } \tilde{V}$].

Soit F une face non vide de P. On peut supposer, au prix d'une éventuelle translation, que $0 \in {}^iF \subset P$. Ainsi, $\alpha_i \geq 0$ pour $i = 1,\dots,n$. Si V est un sous-ensemble partiel pour F, $\alpha_i = 0$ pour tout i tel que $u_i \in V$, donc $\bar{p} \in \text{pos } \tilde{V}$; si V est un sous-ensemble complet pour F, $\alpha_i > 0$ pour tout i tel que $u_i \notin V$, donc $\bar{p} \in {}^i(\text{pos } \tilde{V})$.

A l'inverse, si $\bar{p} \in \text{pos } \tilde{V}$, $\bar{p} = \sum_{i=1}^{n} \beta_i \overline{u_i}$ où $\beta_i \geq 0$ pour tout $i = 1,\dots,n$ et $\beta_i = 0$ pour tout i tel que $\overline{u_i} \notin \tilde{V}$, soit $u_i \in V$, donc

$$F(V) = \bigcap_{u_i \in V} \{x \in P : (x|u_i) = 0\}$$

(quitte à remplacer P par le translaté $P+a$ correspondant à $(\beta_1,\dots,\beta_n)$); comme $0 \in F(V)$, $F(V)$ n'est pas vide et V est partiel pour $F(V)$. Si $\bar{p} \in {}^i(\text{pos } \tilde{V})$, $\bar{p} = \sum_{i=1}^{n} \beta_i \overline{u_i}$ où $\beta_i > 0$ si $\overline{u_i} \in \tilde{V}$ et $\beta_i = 0$ pour tout i tel que $\overline{u_i} \notin \tilde{V}$, soit $\beta_i = 0$ si et seulement si $u_i \in V$ ce qui prouve que V est complet pour $F(V)$.

---

(1) Il y a ici un abus de langage que le lecteur nous pardonnera volontiers.

V.4.5. <u>Si</u> V <u>est un sous-ensemble complet pour une face non vide</u> F <u>de</u> P, dim F = card $\tilde{V}$ - dim ${}^s\tilde{V}$.

Montrons d'abord que dim F = d - dim ${}^sV$.

On peut évidemment supposer que $0 \in {}^iF$. Ainsi,

$$F = \bigcap_{u_i \in V} \{x \in P : (x|u_i) = 0\} = P \cap \{x \in \mathbb{R}^d : (x|u_i) = 0,\ u_i \in V\},$$

soit

$$F = P \cap ({}^sV)^{\perp} .$$

Montrons que P est absorbant dans $({}^sV)^{\perp}$. Soit $x \in ({}^sV)^{\perp} \setminus P$: il existe $u_i \in U \setminus V$ tel que $(x|u_i) > \alpha_i > 0$, donc l'ensemble

$$W = \{u_i \in U \setminus V : (x|u_i) > 0\}$$

n'est pas vide. Si $u_i \in W$, posons $\beta_i = (x|u_i)$. Les nombres $\frac{\alpha_i}{\beta_i}(u_i \in W)$ sont positifs, donc

$$\gamma = \inf_{u_i \in W} \frac{\alpha_i}{\beta_i} > 0 .$$

Il reste à établir que $\gamma x \in P$: c'est évident car

a) si $u_i \in V$, $(\gamma x|u_i) = \gamma(x|u_i) = 0 = \alpha_i$,

b) si $u_i \in W$, $(\gamma x|u_i) = \gamma\beta_i \leq \frac{\alpha_i}{\beta_i}\beta_i = \alpha_i$,

c) si $u_i \in U \setminus [V \cup W]$, $(\gamma x|u_i) = \gamma(x|u_i) \leq 0 < \alpha_i$ (car $\gamma > 0$ et $(x|u_i) \leq 0$).

Dès lors,

$$\dim F = \dim [P \cap ({}^sV)^{\perp}] = \dim ({}^sV)^{\perp} = d - \dim {}^sV .$$

Cherchons à exprimer dim ${}^sV$ en fonction de dim ${}^s\tilde{V}$.

Posons dim ${}^sV = t$ et card $V = s$: dim $L(V) = s-t$. Choisissons une base dans $L(V)$, soit $\alpha_1,\dots,\alpha_{s-t}$. Transformons ces vecteurs de $\mathbb{R}^s$ en vecteurs de $\mathbb{R}^n$ de la façon suivante :

posons $(\alpha_i^!)_j = 0$ si $j \in \{1,\ldots,n\}$ est tel que $u_j \in U \setminus V$ et, lorsque $j \in \{1,\ldots,n\}$ est tel que $u_j \in V$, on prend pour $(\alpha_i^!)_j$ la k^e composante de α_i si, lorsque l'on parcourt $\{1,\ldots,n\}$ dans l'ordre naturel, j est le k^e nombre tel que $u_j \in V$, ceci pour $i = 1,\ldots,s-t$. Le schéma ci-dessous permet de visualiser le procédé

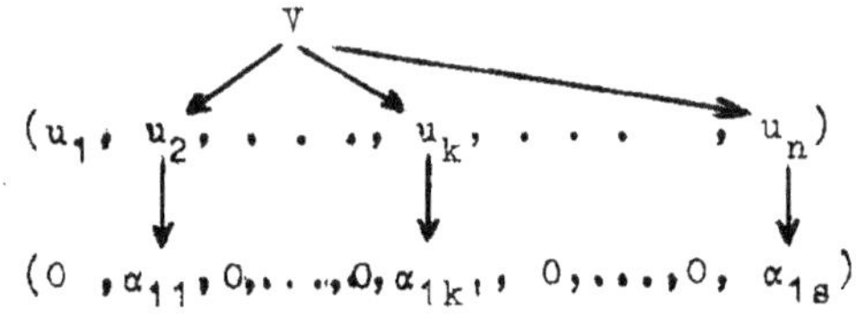

Les vecteurs $\alpha_i^!$ sont manifestement linéairement indépendants et appartiennent à $L(U)$. Ajoutons-y $(n-d)-(s-t)$ vecteurs $\alpha_{s-t+1}^!,\ldots,\alpha_{n-d}^!$ de façon à constituer une base de $L(U)$.

Les s-t premières composantes des vecteurs-colonnes de la matrice

$$\begin{bmatrix} \alpha_{11}^! & \cdots & \alpha_{1n}^! \\ \vdots & & \vdots \\ \alpha_{n-d,1}^! & \cdots & \alpha_{n-d,n}^! \end{bmatrix}$$

dont l'indice j est tel que $u_j \in U \setminus V$ sont nulles. Ainsi, $\tilde{V}$ est inclus dans un sous-espace de dimension $(n-d)-(s-t)$ et, en fait, $\tilde{V}$ engendre ce sous-espace puisque le rang de la matrice ci-dessus est n-d. Ainsi,

$$\dim {}^s\tilde{V} = n - d - s + t$$

ou encore

$$\dim {}^s\tilde{V} = n - d - \operatorname{card} V + \dim {}^sV .$$

Or, $\operatorname{card} \tilde{V} = n - \operatorname{card} V$, donc

$$\dim {}^s\tilde{V} = \operatorname{card} \tilde{V} - d + \dim {}^sV ,$$

ce qui livre

$$d - \dim {}^s\tilde{V} = \operatorname{card} \tilde{V} - \dim {}^s\tilde{V}$$

soit, en vertu de l'égalité établie précédemment,

$$\dim F = \operatorname{card} \tilde{V} - \dim {}^s\tilde{V} .$$

Corollaire 1. Si $V \subset U$ est complet pour une face non vide F de P, F est un sommet de P si et seulement si $\tilde{V}$ est linéairement indépendant.

De fait, $\dim F = 0$ si et seulement si

$$\text{card } \tilde{V} = \dim {}^{s}\tilde{V} .$$

Corollaire 2. P, d'intérieur non vide, est simple si et seulement si tout $\tilde{V} \subset \bar{U}$ pour lequel $\bar{p} \in {}^{i}[\text{pos } \tilde{V}]$ engendre $\mathbb{R}^{n-d}$.

En effet, P est simple si et seulement si toute k-face $(0 \leq k \leq d-1)$ est intersection d'exactement d-k faces maximales (IV.3.6.7) donc, si V est complet pour une k-face F de P,

$$\dim F = k-n - (d-k) - \dim {}^{s}\tilde{V}$$

et $\dim {}^{s}\tilde{V} = n-d$.

V.5. REPRESENTATIONS DE $\mathcal{N}(U)$

V.5.1. Définissons la région intérieure de pos $\bar{U}$ par

$${}^{r}\bar{U} = \bigcap_{j=1}^{n} [\text{pos } (\bar{U} \setminus \{\overline{u_j}\})]^{\circ}$$

(Mc Mullen [1] parle de inner région et désigne cet ensemble par ir $\bar{U}$).

Nous dirons qu'une normale u_i est fortement non-redondante pour P si $\{u_i\}$ est complet pour la face F_i de P. L'exemple d'un carré plongé dans $\mathbb{R}^3$ montre que cette notion diffère de celle qui a été introduite en II.1.2.

Remarquons que, si u_i est fortement non-redondante pour P, $\dim P = d$ et F_i est une face maximale de P.

En effet, si $\dim P$ était strictement inférieure à d, on pourrait ajouter à $\{u_i\}$ les normales u_j qui déterminent l'enveloppe linéaire de P en sorte de constituer un ensemble complet pour F_i; F_i est évidemment maximale.

Les points de ${}^{r}\bar{U}$ sont précisément ceux qui sont associés aux polyèdres de $\mathcal{N}(U)$ pour lesquels aucun vecteurs u_j n'est fortement redondant. En particulier, si pour deux indices distincts i,j, $u_i = \lambda u_j$ avec $\lambda \geq 0$, ${}^{r}\bar{U} = \emptyset$.

La non-redondance d'un u_j équivaut à

$$\bar{p} \in {}^{i}[\text{pos}\ (\bar{U} \setminus \{u_j\})] = [\text{pos}\ (\bar{U} \setminus \{u_j\})]^{\circ} ,$$

vu V.4.4, l'égalité résultant de ce que

$$\dim F_j = d - 1 = \text{card}(\bar{U} \setminus \{u_j\}) - \dim {}^{s}(\bar{U} \setminus \{u_j\})$$

$$= n - 1 - \dim {}^{s}(\bar{U} \setminus \{u_j\})$$

soit

$$\dim {}^{s}(\bar{U} \setminus \{u_j\}) = n - d \ .$$

On conclut alors aisément.

V.5.2. La région intérieure fermée de pos $\bar{U}$ est définie par

$$\bar{r}_{\bar{U}} = \bigcap_{j=1}^{n} \text{pos}\ (\bar{U} \setminus \{\overline{u_j}\})$$

(Mc Mullen parle de closed inner region qu'il note clir $\bar{U}$).

V.5.3. Si ${}^{r}\bar{U}$ n'est pas vide, ${}^{\bar{r}}\bar{U} = \overline{{}^{r}\bar{U}}$.

Il suffit d'utiliser [*;I.8.1.e,p.29].

V.5.4. Remarque. Le but visé était d'associer à tout élément de $\mathcal{N}(U)$ un point d'un certain espace. Les représentations associées à $\mathcal{N}(U)$ ne réalisent pas pleinement cet objectif. En fait, c'est au vecteur $(\alpha_1,\dots,\alpha_n)$ que nous avons associé p, mais à un même polyèdre de $\mathcal{N}(U)$ sont associés plusieurs vecteurs et donc, en général, plusieurs points. Ainsi, si à $P \in \mathcal{N}(U)$ est associé $\bar{p} \in \text{pos}\ \bar{U} \setminus {}^{r}\bar{U}$, un certain u_i est redondant pour P; pour chaque tel u_i on peut remplacer α_i par $\alpha_i' > \alpha_i$, ce qui livre un autre point associé à P. Nous allons voir qu'en restreignant le but de nos applications, on peut réaliser nos désirs.

V.5.5. <u>A tout élément</u> P <u>de</u> $\mathcal{N}(U)$ <u>est associé un seul point de la région fermée de</u> pos $\bar{U}$, <u>à savoir</u> $\bar{p} = \sum_{i=1}^{n} \alpha_i \overline{u_i}$, <u>où</u> $\alpha_i = \sup_{x \in P} (x|u_i)$, $(i=1,\ldots,n)$.

Il est évident que $\bar{p}$ est associé à P. De plus $\bar{p} \in {}^r\bar{U}$ car, puisque $\bar{p}$ ne s'émeut pas d'une translation de P, on peut supposer, pour chaque $i \in \{1,\ldots,n\}$, que $\alpha_j \geq 0$ pour $j \in \{1,\ldots,n\} \setminus \{i\}$ et $\alpha_i = 0$, ce qui livre $\bar{p} \in \text{pos}\,(\bar{U} \setminus \{\bar{u}_i\})$ pour $i = 1,\ldots,n$.

Enfin, $\bar{p}$ est le seul point de ${}^r\bar{U}$ associé à P. En effet, s'il existait un second point $\bar{p}' = \sum_{i=1}^{n} \alpha_i' \overline{u_i}$ associé à P dans ${}^r\bar{U}$, l'un des u_i (soit u_j) serait redondant et $\alpha_j' > \alpha_j$, mais il est alors impossible de s'arranger, en translatant P, en sorte que les α_i' soient tous non-négatifs et $\alpha_j' = 0$, puisque l'hyperplan $\{x : (x|u_j) = \alpha_j\}$ n'est pas d'appui.

V.5.6. L'application $\rho : \mathcal{N}(U) \to {}^r\bar{U}$ définie par

$$\rho(P) = \bar{p} \quad ,$$

où $\bar{p}$ est l'unique point de ${}^r\bar{U}$ associé à P, est une <u>représentation de</u> $\mathcal{N}(U)$ et $\bar{p}$ est <u>le représentant de</u> P (plus exactement de l'ensemble des translatés de P : $\rho^{-1}(\bar{p}) = [P]$).

V.5.7. <u>Les représentations de</u> $\mathcal{N}(U)$ <u>sont continues de</u> $\mathcal{N}(U)$, <u>muni de la topologie induite par la topologie de Hausdorff de</u> $\mathcal{K}(\mathbb{R}^d)$, <u>vers</u> ${}^r\bar{U}$, <u>muni de la topologie induite par celle de</u> $\mathbb{R}^{n-d}$.

Soient $\bar{p} = \rho(P)$ $(P \in \mathcal{N}(U))$ et $\varepsilon > 0$. Si $P' \in \mathcal{N}(U)$ est tel que

$$d_H(P,P') \leq \frac{\varepsilon}{\sup\limits_{i=1,\ldots,n} \|\bar{u}_i\| \sup\limits_{i=1,\ldots,n} \|u_i\|} \quad \|\rho(P)-\rho(P')\| \leq \varepsilon .$$

En effet,

$$\|\rho(P)-\rho(P')\| = \|\sum_{i=1}^{n} (\alpha_i-\beta_i)\overline{u_i}\| \leq \sum_{i=1}^{n} |\alpha_i-\beta_i| \, \|\overline{u_i}\|$$

(si $\rho(P') = \sum_{i=1}^{n} \beta_i \overline{u_i}$) et, pour tout $\alpha > d_H(P,P')$ tel que

$P \subset P' + \alpha B$ et $P' \subset P + \alpha B$ (B désigne la boule unité fermée de $\mathbb{R}^d$),

$$\sup_{x\in P} (x|u_i) \le \sup_{y\in P'} (y|u_i) + \alpha\|u_i\| \quad \text{et}$$

$$\sup_{y\in P'} (y|u_i) \le \sup_{x\in P} (x|u_i) + \alpha\|u_i\|$$

$(i=1,\ldots,n)$, soit

$$\alpha_i \le \beta_i + \alpha \sup_{i=1,\ldots,n} \|u_i\| \quad \text{et} \quad \beta_i \le \alpha_i + \alpha \sup_{i=1,\ldots,n} \|u_i\|$$

donc

$$|\alpha_i-\beta_i| \le \alpha \sup_{i=1,\ldots,n} \|u_i\|$$

et ainsi

$$|\alpha_i-\beta_i| \le d_H(P,P') \sup_{i=1,\ldots,n} \|u_i\|$$

ou encore

$$\|\rho(P)-\rho(P')\| \le \sum_{i=1}^{n} |\alpha_i-\beta_i| \, \|\overline{u_i}\| \le \varepsilon \, .$$

Ceci prouve la continuité de ρ.

V.5.6. Quel que soit $\bar{p} \in {}^{r}\bar{U}$, $\bar{\rho}^{-1}(\bar{p}) \in \mathcal{N}_T(U) = \mathcal{N}(U)/_{\mathcal{T}}$, où $\mathcal{T}$ est l'équivalence "être translaté de". Ainsi, $\bar{\rho}^{-1}$ est une application de ${}^{r}\bar{U}$ vers $\mathcal{N}_T(U)$.

C'est évident.

V.5.7. Posons

$$\rho^*(\bar{p}) = \{\{x \in \mathbb{R}^d : (x|u_i) \le \alpha_i,\ i=1,\ldots,n\} : \varphi(\alpha_1,\ldots,\alpha_n) = \bar{p}\} \, ,$$

quel que soit $\bar{p} \in \text{pos } \bar{U}$.

Quel que soit $\bar{p} \in \text{pos } \bar{U}$, $\rho^*(p) \in \mathcal{N}_T(U)$. Ainsi, ρ^* est une application de pos $\bar{U}$ vers $\mathcal{N}_T(U)$. De plus, ρ^* étend ρ^{-1}.

Comme $\varphi(\alpha_1,\ldots,\alpha_n) = \varphi(\beta_1,\ldots,\beta_n)$ si et seulement si $\{x \in \mathbb{R}^d : (x|u_i) \le \alpha_i;\ i=1,\ldots,n\}$ et $\{x \in \mathbb{R}^d : (x|u_i) \le \beta_i, i=1,\ldots,n\}$ sont translatés l'un de l'autre, $\rho^*(\bar{p}) \in \mathcal{N}_T(U)$.

Si $\bar{p} \in {}^{r}\bar{U}$, $\rho[\rho^*(\bar{p})] = \bar{p}$, donc $\rho^*(\bar{p}) = \rho^{-1}(\bar{p})$.

V.5.8. <u>L'application</u> ρ^*[resp.ρ^{-1}] <u>est continue de</u> pos $\bar{U}$ [resp.$^r\bar{U}$], <u>muni de la topologie induite par celle de</u> $\mathbb{R}^{n-d}$, <u>vers</u> $\mathcal{N}_T(U)$ <u>muni de la topologie-quotient définie par la distance</u>

$$d([P],[Q]) = \inf_{\substack{P'\in[P]\\ Q'\in[Q]}} d_H(P',Q') .$$

Choisissons une base de $\mathbb{R}^d$ parmi les vecteurs de U, soit (quitte à renuméroter les u_i) $u_1,\ldots,u_d$.

Les vecteurs $\bar{u}_{d+1},\ldots,\bar{u}_n$ constituent une base de $\mathbb{R}^{n-d}$. En effet, si $(\alpha_1,\ldots,\alpha_n)$ est une dépendance linéaire de U, il existe des $\lambda_i^j \in \mathbb{R}(i=1,\ldots,d;\ j=1,\ldots,n-d)$ tels que

$$0 = \sum_{k=1}^{n} \alpha_k u_k = \alpha_1 u_1 + \ldots + \alpha_d u_d + \alpha_{d+1}(\lambda_1^1 u_1 + \ldots + \lambda_d^1 u_d) + \ldots +$$

$$\alpha_n(\lambda_1^{n-d} u_1 + \ldots + \lambda_d^{n-d} u_d)$$

donc

$$\begin{cases} \alpha_1 = -(\lambda_1^1 \alpha_{d+1} + \ldots + \lambda_1^{n-d} \alpha_n) \\ \alpha_d = -(\lambda_d^1 \alpha_{d+1} + \ldots + \lambda_d^{n-d} \alpha_n) \end{cases}$$

ce qui prouve que, dans toute représentation linéaire de U, les d premiers vecteurs sont combinaison linéaire des n-d derniers. Dès lors, tout $\bar{p} \in$ pos $\bar{U}$ s'exprime de façon unique sous la forme $\bar{p} = \sum_{i=d+1}^{n} \alpha_i \bar{u}_i$.

Fixons $\bar{p} \in$ pos $\bar{U}$: $\bar{p} = \sum_{i=d+1}^{n} \alpha_i \bar{u}_i$. Pour $\varepsilon > 0$ fixé, considérons

$$A = \{ \sum_{i=d+1}^{n} \gamma_i \bar{u}_i \in \text{pos } \bar{U} : \sup_{i=d+1,\ldots,n} |\alpha_i - \gamma_i| \leq \varepsilon \};$$

c'est un voisinage de $\bar{p}$ dans pos $\bar{U}$.

Si $\bar{q} \in A$, $q = \sum_{i=d+1}^{n} \beta_i \overline{u_i}$,

$d(\rho^*(\bar{p}),\rho^*(\bar{q})) = d(P,Q)$,

où $P = \{x \in \mathbb{R}^d \; ; \; (x|u_i) \leq 0, \; i=1,\dots,d; \; (x|u_i) \leq \alpha_i, \; i=d+1,\dots,n\}$

et $Q = \{x \in \mathbb{R}^d \; ; \; (x|u_i) \leq 0, \; i=1,\dots,d; \; (x|u_i) \leq \beta_i, \; i=d+1,\dots,n\}$.

Si $x \in P$, $(x|u_i) \leq 0$, $(i=1,\dots,d)$ et $(x|u_i) \leq \beta_i + \varepsilon$ $(i=d+1,\dots,n)$, puisque $\alpha_i \leq \beta_i + \varepsilon$. Ainsi,

$$P \subset Q' = \{x \in \mathbb{R}^d \; ; \; (x|u_i) \leq 0, \; i=1,\dots,d; \; (x|u_i) \leq \beta_i + \varepsilon \; (i=d+1,\dots)\}.$$

Or, il existe $k > 0$ tel que Q' est inclus dans $Q + k\,\varepsilon\,B$, où B est la boule unité fermée de $\mathbb{R}^d$. On procède de même avec Q, ce qui prouve la continuité de P^*.

V.6. CONES - TYPES

V.6.1. Etant donné $\bar{p} \in {}^{r}\bar{U}$, l'intersection $\mathcal{K}_{\bar{p}}$ des ensembles ${}^{i}(\text{pos } \tilde{V})$, $V \subset U$, contenant $\bar{p}$ est un cône convexe algébriquement ouvert de sommet O. Les cônes construits de la sorte sont appelés <u>cônes-types</u> de ${}^{r}\bar{U}$.

V.6.2. <u>Les cônes-types partitionnent</u> ${}^{r}\bar{U}$. <u>Ils sont les classes de</u> ${}^{r}\bar{U}$ <u>pour l'équivalence "être représentants de polyèdres de</u> $\mathcal{N}(U)$ <u>ayant même type combinatoire fort"</u>.

En vertu de V.4.3, pour tout $V \subset U$, ${}^{i}(\text{pos } \tilde{V})$ est l'ensemble des points de ${}^{r}\bar{U}$ qui sont représentants de polyèdres de $\mathcal{N}(U)$ pour lesquels V est complet pour une de leurs faces.

Les points de $\mathcal{K}_{\bar{p}}$ représentent donc les polyèdres de $\mathcal{N}(U)$ ayant mêmes sous-ensembles de U complets pour leurs faces. Ces polyèdres ont même type combinatoire fort. Evidemment, deux cônes-types distincts sont disjoints et tout point de ${}^{r}\bar{U}$ appartient à un cône-type.

V.6.3. Exemples

a) $U = (u_1,\ u_2,\ u_3,\ u_4,\ u_5)$, où

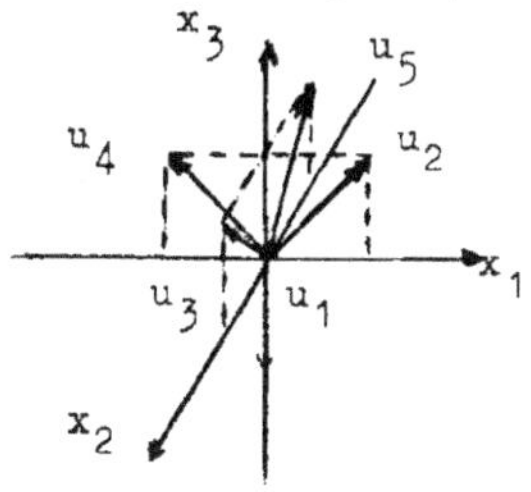

$u_1 = (0,0,-1) \quad u_4 = (-1,0,1)$
$u_2 = (1,0,1) \quad u_5 = (0,-1,1)$
$u_3 = (0,1,1)$

Le vecteur $\alpha = (\alpha_1,\alpha_2,\alpha_3,\alpha_4,\alpha_5)$ est une dépendance linéaire de U si et seulement s'il vérifie

$$\alpha_1(0,0,-1) + \alpha_2(1,0,1) + \alpha_3(0,1,1) + \alpha_4(-1,0,1) + \alpha_5(0,-1,1) = 0$$

soit

$$\begin{cases} \alpha_2 - \alpha_4 = 0 \\ \alpha_3 - \alpha_5 = 0 \\ -\alpha_1 + \alpha_2 + \alpha_3 + \alpha_4 + \alpha_5 = 0 \end{cases}$$

Les vecteurs (2,1,0,1,0) et (2,0,1,0,1) sont linéairement indépendants, donc constituent une base de L(U), puisque la dimension de ce dernier est 5-3 = 2.

Ainsi, $\bar{U} = (\bar{u}_1,\ \bar{u}_2,\ \bar{u}_3,\ \bar{u}_4,\ \bar{u}_5)$, où

$$\bar{u}_1 = \begin{bmatrix}2\\2\end{bmatrix},\ \bar{u}_2 = \begin{bmatrix}1\\0\end{bmatrix},\ \bar{u}_3 = \begin{bmatrix}0\\1\end{bmatrix},\ \bar{u}_4 = \begin{bmatrix}1\\0\end{bmatrix},\ \bar{u}_5 = \begin{bmatrix}0\\1\end{bmatrix},$$

est une représentation linéaire de U. Le graphique de cette représentation est

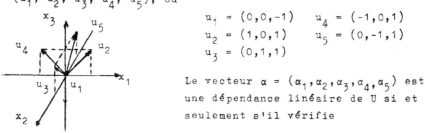

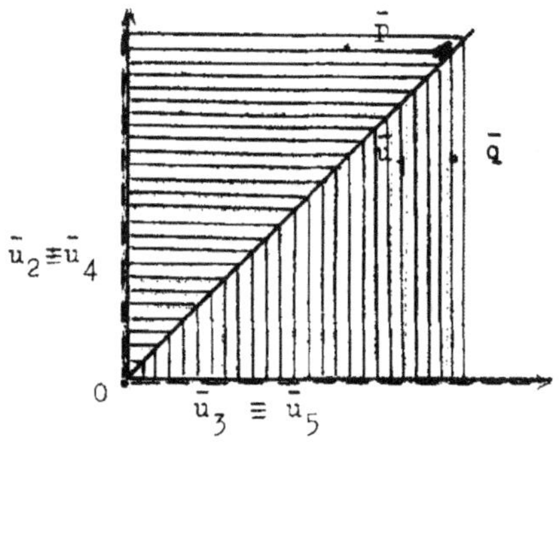

La région fermée $\overline{{}^{r}\bar{U}}$ est l'orthant positif, ${}^{r}\bar{U}$ est l'intérieur de cet orthant.

Les cônes-types de $\overline{{}^{r}\bar{U}}$ sont : $\mathcal{K}_{\bar{u}_1} = {}^{i}(\text{pos }\{\bar{u}_1\})$, $\mathcal{K}_{\bar{u}_2} = {}^{i}(\text{pos }\{\bar{u}_2\})$, $\mathcal{K}_{\bar{u}_3} = {}^{i}(\text{pos }\{\bar{u}_3\})$, $\mathcal{K}_0 = \{0\}$, $\mathcal{K}_p = {}^{i}(\text{pos }\{\bar{u}_1,\bar{u}_2\})$, $\mathcal{K}_q = {}^{i}(\text{pos }\{\bar{u}_1,\bar{u}_3\})$. Ces cônes-types sont matérialisés sur le graphique.

Déterminons les types combinatoires forts qu'ils représentent.

1° $\mathcal{K}_{\bar{u}_1}$: $\bar{u}_1$ est associé à

$$\{x \in \mathbb{R}^d : (x|u_1) \leq 1,\ (x|u_2) \leq 0,\ (x|u_3) \leq 0,\ (x|u_4) \leq 0,\ (x|u_5) \leq 0\}$$

dont voici une perspective

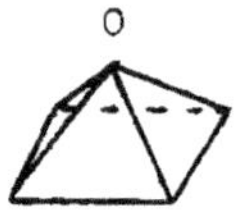

2° $\mathcal{K}_{\bar{u}_2}$: $\bar{u}_2$ est associé à

$$\{x \in \mathbb{R}^d : (x|u_1) \leq 0,\ (x|u_2) \leq 1,\ (x|u_3) \leq 0,\ (x|u_4) \leq 0,\ (x|u_5) \leq 0\}$$

dont voici une perspective

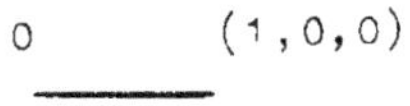

3° $\mathcal{K}_{\bar{u}_3}$: $\bar{u}_3$ est associé à

$$\{x \in \mathbb{R}^d : (x|u_1) \leq 0,\ (x|u_2) \leq 0,\ (x|u_3) \leq 1,\ (x|u_4) \leq 0,\ (x|u_5) \leq 0\}$$

dont voici une perspective

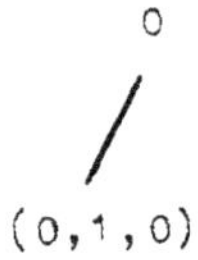

4° $\mathcal{K}_0$: 0 est associé à

$$\{x \in \mathbb{R}^d : (x|u_1) \leq 0,\ (x|u_2) \leq 0,\ (x|u_3) \leq 0,\ (x|u_4) \leq 0,\ (x|u_5) \leq 0\} = \{0\}$$

5° $\mathcal{K}_{\bar{p}}$: $\bar{p}$ est associé à

$$\{x \in \mathbb{R}^d : (x|u_1) \leq 1,\ (x|u_2) \leq 1,\ (x|u_3) \leq 0,\ (x|u_4) \leq 0,\ (x|u_5) \leq 0\}$$

dont voici une perspective

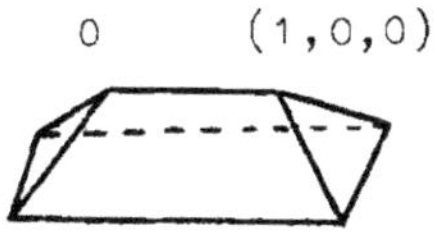

6° $\mathcal{K}_{\bar{q}}$: $\bar{q}$ est associé à

$$\{x \in \mathbb{R}^d : (x|u_1) \leq 1,\ (x|u_2) \leq 0,\ (x|u_3) \leq 1,\ (x|u_4) \leq 0,\ (x|u_5) \leq 0\}$$

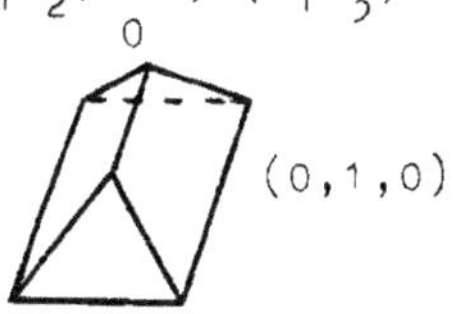

Remarque. Profitons de cet exemple pour noter que, si $P_1, P_2 \in \mathcal{N}(U)$, en général il n'est pas vrai que $P_1 + P_2 \in \mathcal{N}(U)$: il suffit de prendre pour P_1 le polyèdre décrit sous 5° et pour P_2 le polyèdre décrit sous 6°.

b) $U = (u_1, u_2, u_3, u_4, u_5)$, où

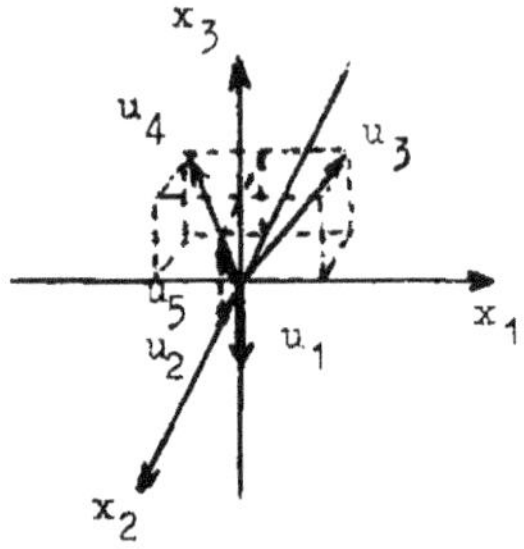

$u_1 = (0,0,-)$ $\quad u_4 = (-1,-1,1)$

$u_2 = (0,1,0)$ $\quad u_5 = (0,1,1)$

$u_3 = (1,-1,1)$

Le vecteur $\alpha = (\alpha_1, \alpha_2, \alpha_3, \alpha_4, \alpha_5)$ est une dépendance linéaire de U si et seulement si

$$\alpha_1(0,0,-1) + \alpha_2(0,1,0) + \alpha_3(1,-1,1) + \alpha_4(-1,-1,1) + \alpha_5(0,1,1) = 0$$

soit

$$\begin{cases} -\alpha_3 - \alpha_4 = 0 \\ \alpha_2 - \alpha_3 - \alpha_4 + \alpha_5 = 0 \\ -\alpha_1 + \alpha_3 + \alpha_4 + \alpha_5 = 0 \end{cases} \qquad \begin{cases} \alpha_3 = \alpha_4 \\ \alpha_2 + \alpha_5 = 2\alpha_3 \\ \alpha_1 = 2\alpha_3 + \alpha_5 \end{cases}$$

Une base de $L(U)$ est constituée par $(3,1,1,1,1)$ et $(-1,1,0,0,-1)$, donc

$$\bar{u}_1 = \begin{bmatrix} 3 \\ -1 \end{bmatrix}, \quad \bar{u}_2 = \begin{bmatrix} 1 \\ 1 \end{bmatrix}, \quad \bar{u}_3 = \begin{bmatrix} 1 \\ 0 \end{bmatrix}, \quad \bar{u}_4 = \begin{bmatrix} 1 \\ 0 \end{bmatrix}, \quad \bar{u}_5 = \begin{bmatrix} 1 \\ -1 \end{bmatrix}$$

est une représentation linéaire de U.

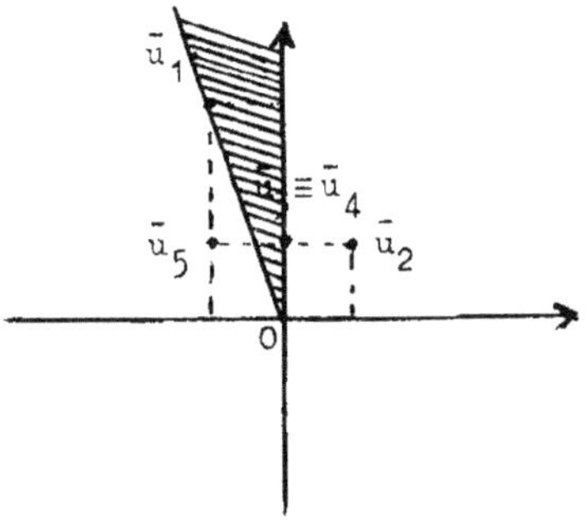

La région fermée est pos $(\bar{u}_1, \bar{u}_3)$, la région intérieure est son intérieur; les cônes-types sont ${}^{i}(\text{pos}\{\bar{u}_1\})$, ${}^{i}(\text{pos}\{\bar{u}_3\})$, ${}^{r}\bar{U}$ et $\{0\}$.

V.6.4. <u>Le cône-type associé à</u> $\bar{p} \in {}^r\bar{U}$ <u>est l'intersection des</u> ${}^i(\text{pos } \tilde{V})$, $\tilde{V}$ <u>linéairement indépendant, qui comprennent</u> $\bar{p}$.

Ceci tient au fait que le type combinatoire fort d'un polyèdre P est entièrement déterminé par la liste des sommets qui sont incidents à chaque face maximale de P.

V.6.5. Les ensembles ${}^r\bar{U}$ et $\mathscr{N}_T(U)$ sont tous deux munis d'une structure de cône convexe abstrait, ou encore de demi-groupe à opérateurs. Nous dirons qu'une application $f : {}^r\bar{U} \to \mathscr{N}_T(U)$ est <u>semi-linéaire</u> sur $A \subset {}^r\bar{U}$ si elle est la restriction à A d'un morphisme de ces structures, en d'autres termes, si elle préserve les combinaisons linéaires à coefficients non négatifs. Nous allons nous intéresser à la semi-linéarité de $\bar{\rho}^{-1}$. Remarquons que nous ne nous restreignons pas au cas des polytopes. Mc Mullen annonce d'ailleurs que certains des résultats qu'il établit sont valables pour des polyèdres, sans préciser lesquels.

V.6.6. <u>L'application</u> $\bar{\rho}^{-1}$ <u>est semi-linéaire sur l'adhérence de tout cône-type</u>.

Soit $\mathscr{K}$ un cône-type. Montrons d'abord que $\bar{\rho}^{-1}$ est semi-linéaire sur $\mathscr{K}$. Soient $\bar{p}_1, \bar{p}_2 \in \mathscr{K}$ et $P_1 \in \bar{\rho}^{-1}(\bar{p}_1)$, $P_2 \in \bar{\rho}^{-1}(\bar{p}_2)$. Comme P_1 et P_2 ont même type combinatoire fort, $P = P_1 + P_2$ appartient à $\mathscr{N}(U)$ et a le même type combinatoire fort.

En vertu de II.2.9, le représentant de P est $\bar{p}_1 + \bar{p}_2$, donc $P \in \bar{\rho}^{-1}(P_1+P_2)$ et

$$\bar{\rho}^{-1}(P_1+P_2) = [P] = [P_1] + [P_2] = \bar{\rho}^{-1}(\bar{p}_1) + \bar{\rho}^{-1}(\bar{p}_2) .$$

De plus, si $\bar{p}_1 \in \mathscr{K}$ et $P_1 \in \bar{\rho}^{-1}(\bar{p}_1)$, $\lambda P_1 \in \mathscr{N}(U)$ et

$$\bar{\rho}^{-1}(\lambda\bar{p}_1) = [\lambda P_1] = \lambda[P_1] = \lambda\,\bar{\rho}^{-1}(\bar{p}_1),$$

pour tout $\lambda > 0$, donc $\bar{\rho}^{-1}$ est semi-linéaire sur $\mathscr{K}$, puisque $\bar{\rho}^{-1}(0\bar{p}_1) = \bar{\rho}^{-1}(0) = [\{0\}]$.

Soient à présent $\bar{p}_1, \bar{p}_2 \in \bar{\mathscr{K}}$ et $\lambda_1, \lambda_2 \geq 0$. Il existe des suites $\{\bar{p}_i^1 : i \in \mathbb{N}\}$ et $\{\bar{p}_i^2 : i \in \mathbb{N}\}$ incluses dans $\mathscr{K}$ et convergeant respectivement vers p_1 et p_2. Ainsi,

$$\bar{\rho}^{1}(\lambda_1\ \bar{p}_1 + \lambda_2\ \bar{p}_2) = \bar{\rho}^{1}(\lim_{i\to+\infty} \lambda_1\ \bar{p}_i^1 + \lim_{i\to+\infty} \lambda_2\ \bar{p}_i^2)$$

$$= \bar{\rho}^{1}[\lim_{i\to+\infty} (\lambda_1\ \bar{p}_i^1 + \lambda_2\ \bar{p}_i^2)]$$

soit, puisque $\bar{\rho}^{1}$ est continu (V.5.8),

$$\bar{\rho}^{1}(\lambda_1\ \bar{p}_1 + \lambda_2\ \bar{p}_2) = \lim_{i\to+\infty} \bar{\rho}^{1}(\lambda_1 \bar{p}_i^1 + \lambda_2\ \bar{p}_i^2) = \lambda_1\ \bar{\rho}^{1}(\bar{p}_1) + \lambda_2\ \bar{\rho}^{1}(\bar{p}_2)\ .$$

V.6.7. <u>Soit $\mathcal{L}$ un convexe algébriquement ouvert inclus dans</u> $\bar{r}\bar{U}$. <u>L'application $\bar{\rho}^{1}$ est semi-linéaire sur $\mathcal{L}$ si et seulement si $\mathcal{L}$ est inclus dans un cône-type</u>.

Soient $\bar{p}_1$, $\bar{p}_2 \in \mathcal{L}$. Puisque $\mathcal{L}$ est convexe et algébriquement ouvert, il existe $\bar{q}_1$, $\bar{q}_2 \in \mathcal{L}$ et $\lambda_1; \lambda_2 \in]0,1[$ tels que

$$\bar{p}_1 = (1-\lambda_1)\ \bar{q}_1 + \lambda_1\ \bar{q}_2 \qquad \text{et} \qquad \bar{p}_2 = (1-\lambda_2)\ \bar{q}_1 + \lambda_2\ \bar{q}_2\ .$$

Si $\bar{\rho}^{1}$ est semi-linéaire sur $\mathcal{L}$,

$$\bar{\rho}^{1}(\bar{p}_i) = \bar{\rho}^{1}[(1-\lambda_i)\bar{q}_1 + \lambda_i\ \bar{q}_2] = (1-\lambda_i)\ \bar{\rho}^{1}(\bar{q}_1) + \lambda_i\ \bar{\rho}^{1}(\bar{q}_2)\ \ (i=1,2),$$

soit, avec des notations évidentes,

$$[P_i] = (1-\lambda_i)\ [Q_1] + \lambda_i\ [Q_2]$$

et ainsi, il existe $a_i \in \mathbb{R}^d$ $(i=1,2)$ tels que

$$P_i + a_i = (1-\lambda_i)\ Q_1 + \lambda_i\ Q_2\ .$$

On en conclut que $P_1 + a_1$ et $P_2 + a_2$ ont même type combinatoire fort, donc que $\bar{p}_1$ et $\bar{p}_2$ appartiennent à un même cône-type. On peut alors affirmer que $\mathcal{L}$ est inclus dans un cône-type.

La réciproque résulte de V.6.6.

V.6.8. <u>Un sous-ensemble de $^{\bar r}\bar U$ est un cône-type si et seulement si $\mathcal{K}$ est un convexe algébriquement ouvert sur lequel $\bar\rho^{-1}$ est semi-linéaire et maximal pour cette propriété</u>.

Si $\mathcal{K}$ est un cône-type, $\mathcal{K}$ est convexe, algébriquement ouvert, et $\bar\rho^{-1}$ est semi-linéaire sur $\mathcal{K}$. Si $\mathcal{L}$ est un convexe algébriquement ouvert sur lequel $\bar\rho^{-1}$ est semi-linéaire tel que $\mathcal{K} \subset \mathcal{L} \subset {}^{\bar r}\bar U$, $\mathcal{L}$ est inclus dans un cône-type $\mathcal{K}'$. De la chaîne d'inclusions $\mathcal{K} \subset \mathcal{L} \subset \mathcal{K}'$, on tire $\mathcal{K} = \mathcal{L} = \mathcal{K}'$, puisque les cônes-types partitionnent $^{\bar r}\bar U$. Ceci montre la maximalité de $\mathcal{K}$.

A l'inverse, si $\mathcal{K}$ est un convexe algébriquement ouvert sur lequel $\bar\rho^{-1}$ est semi-linéaire, maximal pour cette propriété, $\mathcal{K}$ est un cône-type puisque $\mathcal{K}$ est inclus dans un tel ensemble qui vérifie lui-même la propriété.

V.6.9. <u>Si $\mathcal{K}_1$ et $\mathcal{K}_2$ sont des cônes-types dans $^{\bar r}\bar U$ tels que $\mathcal{K}_1 \cap {}^m\mathcal{K}_2 \neq \emptyset$, alors $\mathcal{K}_1 \subset \overline{\mathcal{K}_2}$</u>.

Quels que soient $\bar p_1 \in \mathcal{K}_1$ et $\bar p_2 \in \mathcal{K}_2$, $P_1 \in \bar\rho^{-1}(\bar p_1)$, $P_2 \in \bar\rho^{-1}(\bar p_2)$ et $\lambda_1, \lambda_2 > 0$, les polyèdres $\lambda_1 P_1 + \lambda_2 P_2$ ont tous même type combinatoire fort (III.7.5).

Soient $\bar p_1^* \in \mathcal{K}_1 \cap {}^m\mathcal{K}_2$ et $\bar p_2^* \in \mathcal{K}_2$: $]\bar p_1^* : \bar p_2^*] \subset \mathcal{K}_2$ [*;I.3.3,p.8]. Considérons $\bar p = \lambda \bar p_1^* + (1-\lambda)\bar p_2^*$, $\lambda \in [0,1[$: $\bar p \in \mathcal{K}_2$. Comme $\bar p_1^*$, $\bar p_2^* \in \overline{\mathcal{K}_2}$,

$$\bar\rho^{-1}(\bar p) = \lambda\ \bar\rho^{-1}(\bar p_1^*) + (1-\lambda)\ \bar\rho^{-1}(\bar p_2^*)\ ,$$

donc, si $P_1^* \in \bar\rho^{-1}(\bar p_1^*)$ et $P_2^* \in \bar\rho^{-1}(\bar p_2^*)$, le polyèdre

$$\lambda\ P_1^* + (1-\lambda)\ P_2^*$$

a le type combinatoire fort associé à $\mathcal{K}_2$.

Ainsi, quels que soient $\bar p_1 \in \mathcal{K}_1$ et $\bar p_2 \in \mathcal{K}_2$,

$$\lambda \bar p_1 + (1-\lambda)\ \bar p_2 \in \mathcal{K}_2,\ (\lambda \in [0,1[)\ ,$$

donc $\bar p_1 \in {}^b\mathcal{K}_2$.

V.6.10. <u>Soient</u> $\mathcal{K}$ <u>un cône-type de</u> ${}^{r}\bar{U}$ <u>et</u> G <u>une face de</u> ${}^{b}\mathcal{K}$. <u>L'internat de</u> G <u>est un cône-type de</u> ${}^{r}\bar{U}$.

En effet, $\bar{\rho}^{1}$ est semi-linéaire sur $\overline{\mathcal{K}}$, donc sur ${}^{i}G$. En vertu de V.6.7, ${}^{i}G$ est inclus dans un cône-type $\mathcal{L}$. Puisque $\mathcal{L} \cap {}^{m}\mathcal{K} \neq \emptyset$, $\mathcal{L} \subset {}^{b}\mathcal{K}$, donc $\mathcal{L} \subset {}^{i}G$ [*;III.4.1.2.c,p.125] et donc ${}^{i}G = \mathcal{L}$ est un cône-type.

V.6.11. <u>Les adhérences des cônes-types de</u> ${}^{r}\bar{U}$ <u>constituent un complexe polyédral</u>.

On sait déjà qu'une face de l'adhérence d'un cône-type est l'adhérence d'un cône-type.

Soient $\mathcal{K}_1, \mathcal{K}_2$ deux cônes-types. Posons $\mathcal{L} = {}^{i}(\overline{\mathcal{K}_1} \cap \overline{\mathcal{K}_2})$, Comme $\bar{\rho}^{1}$ est semi-linéaire sur $\overline{\mathcal{K}_1}$, donc sur $\mathcal{L}$, $\mathcal{L}$ est inclus dans un cône-type $\mathcal{K}$. La proposition V.6.9 permet alors d'affirmer que $\mathcal{K} \subset \overline{\mathcal{K}_1} \cap \overline{\mathcal{K}_2}$. Ainsi, $\mathcal{K}$ est algébriquement ouvert et tel que

$$\mathcal{L} = {}^{i}(\overline{\mathcal{K}_1} \cap \overline{\mathcal{K}_2}) \subset \mathcal{K} \subset \overline{\mathcal{K}_1} \cap \overline{\mathcal{K}_2} \quad ,$$

donc $\mathcal{L} = \mathcal{K}$ et $\overline{\mathcal{K}_1} \cap \overline{\mathcal{K}_2} = \overline{\mathcal{K}}$.

V.6.12. <u>Le préordre de Klee dans un complexe polyédral</u>

La notion de préordre de Klee [*] s'étend sans peine à un complexe polyédral. Soit $\mathcal{C} = \{P_1, \ldots, P_n\}$ un tel complexe. Le <u>préordre de Klee sur</u> $\mathcal{C}$ (en fait sur $\cup\mathcal{C}$) est défini par

$$x \leq y \iff [\exists i \in \{1,\ldots,n\},\ \{x,y\} \in P_i \text{ et } x \leq y \text{ dans } P_i] \ .$$

Il est alors évident que les classes de $\cup\mathcal{C}$ pour l'équivalence

$$x \equiv y \iff [x \leq y \text{ et } y \leq x]$$

sont les internats des facettes des éléments de $\mathcal{C}$. Ces classes seront appelées classes de Klee de $\mathcal{C}$. Notons encore que les classes de Klee d'un polyèdre convexe P coïncident avec les classes de Klee du complexe $\mathcal{C}(P)$ des faces non vides de P.

Supposons que les P_i ($P_i \in \mathscr{C}$) soient dépourvus de droites. Désignons par δ_{P_i} l'écart intrinsèque sur P_i ($P_i \in \mathscr{C}$) défini par

$$\delta_{P_i}(x,y) = \ln \inf \{1 + \frac{1}{\varepsilon} : x + \varepsilon(x-y) \in A \text{ et } y + \varepsilon(y-x) \in A\}, \forall x,y \in P_i,$$

la fonction ln étant étendue par $\ln(+\infty) = +\infty$; sa restriction à ${}^iP_i$ est une distance.

L'application $\delta : (\cup\mathscr{C}) \times (\cup\mathscr{C}) \to [0,+\infty]$ définie par $\delta(x,y) = \delta_{P_i}(x,y)$, si x et y appartiennent à un même P_i, $+\infty$ dans le cas contraire, est un écart sur $\cup\mathscr{C}$ qui munit $\cup\mathscr{C}$ de la topologie somme des espaces ${}^iP_j$ ($P_j \in \mathscr{C}$), munis de leur distance intrinsèque (Čech[1,18.c.5,p.315]). Cet écart sera appelé <u>écart de</u> $\mathscr{C}$.

V.6.13. <u>Ordre de Klee et ordre de Shephard</u>

V.6.13.1. Introduisons, dans l'ensemble des polyèdres convexes de $\mathbb{R}^d$, une relation de préordre apparentée à celle qu'a introduit G.C. Shephard dans l'ensemble des polytopes de $\mathbb{R}^d$ ayant leur point de Steiner à l'origine (Grünbaum [1],15.1.,p.318).

Si P, Q sont des polyèdres de $\mathbb{R}^d$, nous écrirons $P \leq Q$ (ou $Q \geq P$) si, pour tout $v \in \mathbb{R}^d \setminus \{0\}$,

$$\dim F(P,v) \leq \dim F(Q,v) \quad .$$

Ceci définit un préordre pour lequel deux polyèdres P et Q translatés l'un de l'autre donnent à la fois $P \leq Q$ et $Q \leq P$. Ceci nous engage à définir une relation de préordre sur les classes de translation des d-polyèdres par

$$[P] \leq [Q] \iff P \leq Q \quad .$$

V.6.13.2. <u>Si</u> x,y <u>appartiennent à la région</u> ${}^r\bar{\bar{U}}$, $x \leq y$ <u>pour l'ordre de Klee de</u> $K({}^r\bar{\bar{U}})$ <u>si et seulement si</u> $\rho^{-1}(x) \leq \rho^{-1}(y)$.

En vertu de la définition de $K({}^r\bar{\bar{U}})$, $x \leq y$ si et seulement si $\mathscr{K}_x \subset {}^b\mathscr{K}_y$. Soient $P_x \in \rho^{-1}(x)$ et $P_y \in \rho^{-1}(y)$.

Si $\mathscr{K}_x \subset {}^b\mathscr{K}_y$, pour tout ensemble complet V pour une face non vide F de P_y , pos $\tilde{V} \supset {}^b\mathcal{K}_y$, donc pos $\tilde{V} \supset \mathcal{K}_x \ni x$, et V est partiel pour une face non vide F' de P_x. Cette face est parallèle à F et de dimension au plus égale à celle de F (dim F' = d - dim ${}^sV'$, où V' est complet pour F', vu V.4.5 donc dim F' $\leq$ d - dim ${}^sV$ = dim F). De là, $P_x \leq P_y$.

A l'inverse, si $P_x \leq P_y$ et si V est complet pour une face $F(P_y,v)$ de P_y, V est partiel pour $F(P_x,v)$; dès lors, l'intersection (qui inclut $\mathcal{K}_x$) des cônes convexes engendrés par les sous-ensembles partiels pour les faces de P_x est incluse dans l'intersection des cônes convexes engendrés par les sous-ensembles complets pour les faces de P_y , intersection qui coïncide avec ${}^b\mathcal{K}_y$; de là,

$$\mathcal{K}_x \subset {}^b\mathcal{K}_y \quad .$$

V.6.13.3. <u>Si</u> U <u>engendre positivement</u> $\mathbb{R}^d$, <u>c'est-à-dire si</u> $\mathcal{N}(U)$ <u>est constitué de polytopes</u>, $x \leq y$ <u>pour l'ordre de Klee de</u> $K({}^f\bar{U})$ <u>si et seulement s'il existe</u> $\lambda > 0$ <u>tel que</u> P_x <u>précède</u> P_y <u>pour l'ordre de Shephard</u> (noté $\prec$) <u>où</u> P_x <u>et</u> P_y <u>désignent respectivement les représentants de</u> $\rho^{-1}(x)$ <u>et</u> $\rho^{-1}(y)$ <u>dont le point de Steiner est</u> 0.

Il suffit de noter que $P_x \leq P_y$ si et seulement s'il existe $\lambda > 0$ tel que $P_x \prec P_y$.

CHAPITRE VI

APPLICATIONS DE LA THEORIE DES REPRESENTATIONS

VI.1. DIAGRAMMES DE GALE

VI.1.1. Définitions

Dans tout ce paragraphe, nous supposons que pos $U = \mathbb{R}^d$, soit que $\mathcal{N}(U)$ ne contient que des polytopes. Dans ces conditions, on sait que (V.3.9) pos $\bar{U}$ est un cône convexe saillant. Un tel cône possède une base compacte. Dans la suite, H désignera un hyperplan dont la trace sur pos $\bar{U}$ est une base compacte de pos $\bar{U}$.

A chaque point $\bar{p} \in (\text{pos } \bar{U}) \setminus \{0\}$, associons le point de percée $\hat{p}$ de $[0:\bar{p})$ dans H. Le n-uple de vecteurs $\hat{U} = (\hat{u}_1, \ldots, \hat{u}_n)$ de H est appelé <u>diagramme positif</u> de U.

Si $P \in \mathcal{N}(U)$ et si l'hyperplan affin H est érigé en espace vectoriel en prenant $\hat{p}$ pour origine, $\hat{U}$ est un <u>diagramme de Gale typique</u>(1) d'un polytope P* dual de P.

Ainsi, si P est un polytope (qu'on peut supposer contenir l'origine comme point intérieur), on considère l'ensemble U des normales extérieures de P*, on construit une représentation linéaire $\bar{U}$, puis un diagramme de Gale typique $\hat{U}$ de P. Si z est un sommet de P, z est une normale extérieure de P*. Nous désignerons alors par $\bar{z}$ et $\hat{z}$ les correspondants de z dans $\bar{U}$ et $\hat{U}$ respectivement.

VI.1.2. Cofaces

VI.1.2.1. M. A. Perles a introduit l'importante notion de coface d'un polytope.

Soit P un polytope convexe. Un sous-ensemble Z de l'ensemble ${}^{\mathcal{P}}P$ des sommets de P est une <u>coface</u> de P si $F = {}^c({}^{\mathcal{P}}P \setminus Z)$ est une face de P.

---

(1) Cette terminologie n'est pas usuelle et sera vite abandonnée. Elle tient à notre façon d'aborder les diagrammes de Gale.

VI.1.2.2. <u>Un sous-ensemble</u> Z <u>de</u> ^{p}P <u>est une coface du polytope convexe</u> P <u>si et seulement si</u>, <u>dans un diagramme de Gale typique de</u> P, $0 \in {}^{ic}\hat{Z}$.

De fait, Z est une coface de P si et seulement si $^{c}(^{p}P \setminus Z)$ est une face de P, soit si les faces maximales de P* correspondant aux éléments de $U \setminus Z$ ont pour intersection une face de P* (III:2.5)

Ainsi, dire que Z est une coface de P équivaut à dire que $U \setminus Z$ est un sous-ensemble complet de U pour une face de P*.

Grâce à V.4.3, Z est une coface de P si et seulement si $\bar{p} \in {}^{i}[\text{pos }(\widehat{U \setminus Z})] = {}^{i}[\text{pos }\bar{Z}]$ ou encore, de façon équivalente

$$\hat{p} \in {}^{ic}\hat{Z}.$$

VI.1.3. <u>Diagrammes de Gale</u>

VI.1.3.1. Nous allons généraliser la notion de diagramme de Gale typique.

Deux ensembles $\hat{V} = \{\hat{x}_1, \ldots, \hat{x}_n\}$ et $V' = \{\hat{x}'_1, \ldots, \hat{x}'_n\}$ de $\mathbb{R}^{n-d-1}$ tels que $0 \in {}^{ic}\hat{V}$ et $0 \in {}^{ic}\hat{V}'$ sont dits <u>isomorphes</u> ($\hat{x}_i$ correspondant à $\hat{x}'_i$) si, pour toute paire d'ensembles correspondants $\hat{X} \subset \hat{V}$ et $\hat{X}' \subset \hat{V}'$ les relations

$$0 \in {}^{ic}\hat{X} \qquad \text{et} \qquad 0 \in {}^{ic}\hat{X}'$$

ont lieu simultanément ou n'ont pas lieu.

Un <u>diagramme de Gale</u> d'un d-polytope P à n sommets est un ensemble de n points de $\mathbb{R}^{n-d-1}$ isomorphe à un diagramme de Gale typique de P.

On voit immédiatement que VI.1.2.2, se généralise sous la forme VI.1.3.2. <u>Un sous-ensemble</u> Z <u>de</u> ^{p}P, <u>où</u> P <u>est un polytope convexe</u>, <u>est une coface de</u> P <u>si et seulement si</u>, <u>dans un diagramme de Gale de</u> P, $0 \in {}^{ic}\hat{Z}$.

Ce théorème admet de nombreux corollaires.

Corollaire 1. Tout diagramme de Gale d'un polytope convexe qui n'est pas un simplexe est tel que tout demi-espace ouvert dont l'hyperplan marginal est homogène en contient au moins deux points.

Tout sommet de P est une face de P donc, pour $i = 1,\dots,n$,

$$Z_i = \{x_1,\dots,x_{i-1}, x_{i+1},\dots,x_n\}$$

est une coface de P, donc

$$0 \in {}^{ic}\{\hat{x}_1,\dots, \hat{x}_{i-1}, \hat{x}_{i+1},\dots, \hat{x}_n\}$$

ce qui prouve l'assertion, pour autant que les $\hat{x}_i$ ne coïncident pas tous avec 0, cas qui ne se présente que si les x_i sont affinement indépendants.

Corollaire 2. Si F est une face maximale du polytope convexe P et si Z est la coface correspondante, dans tout diagramme de Gale de P, $\hat{Z}$ est l'ensemble des sommets d'un simplexe non uniponctuel auquel 0 est interne.

S'il n'en était pas ainsi, on aurait

$$\text{card } \bar{Z} \geq \dim \bar{Z} + 2 .$$

Par le théorème de Carathéodory on pourrait alors affirmer l'existence d'un vrai sous-ensemble de $\bar{Z}$ contenant 0 dans l'internat de son enveloppe convexe; il existerait donc une coface de P contenue dans Z et donc une face propre de P incluant F, ce qui est absurde.

Corollaire 3. Si une face F du polytope P est un simplexe et si Z est la coface correspondante, dans tout diagramme de Gale de P, pos $\hat{Z} = {}^{1}\hat{U}$, où $U = {}^{p}P$.

Comme F est un simplexe, tout sous-ensemble de ${}^{p}F$ est l'ensemble des sommets d'un simplexe qui est une face de F, donc de P. Dès lors, tout sous-ensemble de $U = {}^{p}P$ contenant Z est une coface de P et donc tout sous-ensemble S de $\hat{U}$ qui contient $\hat{Z}$ est tel que $0 \in {}^{ic}S$.

Ceci exige que $\hat{Z}$ ait même dimension que $\hat{U}$. En effet, si $\hat{Z}$ était inclus dans un hyperplan de ${}^{l}\hat{U}$, l'ensemble $\hat{Z} \cup \{\hat{x}\}$ où $\hat{x} \in \hat{U} \setminus \hat{Z}$ serait une coface alors que $0 \notin {}^{ic}(\hat{Z} \cup \{\hat{x}\})$. Ainsi, puisque $0 \in {}^{ic}\hat{Z}$, pos $\hat{Z} = {}^{l}\hat{U}$.

Corollaire 4. Un polytope convexe P est simplicial si et seulement si dans un diagramme de Gale $\hat{U}$ de P, pour tout hyperplan homogène H, on a $0 \notin {}^{ic}(\hat{U} \cap H)$.

En vertu du corollaire 3, P est simplicial si et seulement si, dans un diagramme de Gale $\hat{U}$ de P, pos $\hat{Z} = {}^{l}\hat{U}$ pour toute coface Z de P.

Supposons cette dernière condition vérifiée. Quel que soit l'hyperplan homogène H, $H \cap \hat{U}$ est de dimension strictement inférieure à celle de ${}^{l}\hat{U}$, donc $H \cap \hat{U}$ n'est pas une coface et $0 \notin {}^{ic}(\hat{U} \cap H)$.

Inversement, si pour tout hyperplan homogène H, $0 \notin {}^{ic}(\hat{U}\ H)$, pour toute coface Z de P, $\hat{Z}$ n'est inclus dans aucun hyperplan passant par 0, puisque $0 \in {}^{ic}\hat{Z}$ implique, si $\hat{Z} = \hat{U} \cap H$, $0 \in {}^{ic}(\hat{U} \cap H)$ (si $\hat{Z} \subset \hat{U} \cap H$, il est possible de trouver un autre hyperplan homogène H' tel que $\hat{Z} = \hat{U} \cap H'$).

VI.1.4. Dépendances affines et représentations affines

VI.1.4.1. Considérons un diagramme de Gale typique $\hat{U}$ de P. Pour $i = 1,\dots,n$, $\hat{u}_i = \lambda_i \bar{u}_i (\lambda_i > 0)$. Les vecteurs-lignes de la matrice $[\hat{u}_1 \dots \hat{u}_n]$ sont des dépendances linéaires de $(\frac{u_1}{\lambda_1},\dots,\frac{u_n}{\lambda_n})$ car

$$\sum_{i=1}^{n} (\hat{u}_i)_j \frac{u_i}{\lambda_i} = \sum_{i=1}^{n} \lambda_i (\overline{u_i})_j \frac{u_i}{\lambda_i} = \sum_{i=1}^{n} (\overline{u_i})_j\, u_i = 0$$

pour $j = 1,\dots,n-d$. Cependant, puisque les $\hat{u}_i$ sont inclus dans un hyperplan qu'ils engendrent, $\hat{U}$ n'est pas une représentation linéaire de $(\frac{u_1}{\lambda_1},\dots,\frac{u_n}{\lambda_n})$.

Il est cependant possible de travailler sur $\hat{U}$ de manière sensiblement équivalente à ce qui a été fait dans les représentations linéaires. Pour cela, il faut imposer (et cela peut se produire) que 0 soit le barycentre des $\hat{u}_i$, c'est-à-dire que l'on ait: $\sum_{i=1}^{n} \hat{u}_i = 0$. Ceci conduit à considérer les dépendances affines.

VI.1.4.2. Soit V un n-uple de vecteurs de $\mathbb{R}^d$ $(x_1,\dots,x_n)$ tel que $^{l}\{x_1,\dots,x_n\} = \mathbb{R}^d$.

Une *dépendance affine* de V est un vecteur $(\lambda_1,\dots,\lambda_n) \in \mathbb{R}^n$ tel que

$$\sum_{i=1}^{n} \lambda_i x_i = 0 \qquad \text{et} \qquad \sum_{i=1}^{n} \lambda_i = 0 .$$

On note D(V) l'ensemble des dépendances affines de V.

VI.1.4.3. *Si* V' *désigne le* n-*uple* $(x'_1,\dots,x'_n)$ *de* $\mathbb{R}^{d+1}$, *où* $x'_{ij} = x_{ij}$ *si* $j=1,\dots,d$ *et* $x_{id+1} = 1$, $D(V) = L(V')$. *En particulier,* D(V) *est un sous-espace vectoriel de* $\mathbb{R}^n$, *de dimension* n-d-1.

En effet, $\sum_{i=1}^{n} \lambda_i x'_i = 0$ équivaut à $\sum_{i=1}^{n} \lambda_i x_i = 0$ (d premières composantes) et $\sum_{i=1}^{n} \lambda_i = 0$ (d+1-ème composante) et l'hypothèse $^{l}\{x_1,\dots,x_n\} = \mathbb{R}^d$ assure que $^{s}\{x'_1,\dots,x'_n\} = \mathbb{R}^{d+1}$.

VI.1.4.4. Soit $(\beta_1,\dots,\beta_{n-d-1})$ une base de D(V). Désignons par $\bar{x}_i$ $(i=1,\dots,n)$ le i-ème vecteur-colonne de la matrice

$$M_A(V) = \begin{bmatrix} \beta_{11} & \cdots & \beta_{1n} \\ \vdots & \cdots & \vdots \\ \beta_{n-d-1,1} & & \beta_{n-d-1,n} \end{bmatrix}$$

dont les vecteurs-lignes sont les β_j $(j=1,\dots,n-d-1)$. Le n-uple $\bar{V} = (\bar{x}_1,\dots,\bar{x}_n)$ est une *représentation affine* (ou *transformé de Gale*) de V.

VI.1.4.5. <u>Une représentation affine de</u> V <u>n'est rien d'autre qu'une représentation linéaire de</u> V'. <u>En particulier, deux représentations affines de</u> V <u>sont toujours linéairement équivalentes</u>.

En effet, D(V) = L(V').

VI.1.4.6. Il est utile, dans certains problèmes de disposer d'un moyen d'obtenir une représentation affine de V à partir d'une représentation linéaire $\tilde{V}$ de V.

Soit $(\beta_1,\ldots,\beta_{n-d})$ une base de L(V). Posons

$$\tau_i = \sum_{j=1}^{n} \beta_{ij} \qquad (i=1,\ldots,n) .$$

(τ_i est la somme des composantes de β_i).

Les τ_i ne peuvent être tous nuls. En effet, dans ce cas, tous les β_i seraient des dépendances affines de V, ce qui est absurde, puisque les β_i sont linéairement indépendants, la dimension de D(V) étant n-d-1.

On peut supposer sans restriction (quitte à réarranger les β_i dans un ordre différent et à les multiplier par un même scalaire non nul si nécessaire) que $\tau_{n-d} = 1$.

Considérons alors les vecteurs β_i' (i=1,...,n-d-1) définis par

$$\beta_i' = \beta_i - \tau_i \beta_{n-d} .$$

Les β_i' sont des dépendances affines de V, en effet

$$\sum_{j=1}^{n} \beta_{ij}' x_j = \sum_{j=1}^{n} \beta_{ij} x_j - \tau_i \sum_{j=1}^{n} \beta_{n-d,j} x_j = 0$$

et

$$\sum_{j=1}^{n} \beta_{ij}' = \sum_{j=1}^{n} \beta_{ij} - \tau_i \sum_{j=1}^{n} \beta_{n-d,j} = \tau_i - \tau_i \tau_{n-d} = 0 .$$

De plus, les β_i' sont linéairement indépendants, donc ils constituent une base de D(V). On peut alors écrire

$$M_A(V) = \begin{bmatrix} \beta_{11} - \tau_1 \beta_{n-d,1} & \dots & \beta_{1n} - \tau_1 \beta_{n-d,n} \\ \vdots & & \vdots \\ \beta_{n-d-1,1} - \tau_{n-d-1} \beta_{n-d,1} & \dots & \beta_{n-d-1,n} - \tau_{n-d-1} \beta_{n-d,n} \end{bmatrix}$$

et les vecteurs-colonnes de cette matrice constituent une représentation affine de V.

Si on interprête ces n colonnes comme les coordonnées $(y_1,\dots,y_{n-d-1})$ dans l'hyperplan H_{n-d} d'équation $y_{n-d} = 0$, la i-ème colonne peut s'écrire

$$x_i' = \bar{x}_i - \beta_{n-d,i}\ {}^t(\tau_1,\dots,\tau_{n-d-1},1)$$

$(i=1,\dots,n)$. Posons $\delta = {}^t(\tau_1,\dots,\tau_{n-d-1},1)$.

On obtient donc une représentation affine V' de V par projection parallèle des points de $\bar{V}$ sur l'hyperplan H_{n-d} dans la direction de δ.

Identifions cette direction. Comme

$$\delta = {}^t(\sum_{i=1}^{n} \beta_{1i},\dots,\sum_{i=1}^{n} \beta_{ni}) ,$$

la j-ème composante de δ est la somme des j-èmes composantes des vecteurs-colonnes de $M_A(V)$, donc

$$\delta = n.b ,$$

où b est le barycentre de $\bar{V}$. La direction de δ est donc celle du barycentre de $\bar{V}$.

On a donc le théorème

<u>Si</u> $\bar{V}$ <u>est une représentation linéaire de</u> V, <u>une représentation affine de</u> V <u>est obtenue en projetant</u> $\bar{V}$ <u>sur un certain hyperplan homogène grâce à une projection parallèle qui envoie le barycentre de</u> $\bar{V}$ <u>en</u> 0.

VI.1.4.7. *Soit* $P \in \mathcal{N}(U)$ *un polytope contenant* O *comme point proprement interne et soit* $p \in {}^{r}\bar{U}$ *le représentant de* P. *Une représentation affine de* ${}^{p}P^*$ *est l'image de* $\bar{U}$ *par une projection parallèle sur un hyperplan homogène de* $\mathbb{R}^{n-d}$ *qui envoie* p *en* O.

On peut écrire P sous la forme

$$P = \{x \in \mathbb{R}^d : (x|\bar{\alpha}_i^{-1} u_i) \leq 1, \ i=1,\ldots,n\} ,$$

donc l'ensemble des sommets de P* est

$$V = \{\alpha_1^{-1} u_1,\ldots,\alpha_n^{-1} u_n\} ,$$

(il faut noter que les u_i ne sont pas redondants, puisque $p \in {}^{r}\bar{U}$).
Le n-uple

$$\bar{V} = (\alpha_1 \bar{u}_1,\ldots,\alpha_n \bar{u}_n)$$

est une représentation linéaire de V. Une représentation affine de $\bar{V}$ est obtenue en projetant $\bar{V}$ sur un certain hyperplan homogène grâce à une projection parallèle qui envoie

$$\frac{1}{n} \sum_{i=1}^{n} \alpha_i \bar{u}_i = \frac{p}{n} ,$$

donc p, en O. Il suffit alors de noter que la projection de $\alpha_i \bar{u}_i$ coïncide avec celle de $\bar{u}_i$.

Corollaire 1. *Si* P *est un polytope convexe tel que* $P^* \in \mathcal{N}(U)$, *on peut trouver un diagramme de Gale typique de* P *qui est une représentation affine de* ${}^{p}P$.

Il suffit de prendre pour H un hyperplan parallèle à l'hyperplan dont question dans l'énoncé précédent et passant par le représentant de P*.

Ceci montre a posteriori que l'hypothèse faite en VI.1.4.1 n'est pas très restrictive.

Corollaire 2. Si P est un polytope convexe, toute représentation affine de ${}^pP$ est un diagramme de Gale de P.

En effet, le corollaire précédent nous assure qu'une certaine représentation affine de ${}^pP$ est un diagramme de Gale de P. Il suffit alors de noter que deux représentations affines de ${}^pP$ sont linéairement équivalentes, donc isomorphes au sens défini en VI.1.3.1.

VI.1.4.8. Voici une propriété supplémentaire des diagrammes de Gale.

Soit P un polytope et $\hat{U}$ un diagramme de Gale de P : P est une pyramide de sommet $x \in {}^pP$ si et seulement si $\hat{x} = 0$ dans un diagramme de Gale de P.

Il suffit de faire la preuve dans le cas d'une représentation affine de ${}^pP$. On note alors que si P est une pyramide de sommet x et de base Q, $x \notin {}^1Q$. Ainsi dans toute dépendance affine de ${}^pP$, le coefficient de x doit être nul.

VI.1.5. Exemples et diagrammes de Gale standard

VI.1.5.1. Si $\hat{U} = \{\hat{u}_1,\dots,\hat{u}_n\}$ est un diagramme de Gale d'un polytope P,

$\hat{U}' = \{\mu_1 \hat{u}_1,\dots,\mu_n \hat{u}_n\}$ $(\mu_i > 0,\ i = 1,\dots,n)$ est visiblement isomorphe à $\hat{U}$, donc est un diagramme de Gale de P.

Ainsi, si $\hat{U}$ est un diagramme de Gale de P, le n-uple $\hat{U}'$ défini par

$$\hat{u}_i' = 0 \text{ si } \hat{u}_i = 0 \qquad \text{et} \qquad \hat{u}_i' = \frac{\hat{u}_i}{\|\hat{u}_i\|} \text{ si } \hat{u}_i \neq 0,$$

est un diagramme de Gale de P dont les points sont situés soit sur la sphère unité S^{n-d-2} de $\mathbb{R}^{n-d-1}$, soit en 0. Un tel diagramme est appelé diagramme de Gale standard de P.

VI.1.5.2.a) Retournons à l'exemple a) de V.6.3. Il est aisé de fournir le diagramme de Gale (typique) d'un polytope P' dual du polytope représenté par $\bar{u}_1$ et d'en déduire le diagramme de Gale standard

On voit qu'un point ($\hat{u}_1$) coïncide avec 0, donc que P' est une pyramide de sommet u_1. En fait, P' a la forme

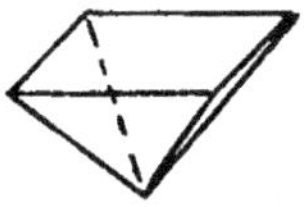

Le dual du polytope représenté par $\bar{u}_2$ fournit

Avec $\bar{u}_3$, on obtient

Pour le polytope dual de celui représenté par p,

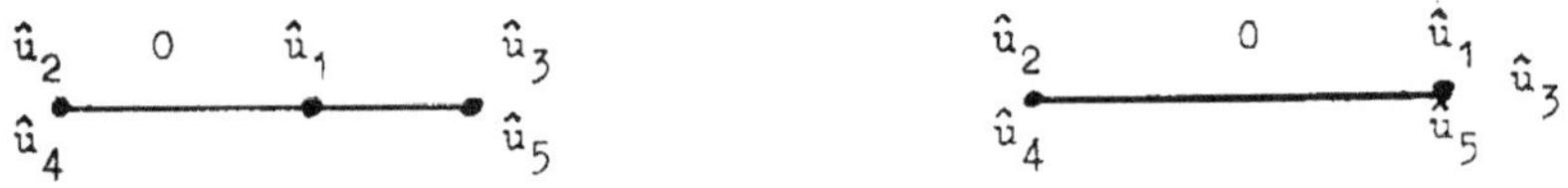

Enfin, q fournit

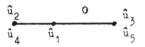

Le lecteur est invité à vérifier les diverses propriétés des diagrammes de Gale sur les exemples ci-dessus. On procèdera de même à partir de l'exemple b) de V.6.3.

b) En général, il n'est pas nécessaire de construire in extenso une représentation linéaire ou une représentation affine pour tracer le diagramme de Gale d'un polytope donné. Les propriétés que nous avons démontrées permettent souvent de se tirer d'affaire sans calculs.

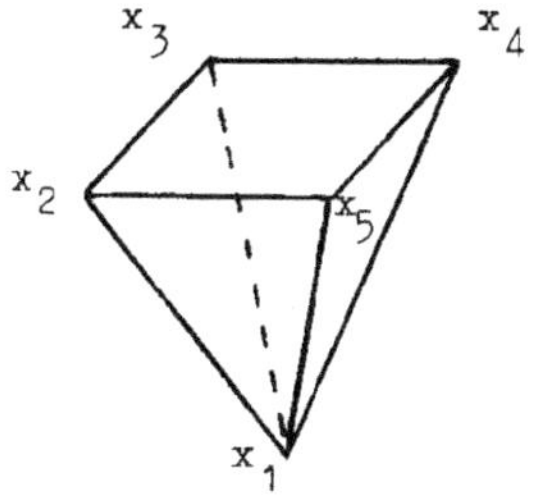

Ainsi, si P est le polytope dont nous avons obtenu le diagramme de Gale ci-dessus, on peut de suite dire que $\hat{x}_1$ coïncide avec 0, puisque P est une pyramide de sommet x_1. De plus, la dimension du diagramme est 5-3-1 = 1. Comme $\{x_1,x_4,x_5\}$ est une coface, $\hat{x}_2$ et $\hat{x}_3$ sont situés de part et d'autre de 0, de même $\hat{x}_4$ et $\hat{x}_5$ sont situés de part et d'autre de 0; le même résultat vaut pour $\hat{x}_3$ et $\hat{x}_4$ et $\hat{x}_2$ et $\hat{x}_5$. Dès lors, le diagramme de Gale standard est

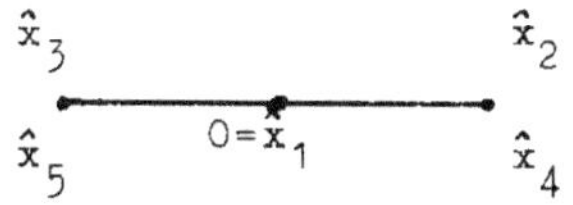

VI.1.5.3. On se reportera aux compléments pour l'utilisation des diagrammes de Gale, en particulier à Mc Mullen [9].

VI.2. DECOMPOSITION DES POLYTOPES CONVEXES

Ici encore, nous supposons que pos $U = \mathbb{R}^d$.

VI.2.1. Un polytope convexe P est <u>décomposable</u> si on peut l'écrire sous la forme $P = P_1 + P_2$, où P_1 et P_2 sont des polytopes convexes qui ne sont pas des dilatés positifs de P. Si P n'est pas décomposable, il sera dit <u>indécomposable</u>.

VI.2.2. <u>Un polytope</u> $P \in \mathscr{P}(U)$ <u>est indécomposable si et seulement si son représentant appartient à un cône-type de dimension inférieure ou égale à un</u>.

Supposons que $P \in \mathscr{P}(U)$ soit indécomposable. Soit $\bar{p}$ le représentant de P et soient $\bar{p}_1, \bar{p}_2 \in \mathscr{K}_{\bar{p}}$ tels que $\bar{p} \in]\bar{p}_1;\bar{p}_2[$. On peut écrire $\bar{p} = \lambda\bar{p}_1 + (1-\lambda)\bar{p}_2$, $(\lambda \in]0,1[)$, donc, vu V.6.6,

$$\bar{\rho}^{-1}(\bar{p}) = \lambda\bar{\rho}^{-1}(\bar{p}_1) + (1-\lambda)\,\bar{\rho}^{-1}(\bar{p}_2)$$

soit, avec des notations évidentes,

$$[P] = \lambda[P_1] + (1-\lambda)\,[P_2]$$

donc

$$P = \lambda(P_1+a) + (1-\lambda)(P_2+b) .$$

Comme P est indécomposable, il existe $\alpha_1, \alpha_2 \geq 0$ et $a_1, a_2 \in \mathbb{R}^d$ tels que

$$\lambda P_1 + \lambda a = \alpha_1 P + a_1 \quad \text{et} \quad (1-\lambda)P_2 + (1-\lambda)b = \alpha_2 P + a_2 ,$$

donc

$$P_1 = \frac{\alpha_1}{\lambda} P - a + \frac{a_1}{\lambda} \quad \text{et} \quad P_2 = \frac{\alpha_2}{1-\lambda} P - b + \frac{a_2}{1-\lambda}$$

ce qui livre

$$\bar{p}_1 = \frac{\alpha_1}{\lambda}\,\bar{p} \quad \text{et} \quad \bar{p}_2 = \frac{\alpha_2}{1-\lambda}\,\bar{p}$$

donc $\dim \mathscr{K}_{\bar{p}} = 1$ si $\bar{p} \neq 0$ et $\dim \mathscr{K}_{\bar{p}} = 0$ si $\bar{p} = 0$. Ce dernier cas, correspondant à $P = \{a\}$, semble avoir été perdu de vue par Mc Mullen.

A l'inverse, soit P un polytope de $\mathcal{N}(U)$ dont le représentant $\bar{p}$ est tel que dim $\mathcal{K}_{\bar{p}} \leq 1$. Si $P = P_1 + P_2$, P_1 et P_2 étant les polytopes convexes, P_1 et P_2 appartiennent à $\mathcal{N}(U)$ (cf. la preuve IV.1.6). Soient $\bar{p}_1 = \rho(P_1)$ et $\bar{p}_2 = \rho(P_2)$. On sait (III.7.5) que tous les $\lambda_1\bar{p}_1 + \lambda_2\bar{p}_2$ $(\lambda_1>0,\ \lambda_2>0)$ appartiennent à un même cône-type. De là, $\bar{p}_1$, $\bar{p}_2$ et $\bar{p}$ appartiennent à l'adhérence d'un cône-type. On peut alors affirmer que ρ^{-1} est semi-linéaire sur $]\bar{p}_1 : \bar{p}_2[$, donc $]\bar{p}_1 : \bar{p}_2[$ est inclus dans un cône-type $\mathcal{K}$. Comme $\bar{p} \in \mathcal{K}$, $\mathcal{K}_{\bar{p}} = \text{pos}\ (\{\bar{p}\}) \subset \mathcal{K}$, donc $\mathcal{K} = \mathcal{K}_{\bar{p}}$ et $\bar{p}_1, \bar{p}_2 \in \overline{\mathcal{K}}_{\bar{p}} = \mathcal{K}_{\bar{p}} \cup \{0\}$. Dès lors, $\bar{p}_i = \lambda_i\bar{p}$ $(\lambda_i \geq 0)$ et $P_i + a = \lambda_i P$ $(i=1,2)$.

VI.2.3. __Théorème de Mc Mullen-Meyer__. __Soit__ P $\in \mathcal{N}(U)$ __un polytope dont le représentant est__ $\bar{p} \neq 0$. __Le polytope__ P __peut être exprimé comme somme d'au plus__ dim $\mathcal{K}_{\bar{p}}$ __polytopes indécomposables__.

Puisque $\overline{\mathcal{K}}_{\bar{p}} \subset \text{pos}\ \bar{U}$ est saillant, il est la somme de ses génératrices extrêmes, on peut écrire $\bar{p}$ comme somme d'au plus dim $\mathcal{K}_{\bar{p}}$ points sur celles-ci (théorème de Carathéodory pour les cônes). Les internats de ces génératrices extrêmes sont des cônes-types (V.6.10). Il reste alors à utiliser VI.2.2.

VI.2.4. __Remarque__. Ce théorème fut découvert en 1969 par W. Meyer et publié dans sa dissertation doctorale (Meyer [1]). Le résultat de Meyer était exprimé de façon plus lourde et avec une preuve plus compliquée. En 1972, Peter Mc Mullen redécouvrit ce théorème sous la forme présentée ici. Il est à noter que Mc Mullen ignorait à ce moment l'existence du théorème de Meyer (publié de façon trop discrète), existence qui lui fut révélée a posteriori par G. Shephard.

VI.2.5. __Soit__ P __un__ d-__polytope ayant__ n __faces maximales__. __On peut exprimer__ P __comme la somme d'au plus__ n-d __polytopes indécomposables__, __et__ n-d __sont nécessaires si et seulement si__ P __est simple__.

La première partie est évidente, puisque l'ensemble U des normales extérieures de P est de cardinal n et dim $\mathcal{K}_{\bar{p}} \leq$ n-d.

La seconde résulte du fait que dim $\mathcal{K}_{\bar{p}}$ = n-d si et seulement si dim ${}^{e}\tilde{V}$ = n-d pour tout $\tilde{V}$ tel que $\bar{p} \in {}^{i}(\mathrm{pos}\ \tilde{V})$, ce qui équivaut à la simplicité de P (cf. corol.2 de V.4.5).

VI.2.6. <u>Théorème de Shephard</u>. <u>A l'exception du</u> d-<u>simplexe</u>, <u>tout</u> d-<u>polytope simple est décomposable</u>.

En effet n-d = 1 implique n = d+1, donc si P est simple, P est indécomposable si et seulement si c'est un simplexe.

VI.2.7. <u>Tout polygone convexe</u>, <u>distinct d'un triangle</u>, <u>est décomposable</u>.

En effet, tout polygone convexe est simple.

VI.2.8. Les nombres dim $\mathcal{K}_{\bar{p}}$ et n-d qui figurent dans VI.2.3 et VI.2.5 sont les meilleurs possibles. En effet, en vertu du théorème de Carathéodory, certains points de $\mathcal{K}_{\bar{p}}$ ne peuvent s'exprimer comme combinaison convexe de moins de dim $\mathcal{K}_{\bar{p}}$ points situés sur les génératrices extrêmes de $\mathcal{K}_{\bar{p}}$.

Ceci ne veut cependant pas dire que l'on ne peut pas exprimer un polytope comme somme de moins de dim $\mathcal{K}_{\bar{p}}$ polytopes indécomposables. Voici quelques exemples, tous simples :

a) (Meyer)

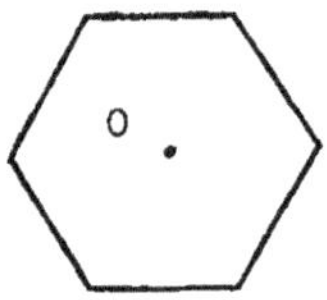

H

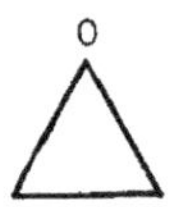

T

H = T + (-T)

b)

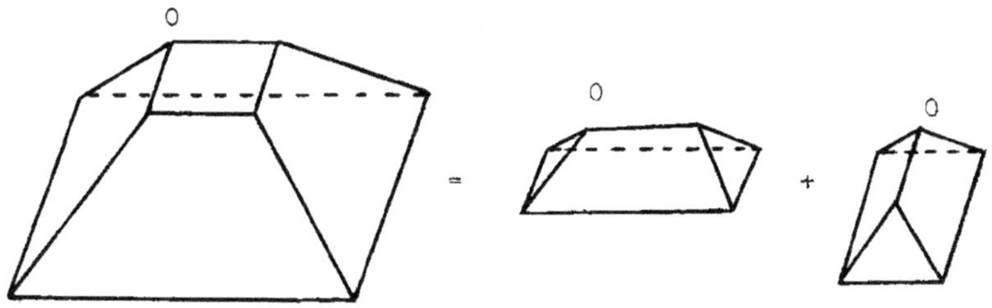

VI.2.9. *Soit* P *un* d-*polytope de* $\mathcal{N}(U)$ *représenté par* $\bar{p}$. *A chaque sommet de* P *est associé un sous-ensemble complet* V *de* U *et on peut identifier* L(V) *à un sous-espace de* L(U) *en posant* $\alpha_i = 0$ *si* $u_i \notin V$. *Si* M *désigne la somme de ces sous-espaces de* L(U), *on a*

$$\dim \mathcal{K}_{\bar{p}} = n - d - \dim M \text{ .}$$

Recherchons le sous-espace orthogonal de ${}^{s}\mathcal{K}_{\bar{p}}$ dans $\mathbb{R}^{n-d}$.

On peut écrire

$$\mathcal{K}_{\bar{p}} = \bigcap_{\tilde{V}\in\mathcal{V}} {}^{i}(\mathrm{pos}\ \tilde{V})$$

où $\mathcal{V}$ est un ensemble de $\tilde{V}$ linéairement indépendants (correspondants en fait aux sommets de P), donc

$$({}^{s}\mathcal{K}_{\bar{p}})^{\perp} = ({}^{s}\mathcal{K}_{\bar{p}})^{+} = [\bigcap_{\tilde{V}\in\mathcal{V}} {}^{s}\tilde{V}]^{+} = \sum_{\tilde{V}\in\mathcal{V}} ({}^{s}\tilde{V})^{+}$$

soit

$$({}^{s}\mathcal{K}_{\bar{p}})^{\perp} = \sum_{\tilde{V}\in\mathcal{V}} ({}^{s}\tilde{V})^{\perp} \text{ .}$$

Ainsi, $z \in ({}^{s}\mathcal{K}_{\bar{p}})^{\perp}$ peut s'écrire sous la forme d'une somme de z(V) où

$$(z(V),\overline{u_i}) = 0 \quad (\overline{u_i} \in \tilde{V})$$

donc, comme

$$((z(V),\bar{u}_{i_1}),\dots,(z(V),\bar{u}_{i_k})) \in L(V),$$

où les $\bar{u}_{i_j}$ décrivent $\tilde{V}$,

$$((z(V),\bar{u}_1),\ldots,(z(V),\bar{u}_n)) \in L'(V) \subset L(U)$$

(si L'(V) désigne l'image de L(V) dans L(U)).

Ainsi, $z \in ({}^s\mathcal{K}_p)^{\perp}$ si et seulement si $(z,\overline{u_1}),\ldots,(z,\overline{u_n})) \in M$.
L'application

$$z \to ((z,\overline{u_1}),\ldots,(z,\overline{u_n}))$$

étant un isomorphisme vectoriel, $\dim ({}^s\mathcal{K}_p)^{\perp} = \dim M$, d'où la formule annoncée.

VI.2.10. La proposition précédente montre en fait que le théorème de Mc Mullen-Meyer énoncé ici est effectivement équivalent à celui donné par Meyer.

VI.3. ADAPTABILITE HOMOTHETIQUE ET CONES-TYPES

VI.3.1. Rappelons que si P est un polytope et P' un polytope pour lequel existent $\lambda > 0$ et un polytope P" tels que $P = \lambda P' + P''$, on dit que P' est <u>homothétiquement adaptable à</u> P. Cette notion apparaît en filigrane dans le travail de Meyer [1] et a été étudiée intensivement par Geivaerts ([1], [2]).

VI.3.2. <u>Si</u> $P \in \mathcal{N}(U)$ <u>a son point de Steiner à l'origine</u>, <u>la face minimale de</u> $K({}^r\bar{U})$ <u>qui contient le représentant de</u> P <u>est l'ensemble des représentants des polytopes</u> (<u>de point de Steiner</u> 0) <u>homothétiquement adaptable à</u> P.

Soit p le représentant de P. Si x appartient à la face minimale ${}^b\mathcal{K}_p$ de ${}^r\bar{U}$ contenant p, $\mathcal{K}_x \subset {}^b\mathcal{K}_p$. Soit $P_x \in \mathcal{N}(U)$ le polytope représenté par x et dont le point de Steiner est 0. Le corollaire précédent permet d'affirmer que $\lambda P_x \prec P$ et λP_x est un sommand de P (Grünbaum [1],15.1.2,p.318), donc P_x est homothétiquement adaptable à P.

A l'inverse, si P' est homothétiquement adaptable à P, il existe $\lambda > 0$ tel que $\lambda P'$ est un sommand de P, donc tel que $\lambda P' \prec P$. Comme $\lambda P' \in \mathcal{N}(U)$, on conclut sans peine.

VI.3.4. Supposons que U engendre positivement $\mathbb{R}^d$ et que $P \in \mathcal{N}(U)$. S'il existe des convexes fermés Q et R tels que $P = Q + R$, Q et R appartiennent à $\mathcal{N}(U)$ et $\{\rho(Q),\rho(R)\} \subset {}^b\mathcal{K}_{\rho(P)}$.

La première assertion se déduit sans peine de la preuve de IV.1.6. En fait, si P s'écrit $P = \{x : (x|u_i) \leq \alpha_i,\ i=1,\ldots,n\}$, on peut écrire $Q = \{x : (x|u_i) \leq \beta_i,\ i=1,\ldots,n\}$ et $R = \{x : (x|u_i) \leq \gamma_i,\ i=1,\ldots,n\}$, où $\alpha_i = \beta_i + \gamma_i$.

Supposons alors que $\rho(Q) \notin {}^b\mathcal{K}_{\rho(P)}$. Si $\mathcal{K}_{\rho(P)} = \bigcap_{j\in J} {}^i(\mathrm{pos}\ \tilde{V}_j)$, $(J \subset \{1,\ldots,n\})$.

$${}^b\mathcal{K}_{\rho(P)} = {}^b\bigcap {}^i\mathrm{pos}\ \tilde{V}_j = \bigcap {}^{bi}\mathrm{pos}\ \tilde{V}_j = \bigcap {}^b\mathrm{pos}\ \tilde{V}_j = \bigcap \mathrm{pos}\ \tilde{V}_j \quad ,$$

et il existerait $j \in J$ tel que $\rho(Q) \notin \mathrm{pos}\ \tilde{V}_j$, ce qui revient à dire que V_j n'est pas partiel pour une face non vide de Q, ou encore

$$\bigcap_{u_k\in V_j} \{x : (x|u_k) = \beta_k\}$$

n'est pas une face non vide de Q. Ainsi, quel que soit $x \in Q$, il existerait $u_k \in V_j$ tel que $(x|u_k) < \beta_k$. Or, puisque V_j est complet pour une face non vide de P, il existe $p \in P$ tel que

$$(p|u_k) = \alpha_k, \ \forall u_k \in V_j \quad ,$$

mais, comme $p = q+r$, $(q \in Q, \ r \in R)$, on aurait la contradiction

$$(p|u_k) = (q|u_k) + (r|u_k) < \beta_k + \gamma_k = \alpha_k \quad .$$

Corollaire. *Si* P *et* Q *sont des polytopes dont le point de Steiner est l'origine et si, pour l'ordre de Shephard*, $Q \prec P$, $\rho(Q) \leq \rho(P)$ *pour l'ordre de Klee de* $K(^r\bar{\bar{U}})$ *quelle que soit la représentation linéaire* $\bar{U}$ *de l'ensemble des normales extérieures de* P.

De fait, si $Q \prec P$, il existe R tel que $P = Q+R$ (Grünbaum[1,p.318]) et en vertu de la proposition précédente, $\rho(Q) \in {}^b\mathcal{K}_{\rho(P)}$. Comme $\rho(P) \in {}^i\mathcal{K}_{\rho(P)}$, on en déduit que $\rho(Q) \leq \rho(P)$.

VI.4. QUELQUES PROPRIETES DU VOLUME DES POLYTOPES

Nous prions le lecteur qui ignorerait tout des propriétés du volume des polytopes convexes de consulter Eggleston [1]. Ici encore, nous ferons l'hypothèse que pos $U = \mathbb{R}^d$.

VI.4.1. Puisque le volume est invariant par translation, on peut définir $V(\bar{p}) = V(P)$ si $P \in \mathcal{N}(U)$ et si $\bar{p} \in$ pos $\bar{U}$ est associé à P.

Posons $\mathbf{A}_i(\bar{p}) = \mathbf{A}_i(P)$, où $\mathbf{A}_i(P)$ est la mesure de Lebesgue (d-1)-dimensionnelle de F_i. Comme dim F_i peut être inférieure à d-1, on peut avoir $\mathbf{A}_i(\bar{p}) = 0$.

VI.4.2. *Il existe un vecteur* $\mathbf{A}(\bar{p}) \in \mathbb{R}^{n-d}$ *tel que*

$$(\mathbf{A}(\bar{p})|\overline{u_i}) = \mathbf{A}_i(\bar{p}) \qquad (i=1,\ldots,n) \quad .$$

On peut d'ailleurs identifier $\mathbf{A}(\bar{p})$ *avec grad* $V(\bar{p})$ *en choisissant une représentation* $\bar{U}$ *convenable.*

On sait que $A_i(P) = \frac{\partial V(P)}{\partial \alpha_i}$, $(i=1,\dots,n)$, donc, puisque $V(P)$ est invariant par translation,

$$\sum_{i=1}^{n} \frac{\partial V(P)}{\partial \alpha_i} u_i = 0 ,$$

grâce à la formule de Taylor limitée au premier ordre (on remarquera qu'en fait $V(P) = V(\alpha_1,\dots,\alpha_n)$).

Ainsi, $(A_1(\bar{p}),\dots,A_n(\bar{p}))$ est une dépendance linéaire de U et, en vertu de V.3.7, il existe $A(\bar{p}) \in \mathbb{R}^{n-d}$ tel que

$$(A(\bar{p})|\overline{u_i}) = A_i(\bar{p}), \ (i=1,\dots,n) .$$

Comme l'image d'une représentation linéaire par un isomorphisme vectoriel de $\mathbb{R}^{n-d}$ est une représentation linéaire, on peut prendre pour $\bar{u}_{d+1},\dots,\bar{u}_n$ les vecteurs de la base standard de $\mathbb{R}^{n-d}$. Choisissons pour évaluer $V(P)$ et les $A_i(P)$ le translaté de P pour lequel $\alpha_1 = \dots = \alpha_d = 0$ (un tel translaté existe car $u_1,\dots,u_d$ est une base de $\mathbb{R}^d$ (cf.V.5.8)). Les fonctions ne dépendent plus ainsi que de $\alpha_{d+1},\dots,\alpha_n$ et

$$A(\bar{p}) = \sum_{i=d+1}^{n} (A(\bar{p})|\bar{u}_i)\bar{u}_i = \sum_{i=d-1}^{n} \frac{\partial V(\bar{p})}{\partial \alpha_i} \bar{u}_i = \text{grad } V(\bar{p}) .$$

VI.4.3. $V(\bar{p}) = \frac{1}{d} (\bar{p}|A(\bar{p}))$.

En effet, $V(P) = V(\alpha_1,\dots,\alpha_n)$ est une fonction homogène de degré d en les α_i, donc $V(\bar{p})$ est une fonction homogène de degré d en $\bar{p}$. En vertu de la formule d'Euler,

$$V(\bar{p}) = \frac{1}{d} \sum_{i=1}^{n} \alpha_i \frac{\partial V(\bar{p})}{\partial \alpha_i} = \frac{1}{d} \sum_{i=1}^{n} \alpha_i A_i(\bar{p}) .$$

$$= \frac{1}{d} \sum_{i=1}^{n} \alpha_i (A(\bar{p})|\bar{u}_i) = \frac{1}{d} (A(\bar{p})|\bar{p}) .$$

VI.4.4. <u>Si</u> $\alpha > 0$, <u>l'ensemble</u>

$$K(\alpha) = \{\bar{p} \in \text{pos } \bar{U} : V(\bar{p}) \geq \alpha\}$$

<u>est un convexe fermé lisse</u>.

Soient $\bar{p}_0$, $\bar{p}_1 \in K(\alpha)$. Si $\lambda \in [0,1]$,

$$\bar{p}_\lambda = (1-\lambda)\,\bar{p}_0 + \lambda\bar{p}_1$$

et soit $P_\lambda (\lambda \in [0,1])$ un élément de $\mathscr{P}(U)$ associé à $\bar{p}_\lambda$.

A une translation près, $P_\lambda \supset (1-\lambda)\,P_0 + \lambda P_1$. En effet,

$$(1-\lambda)P_0 + \lambda P_1 = \{(1-\lambda)x_0 + \lambda x_1 : (x_0|u_i) \leq \alpha_i \text{ et}$$

$$(x_1|u_i) \leq \beta_i,\ i=1,\ldots,n\} \subset \{x : (x|u_i) \leq (1-\lambda)\alpha_i + \lambda\beta_i\ (i=1,\ldots,n)\}$$

et ce dernier polytope est, à une translation près, P_λ.

Dès lors,

$$V^{\frac{1}{d}}(\bar{p}_\lambda) = V^{\frac{1}{d}}(P_\lambda) \geq V^{\frac{1}{d}}[(1-\lambda)P_0 + \lambda P_1]\ ;$$

or, en vertu du théorème de Brunn-Minkowski,

$$V^{\frac{1}{d}}[(1-\lambda)P_0 + \lambda P_1] \geq (1-\lambda)\,V^{\frac{1}{d}}(P_0) + \lambda V^{\frac{1}{d}}(P_1)$$

$$= (1-\lambda)\,V^{\frac{1}{d}}(\bar{p}_0) + \lambda V^{\frac{1}{d}}(\bar{p}_1)\ .$$

Ainsi, pour tout $\lambda \in [0,1]$,

$$V^{\frac{1}{d}}[(1-\lambda)\bar{p}_0 + \lambda\bar{p}_1] \geq (1-\lambda)\,V^{\frac{1}{d}}(\bar{p}_0) + \lambda V^{\frac{1}{d}}(\bar{p}_1)\ ,$$

ce qui prouve que $V^{\frac{1}{d}}(\bar{p})$ est une fonction concave de $\bar{p}$, donc $K(\alpha)$ est convexe. Comme, de plus, $V(\bar{p})$ est différentiable, $K(\alpha)$ est lisse et fermé.

VI.4.5. Théorème de Minkowski. Soient $u_1,\ldots,u_n$ des vecteurs normés qui engendrent positivement $\mathbb{R}^d$ et soient $A_1,\ldots,A_n$ des nombres positifs tels que $\sum_{i=1}^{n} A_i u_i = 0$. Il existe un d-polytope convexe, unique à une translation près, dont les n-faces maximales ont les u_i pour normales extérieures et les A_i pour (d-1)-mesures.

Vu l'hypothèse, $(A_1,\ldots,A_n) \in L(U)$ (si $U = (u_1,\ldots,u_n)$) donc il existe $A \in \mathbb{R}^{n-d}$ tel que $A_i = (A|\bar{u}_i)$ $(i=1,\ldots,n)$. L'hyperplan $\{\bar{p} \in \mathbb{R}^{n-d} : (A|\bar{p}) = 0\}$ rencontre pos $\bar{U}$ au seul point 0 (puisque $A_i > 0$, $i=1,\ldots,n$), donc un de ses translatés, H, est un hyperplan-support de K(1).

L'inégalité dans le théorème de Brunn-Minkowski est stricte pour autant que P_o, P_1 (voir les notations de VI.4.4) ne soient pas homothétiques ou situés dans des hyperplans parallèles. On voit ainsi que H rencontre K(1) en un seul point $\bar{q}$ (noter que H ne peut contenir deux points distincts de pos $\bar{U}$ multiples l'un de l'autre et que le second cas ne peut intervenir que si $\alpha \leq 0$). Ainsi,

$$H = \{x \in \mathbb{R}^{n-d} : (x|A) = (\bar{q}|A)\} .$$

Il s'ensuit que $A = \lambda A(\bar{q})$ pour un certain $\lambda > 0$.

Puisque $(\bar{q}|A(\bar{q})) = dV(\bar{q}) = d$(VI.4.3 et $q \in K(1)$), $(\bar{q}|A) = \lambda d$. Ainsi,

$$\bar{p} = \lambda^{\frac{1}{d-1}} \bar{q} = \left[\frac{(\bar{q}|A)}{d}\right]^{\frac{1}{d-1}} \bar{q}$$

satisfait à

$$A(\bar{p}) = A(\lambda^{\frac{1}{d-1}} \bar{q}) = \lambda A(\bar{q}) = A$$

et $A_i(\bar{p}) = A_i$ $(i=1,\ldots,n)$, donc le polytope P (unique à une translation près) associé à p répond aux conditions imposées.

VI.5. UN ECART SUR $\mathcal{N}_T(U)$

VI.5.1. La fonction d : $\mathcal{N}_T(U) \times \mathcal{N}_T(U) \to [0,+\infty]$ définie par

$$d([P],[Q]) = \delta(\rho(P),\rho(Q)),\ \forall [P],[Q] \in \mathcal{N}_T(U)$$

où δ est l'écart de $K({}^r\bar{\bar{U}})$, est un écart sur $\mathcal{N}_T(U)$.

On veillera à ne pas confondre l'écart d et la dimension d de $\mathbb{R}^d$.

La définition ne dépend manifestement pas des représentants choisis; de plus :

1° $d([P],[Q]) = 0$ équivaut à $\delta(\rho(P),\rho(Q)) = 0$, soit à $\rho(P) = \rho(Q)$ et $[P] = [Q]$;

2° la symétrie est évidente ;

3° l'inégalité triangulaire est vérifiée puisque δ est un écart.

VI.5.2. L'écart d sur $\mathcal{N}_T(U)$ est indépendant de la représentation $\bar{\bar{U}}$ de U choisie. En fait,

$$d([P],[Q]) = -\ln \sup \{\lambda \in]0,1[\ :\ \exists R,S \text{ tels que } P = \lambda Q + R \text{ et } Q = \lambda P + S\},$$

les fonctions étant prolongées en $+\infty$.

Ceci montre que d peut être défini sans référence aux représentations.

En effet, $d([P],[Q]) = \delta(p,q)$, où $p = \rho(P)$ et $q = \rho(Q)$, donc

$$d([P],[Q]) = \begin{cases} \ln \inf \{1 + \frac{1}{\varepsilon} : [p:q] \text{ s'étend de } \varepsilon \text{ dans } {}^b\mathcal{K}\} \\ +\infty \end{cases}$$

selon que P et Q ont même type combinatoire fort (représenté par $\mathcal{K}$) ou non.

Si P et Q ont même type combinatoire fort, soit $\mathcal{K}$ le cône-type qui contient leurs représentants. Si $[p:q]$ s'étend de ε dans ${}^b\mathcal{K}$, soit si

$$p + \varepsilon(p-q) \in {}^b\mathcal{K} \qquad \text{et} \qquad q + \varepsilon(q-p) \in {}^b\mathcal{K} ,$$

il existe r et s dans ${}^b\mathcal{K}$ tels que

$$p + \varepsilon(p-q) = r \qquad \text{et} \qquad q + \varepsilon(q-p) = s ,$$

soit

$$p = \frac{\varepsilon}{1+\varepsilon} q + r' \qquad \text{et} \qquad q = \frac{\varepsilon}{1+\varepsilon} p + s' ,$$

en posant $r' = \frac{r}{1+\varepsilon}$ et $s' = \frac{s}{1+\varepsilon}$, soit encore

$$[P] = \frac{\varepsilon}{1+\varepsilon} [Q] + \rho^{-1}(r') \qquad \text{et} \qquad [Q] = \frac{\varepsilon}{1+\varepsilon} + \rho^{-1}(s') .$$

Ainsi, si $[p:q]$ s'étend de ε dans ${}^b\mathcal{K}$, il existe des polytopes R et S de $\mathcal{N}(\bar{U})$ tels que

$$P = \frac{\varepsilon}{1+\varepsilon} Q + R \qquad \text{et} \qquad Q = \frac{\varepsilon}{1+\varepsilon} P + S ,$$

ou encore, en posant $\lambda = \frac{\varepsilon}{1+\varepsilon}$,

$$P = \lambda Q + R \qquad \text{et} \qquad Q = \lambda P + S ,$$

où $\lambda \in]0,1[$.

A l'inverse, s'il existe $\lambda \in]0,1[$, R et S tels que

$$P = \lambda Q + R \qquad \text{et} \qquad Q = \lambda P + S ,$$

R et S sont tels que $\{\rho(R),\rho(S)\} \subset {}^b\mathcal{K}$ (VI.3.4) et $[p:q]$ s'étend de $\frac{\lambda}{1-\lambda}$ dans ${}^b\mathcal{K}$.

Ceci établit la forme de d annoncée lorsque P et Q sont fortement combinatoirement équivalents.

Si P et Q n'ont pas même type combinatoire fort, $\delta(\rho(P),\rho(Q)) = +\infty$, quelle que soit la représentation $\bar{U}$ choisie. D'autre part, s'il existait $\lambda \in]0,1[$, R et S tels que

$$P = \lambda Q + R \text{ et } Q = \lambda P + S ,$$

P et Q seraient fortement combinatoirement équivalents, car

$\rho(Q) \in {}^b\mathcal{K}_{\rho(P)}$ et $\rho(P) \in {}^b\mathcal{K}_{\rho(Q)}$, donc $]\rho(P) : \rho(Q)[\subset \mathcal{K}_{\rho(P)} \cap \mathcal{K}_{\rho(Q)}$, ce qui exige que $\mathcal{K}_{\rho(P)} = \mathcal{K}_{\rho(Q)}$. Dès lors, si P et Q n'ont pas le même type combinatoire fort,

$$\Lambda = \{\lambda \in]0,1[\ : \exists R,S,\ P = \lambda Q + R \ \text{ et } \ Q = \lambda P + S\} = \emptyset$$

donc $- \ln \sup \Lambda = - \ln \sup \emptyset = + \infty$ (supremum de l'ensemble vide dans l'ordonné $]0,1[$), ce qui établit l'égalité annoncée.

VI.5.3. <u>L'espace métrique</u> $(\mathcal{N}_T(U), \frac{d}{1+d})$ <u>est complet, ses composantes connexes et connexes par arcs sont les quotients des divers types combinatoires forts inclus dans</u> $\mathcal{P}(U)$ <u>et celles-ci sont aussi complètes</u>.

Choisissons une représentation linéaire $\bar{U}$ de U. Le théorème 9 de Bauer-Bear [1] nous assure que chaque classe de Klee de $K(^{r}\bar{U})$ est complète pour sa distance; donc, puisque ρ est manifestement une isométrie, chaque quotient de type combinatoire fort inclus dans $\mathcal{N}(U)$ est complet. Partant, $\mathcal{N}_T(U)$ est complet. Le corollaire de Bauer-Bear [1] p.18, permet d'identifier les composantes connexes.

VI.6. <u>METRISATION DES QUOTIENTS DE TYPES COMBINATOIRES FORTS ET L'ESPACE</u> $(\mathcal{P}_T(\mathbb{R}^d), D)$.(*)

VI.6.1. Nous avons vu que l'écart d sur $\mathcal{N}_T(U)$ est indépendant de la représentation choisie pour le définir. La forme de $d([P],[Q])$ donnée en VI.5.2 est débarrassée de toute référence à U : ce nombre est lié de façon intrinsèque aux classes de translations [P], [Q] des polytopes P,Q. Nous appellerons <u>coefficient de décomposabilité réciproque</u> de [P] et [Q] le nombre (éventuellement $+ \infty$) $d([P],[Q])$.

[*] Nous désignons par $\mathcal{P}(\mathbb{R}^d)$ l'ensemble des d-polytopes et par $\mathcal{P}_T(\mathbb{R}^d)$ l'ensemble des classes de translation des d-polytopes.

VI.6.2. De façon évidente, on obtient la proposition suivante.

Tout quotient de type combinatoire fort de polytopes de $\mathbb{R}^d$ admet une distance intrinsèque, à savoir la restriction de la distance $D = \frac{d}{1+d}$ associée à $\mathcal{N}_T(U)$, où U est l'ensemble (fini) des normales extérieures communes aux éléments du type combinatoire fort considéré.

De plus, si $\mathcal{C}$ est un type combinatoire fort inclus dans $\mathcal{N}(V)$, la distance intrinsèque sur $\mathcal{C}_T$ est la restriction de la distance associée à $\mathcal{N}_T(V)$.

Nous noterons $D_{\mathcal{C}}$ la distance intrinsèque sur $\mathcal{C}_T$.

Corollaire 1. Tout quotient de type combinatoire fort de polytopes de $\mathbb{R}^d$ muni de sa distance intrinsèque est un espace métrique connexe par arcs et complet.

Corollaire 2. Si P est un polytope convexe de $\mathbb{R}^d$, quels que soient le n-uple U de vecteurs de $\mathbb{R}^d$ tel que $P \in \mathcal{P}(U)$ et la représentation linéaire $\bar{U}$ de U, la dimension du cône-type $\mathcal{K}_{\rho(P)}$ lié à P est la même.

Banale conséquence du théorème de l'invariance du domaine.

VI.6.3. La dimension commune des cônes-types liés à P dans $\mathbb{R}^d$ apparaît comme un invariant de P. Nous l'appellerons nombre de décomposabilité de P et nous le noterons n(P).

A première vue, ce nombre dépend de la dimension d de l'espace dans lequel P est plongé. Montrons qu'il n'en est rien.

Le nombre de décomposabilité de $P \in \mathcal{N}(\mathbb{R}^d)$ est indépendant de d ($d \geq \dim P$).

Soit n(P) [resp. n'(P)] le nombre de décomposabilité de P dans $\mathbb{R}^d$ [resp. dans $\mathbb{R}^{d'}$, où $d' = \dim {}^1P$ (on peut supposer que $0 \in P$)]. Nous supposerons (ce qui est loisible, quitte à changer de base) que ${}^1P = \{e_{n+1},\dots,e_{n+d-d'}\}^{\perp}$.

Soient $u_1,\dots,u_n$ les normales extérieures aux faces maximales de P dans ${}^1P$ et posons $U = (u_1,\dots,u_n)$.

A chaque sommet s_i de P est associé un sous-ensemble complet V_i de U $(i=1,\dots,k)$ et on peut identifier L(V) à un sous-espace L'(V) de L(U) en posant $\alpha_j = 0$ si $u_j \notin V_i$. Or (VI.2.9),

$$\dim \mathcal{K}_p = n - d' = \dim M$$

où $M = \sum_{i=1}^{k} L'(V_i)$.

Si

$$U' = (u'_1,\dots,u'_n,e_{n+1},\dots,e_{n+d-d'},-e_{n+1},\dots,-e_{n+d-d'}) ,$$

où $\quad u'_{ji} = u_{ji} \; (i=1,\dots,d') \quad \text{et} \quad u'_{ji} = 0 \; (i=d'+1,\dots,d) \quad ,$

$P \in \mathcal{N}(U')$.

Au sommet s_i est associé le sous-ensemble complet

$$V'_i = \{v' : v \in V_i\} \cup \{e_i : i=n+1,\dots,n+d-d'\} \cup \{-e_i : i=n+1,\dots,n+d-d'\}$$

où $v'_j = v_j$ $(j=1,\dots,d)$, $v_j = 0$ sinon.
Le sous-espace $L'(V'_i)$ est alors l'ensemble des $(\alpha_1,\dots,\alpha_{n+2(d-d')})$ tels que

$$(\alpha_1,\dots,\alpha_n) \in L'(V_i)$$

$$\alpha_{n+i} = \alpha_{n+d-d'+i} \quad (i=1,\dots,d-d')$$

donc $L'(V'_i) = L'(V_i) \oplus S$, où

$$S = \{x \in \mathbb{R}^{n+2(d-d')} : x_i = 0,\ i=1,\dots,n \;;\ x_{n+i} = x_{n+d-d'+i},\ i=1,\dots,d-d'\} .$$

Dès lors

$$\sum_{i=1}^{k} L'(V'_i) = \sum_{i=1}^{k} [L'(V_i) \oplus S] = [\sum_{i=1}^{k} L'(V_i)] \oplus S = M \oplus S ,$$

et $\dim \sum_{i=1}^{k} L'(V'_i) = \dim M + \dim S = \dim M + d - d'$.

Ainsi, si l'on calcule à nouveau la dimension du cône-type lié à P, on obtient, grâce au théorème de Mc Mullen,

$$n + 2(d-d') - d - [\dim M + d - d'] = n - d' - \dim M ,$$

ce qui prouve l'assertion.

VI.6.4. *La topologie de* $(\mathcal{T}_T, D_{\mathcal{T}})$ *est moins fine que celle de* $(\mathcal{T}_T, H')$, *où* H' *est la distance définie par*

$$H' = ([P],[Q]) = \inf \{H(P',Q') \, ; \, P' \in [P], \, Q' \in [Q]\} ,$$

H *désignant la distance de Hausdorff. Dès lors, l'application canonique* $(\mathcal{T}, H) \to (\mathcal{T}_T, D_{\mathcal{T}})$ *est continue.*

En effet, on a le diagramme commutatif (e désigne la distance euclidienne sur $\mathcal{K}_{\mathcal{T}}$)

$$\begin{array}{ccc}
(\mathcal{T}_T, H') & \xrightarrow{\mathrm{id}_{\mathcal{T}_T}} & (\mathcal{T}_T, D_{\mathcal{T}}) \\
\rho \big\downarrow & & \big\uparrow \rho^{-1} \\
(\mathcal{K}_{\mathcal{T}}, e) & \xrightarrow{\mathrm{id}_{\mathcal{K}_{\mathcal{T}}}} & (\mathcal{K}_{\mathcal{T}}, \frac{\delta}{1+\delta})
\end{array}$$

La continuité de ρ résulte de V.5.7, celle de $\mathrm{id}_{\mathcal{K}_{\mathcal{T}}}$ est établie dans Bauer-Bear [1;4,p.19] et celle de ρ^{-1} est prouvée en V.5.8.

VI.6.5. L'ensemble $\mathcal{P}_T(\mathbb{R}^d)$ peut être érigé en espace métrique. Il suffit de le considérer comme somme topologique des espaces $(\mathcal{T}_T, D_{\mathcal{T}})$:

$$\mathcal{P}_T(\mathbb{R}^d) = \cup \{(\mathcal{T}_T, D_{\mathcal{T}}) \, : \, \mathcal{T} \text{ type combinatoire fort de } \mathbb{R}^d\} .$$

La distance D sur cet espace est définie par

$$D([P],[Q]) = \begin{cases} D_T([P],[Q]) & \text{si } [P],[Q] \in \mathcal{T} , \\ 1 & \text{si } [P] \in \mathcal{T}, \, [Q] \in \mathcal{T}', \, \mathcal{T} \neq \mathcal{T}' , \end{cases}$$

(voir par exemple Čech [1,18.c.5,p.315]).

La distance sur $\mathcal{P}_T(\mathbb{R}^d)$ *est telle que*

$$D([P],[Q]) = \frac{d([P],[Q])}{1+d([P],[Q])}, \quad \forall\ [P],[Q] \in \mathscr{P}_T(\mathbb{R}^d)$$

où $d(.,.)$ est le coefficient de décomposabilité réciproque.

VI.6.6. Les composantes connexes [resp. connexes par arcs] de $(\mathscr{P}_T(\mathbb{R}^d),D)$ sont les quotients de types combinatoires forts de polytopes de $\mathbb{R}^d$.

En effet, les $\mathcal{T}_T$ sont connexes par arcs (VI.5.3) et ils constituent une partition ouverte et fermée de leur somme $(\mathscr{P}_T(\mathbb{R}^d)$.

VI.6.7. L'espace $(\mathscr{P}_T(\mathbb{R}^d),D)$ est localement euclidien et, si $d > 1$, possède des ouverts de dimension k quel que soit $k \in \mathbb{N}$, tandis que $(\mathscr{P}_T(\mathbb{R}^d_1),D)$ est homéomorphe à une demi-droite ouverte à laquelle on ajoute son extrémité comme point ouvert.

Soient $[P] \in \mathscr{P}_T(\mathbb{R}^d)$ et $\mathcal{T}$ le type combinatoire fort de P : $\mathcal{T}_T$ est un voisinage ouvert de $[P]$. Soit $\bar{U}$ une représentation linéaire de l'ensemble des normales extérieures de P : $\mathcal{T}_T$ est isométrique à $\mathcal{K}_{\rho(P)}$ muni de sa distance intrinsèque. Or, la distance intrinsèque d'un convexe ne dépend pas de la position particulière de celui-ci : $\mathcal{K}_{\rho(P)}$ est donc isométrique à l'un quelconque de ses translatés. Considérons un translaté $\mathcal{K}$ de $\mathcal{K}_{\rho(P)}$ auquel 0 est interne : la topologie induite sur $\mathcal{K}$ par sa distance intrinsèque est équivalente à la topologie induite sur $\mathcal{K}$ considéré comme sous-espace de ${}^s\mathcal{K}$ muni de la topologie associée à la jauge de Minkowski de $\mathcal{K}$ (Bauer-Bear [1;p.19]). Comme cette topologie est une topologie d'espace $\mathbb{R}^k$, la première assertion est prouvée puisque $\mathcal{K}$, algébriquement ouvert, est ouvert pour cette topologie [*;V.3.3.n,p.169]. Supposons à présent que $d \geq 2$. Quel que soit l'entier n supérieur à deux, il existe un 2-polytope $P \ni 0$ possédant n faces maximales. Dans une représentation des normales de P dans ${}^1P$, la dimension du cône-type lié à P est $n-2$ (corol. 2 de V.4.5). Ceci montre qu'il existe des polytopes dont le nombre de décomposabilité est k, donc des ouverts de dimension k dans $\mathscr{P}_T(\mathbb{R}^d)$, pour tout $k \in \mathbb{N}\setminus\{0,1\}$.

Comme $\{0\}$ est toujours un cône-type, la dimension 0 est atteinte (par le seul ouvert $[\{a\}]$ d'ailleurs). Enfin, si P est un d-simplexe, ses normales sont en nombre d+1 donc, puisque P est simple, $n(P) = 1$, ce qui montre que la dimension 1 est réalisée.

Le cas $d = 1$ se traite comme ci-dessus.

VI.6.8. <u>L'application canonique</u> $(\mathscr{P}(\mathbb{R}^d),H) \to (\mathscr{P}_T(\mathbb{R}^d),D)$ <u>est continue</u>.

De fait, en vertu de VI.6.4, l'image réciproque de tout ouvert d'un $\mathscr{C}_T$ est ouverte pour H et les ouverts de $\mathscr{C}_T$ constituent une base de $(\mathscr{P}_T(\mathbb{R}^d),D)$.

VI.6.9. <u>La topologie de</u> $(\mathscr{P}_T(\mathbb{R}^d),D)$ <u>est compatible avec l'addition au sein de</u> $\mathscr{P}_T(\mathbb{R}^d)$. <u>De plus, l'application</u> $(\lambda,[P]) \to \lambda[P]$ <u>de</u> $]0,+\infty[\times \mathscr{P}_T(\mathbb{R}^d)$ <u>dans</u> $\mathscr{P}_T(\mathbb{R}^d)$ <u>est continue. Le demi-groupe à opérateurs</u> $\langle \mathscr{P}_T(\mathbb{R}^d);+,\lambda.\rangle_{\lambda \in]0,+\infty[}$ <u>est donc un demi-groupe</u> (<u>à opérateurs</u>) <u>topologique métrisable</u>.

Soient $P, Q \in \mathscr{P}(\mathbb{R}^d)$. Désignons par U le multiplet des normales extérieures aux faces maximales de P + Q (il y a un certain arbitraire sur le choix de U lorsque $\dim(P+Q) < d$, mais ceci est sans importance). On sait (VI.3.4) que P et Q appartiennent à $\mathscr{N}(U)$. Considérons une représentation $\bar{\bar{U}}$ de U et soit $\rho(R)$ le représentant dans ${}^{r}\bar{\bar{U}}$ de $R \in \mathscr{N}(U)$.

Si $p = \rho(P)$, $q = \rho(Q)$, $p' \in \bar{\bar{\mathscr{K}}}_{p+q}$ et $q' \in \bar{\bar{\mathscr{K}}}_{p+q}$,

$$\delta(p+q,p'+q') \leq \max[\delta(p,p'),\delta(q,q')]$$

vu le théorème 7 de Bauer-Bear [1]; donc, si $\delta(p,p') \leq \varepsilon$ et $\delta(q,q') \leq \varepsilon$,

$$\delta(p+q,p'+q') \leq \varepsilon ,$$

quel que soit $\varepsilon > 0$ donné. Ceci montre la continuité de l'addition dans $\mathscr{P}_T(\mathbb{R}^d)$, puisque

$$d(p+q,p'+q') = d([P]+[Q],[P']+[Q']) ,$$

ρ^{-1} étant semi-linéaire sur $\bar{\mathcal{K}}_{p+q}$.

Etablissons la seconde partie de l'énoncé. Soient $\lambda > 0$ et $P \in \mathcal{P}(\mathbb{R}^d)$. Si Q appartient au même type combinatoire fort que P et $\lambda' > 0$,

$$\delta(\lambda\rho(P),\lambda'\rho(Q)) \leq \delta(\rho(P),\rho(Q)) + |\ln \lambda - \ln \lambda'|$$

(Bauer-Bear [1],theorem 7). Dès lors, si $d([P],[Q]) \leq \frac{\varepsilon}{2}$ $(0 < \varepsilon < +\infty)$ et $\lambda' \in [e^{-\frac{\varepsilon}{2}}, e^{\frac{\varepsilon}{2}}]$,

$$d(\lambda[P],\lambda'[Q]) \leq \varepsilon .$$

VI.6.10. Remarques. a) _L'application_ $(\lambda,[P]) \to \lambda[P]$ _n'est continue en_ $(0,[P])$ _que si_ $[P] = [\{0\}]$.

De fait,

$$d(0[P],\lambda[Q]) = \begin{cases} 0 \text{ si } \lambda = 0 , \\ 0 \text{ si } [Q] = [\{0\}] , \\ +\infty \text{ sinon} , \end{cases}$$

donc $d(0[P],\lambda[Q]) \leq \varepsilon < +\infty$ exige que $\lambda = 0$ ou $[Q] = [\{0\}]$, ce qui établit la thèse puisque $[\{0\}]$ n'est un voisinage de $[P]$ que si $[P] = [\{0\}]$.

b) _Le demi-groupe à opérateurs topologique_ $\mathcal{P}_T(\mathbb{R}^d)$ _n'est pas plongeable dans un espace vectoriel topologique_.

C'est évident, vu a).

VI.6.11. _Les quotients de polytopes indécomposables sont les composantes connexes de_ $(\mathcal{P}_T(\mathbb{R}^d),D)$ _de dimension_ (_topologique ou semi-linéaire_) _inférieure ou égale à un_.

On sait en effet qu'un polytope est indécomposable si et seulement si,son cône-type est de dimension inférieure ou égale à un (VI.2.2).

Remarquons que nous avons obtenu de la sorte une caractérisation intrinsèque des polytopes indécomposables, puisque la donnée du demi-groupe à opérateurs $\langle \mathcal{P}_T(\mathbb{R}^d);+,\lambda\cdot\rangle_{\lambda>0}$ définit l'écart d, donc la topologie de $\mathcal{P}_T(\mathbb{R}^d)$.

VI.6.12. <u>L'application</u> $\Delta : (\mathcal{P}_T(\mathbb{R}^d),D) \to (\mathcal{P}_T(\mathbb{R}^d),D)$, <u>définie par</u> $\Delta([P]) = [P-P]$ $(P \in \mathcal{P}(\mathbb{R}^d))$ <u>est continue</u>.

S'il existe $\lambda \in]0,1[$ et $R,S \in \mathcal{P}(\mathbb{R}^d)$ tels que

$$P = \lambda Q + R \quad \text{et} \quad Q = \lambda P + S \quad ,$$

$$P - P = \lambda Q + R - (\lambda(Q+R)) = \lambda(Q-Q) + R - R$$

et, de même,

$$Q - Q = \lambda(P-P) + S - S \quad ,$$

ce qui prouve que

$$d([P-P],[Q-Q]) \leq d([P],[Q])$$

et établit la continuité de Δ.

VI.6.13. <u>L'espace</u> $\mathcal{P}_T(\mathbb{R}^d)$ <u>possède une structure de variété différentiable de classe</u> C_∞ <u>dont la topologie compatible coïncide avec celle qu'induit</u> D.

Il suffit de prendre pour cartes les $(\mathcal{C}_T,\rho_{\mathcal{C}})$, où $\rho_{\mathcal{C}}$ est l'application qui à $[P] \in \mathcal{C}_T$ associe son représentant dans une représentation linéaire des normales de P.

CHAPITRE VII

APPLICATIONS DES POLYEDRES A LA SEPARATION

VII.1. ENSEMBLES QUASI-POLYEDRAUX

VII.1.1. Définitions. Dans $\mathbb{R}^d$, un ensemble A est dit quasi-polyédral si, pour tout polytope P, $A \cap P$ est un polytope; A est polyédral au point $p \in A$ lorsqu'il existe un voisinage de p dans K qui est un polyèdre convexe.

VII.1.2. Exemples. En vertu de IV.1.3, on sait que les polytopes, les polyèdres convexes et en particulier les variétés linéaires de $\mathbb{R}^d$ sont des ensembles quasi-polyédraux.

Mais on peut donner des exemples d'ensembles quasi-polyédraux qui ne sont pas des polyèdres convexes. Considérons, dans $\mathbb{R}^2$, les droites D_n passant par l'origine et formant avec l'axe Ox l'angle $\frac{\pi}{2n}$, pour $n = 1,2,\dots$. Sur chaque droite D_n, appelons a_n le point d'ordonnée positive et distant d'une longueur unitaire de O. Chaque D_n détermine un demi-espace fermé Σ_n qui contient la partie positive de Ox. Formons alors l'intersection de Σ_1, $a_1 + \Sigma_2$, $a_1 + a_2 + \Sigma_3, \dots$, $a_1 + \dots + a_{n-1} + \Sigma_n, \dots$. Cet ensemble K est l'intersection d'une infinité de demi-espaces fermés formant une famille non redondante. Ce n'est donc pas un polyèdre convexe. Par contre, c'est un ensemble quasi-polyédral; en effet, pour tout polytope P, $K \cap P$, ensemble borné, ne peut contenir qu'un nombre fini de sommets $a_1 + \dots + a_n$ du contour polygonal qui délimite K, donc $K \cap P$ est l'intersection d'un nombre fini de demi-espaces fermés, c'est-à-dire un polytope.

VII.1.3. Dans $\mathbb{R}^d$, un ensemble A est quasi-polyédral si et seulement s'il est convexe, fermé et polyédral en chacun de ses points.

Soit A un ensemble quasi-polyédral. Il est clair que A est polyédral en chacun de ses points; de plus, si A est vide ou un singlet, il est évidemment convexe et fermé. Supposons donc que A contienne au moins deux points distincts.

Considérons deux points x,y de A et le segment $[x:y]$. Celui-ci est un polytope, donc $A \cap [x:y] = [x:y]$, ce qui implique $[x:y] \subset A$, donc A est convexe. Prouvons maintenant que A est fermé. Supposons $A \neq \bar{A}$; prenons un point $y \in \bar{A} \setminus A$ et un autre point $x \in {}^{i}A$; $[x:y]$ est un polytope, mais $A \cap [x:y] = [x:y[$ n'en est pas un, ce qui est absurde. Il faut donc que $A = \bar{A}$.

Réciproquement, supposons que A soit convexe, fermé et polyédral en chacun de ses points. Soit P un polytope qui rencontre A. Chaque point x de A admet un voisinage V_x de x dans A, V_x étant un polytope; comme $A \cap P$ est compact, il existe un sous-ensemble fini X de A tel que $A \cap P \subset \bigcup_{x \in X} V_x$. Posons $Z = {}^{c}(\bigcup_{x \in X} V_x)$. Comme Z est un polytope, $P \cap Z$ en est également un et on a $A \cap P \subset Z \subset A$, d'où $A \cap P = P \cap Z$, ce qui montre que A est bien quasi-polyédral.

VII.1.4. <u>Lemme</u>. <u>Soient</u> X <u>et</u> Y <u>deux convexes de</u> $\mathbb{R}^d$, p <u>un point de</u> $X \cap Y$; <u>si</u> Y <u>est inclus dans le cône de sommet</u> p <u>engendré par</u> X <u>et</u> <u>si</u> Y <u>est un polyèdre convexe</u>, <u>alors</u> $X \cap Y$ <u>est un voisinage de</u> p <u>dans</u> Y.

Quitte à effectuer une translation, nous supposerons que l'origine coïncide avec p; Y étant un polyèdre convexe, il peut s'écrire sous la forme $\bigcap_{j=1}^{k} \{x : f_j(x) \leq 0\} \cap \bigcap_{j=k+1}^{m} \{x : f_j(x) \leq 1\}$.

Considérons le cône C de sommet O engendré par Y : il coïncide avec $\bigcap_{j=1}^{k} \{x : f_j(x) \leq 0\}$ (III.1.7), contient Y mais est inclus dans le cône de sommet O engendré par X; si L désigne le sous-espace caractéristique de C et S un supplémentaire de L dans $\mathbb{R}^d$, alors $C = L \oplus (C \cap S)$, où $C \cap S$ est un cône convexe fermé saillant qui possède de ce fait une base compacte B [*;III.2.5.9,p.107]; comme $C \cap S$ est un cône polyédral, B est un polytope.

Pour démontrer ce lemme, il suffit de prouver que $X \cap C$ est un voisinage de O dans C. Pour chaque sommet x de B, il existe un réel positif λ_x tel que $[0 : \lambda_x x] \subset X$; comme ${}^{p}B$ possède un nombre fini d'éléments, le nombre $\lambda = \inf \{\lambda_x : x \in {}^{p}B\}$ est positif et donne lieu à l'inclusion suivante : $(\bigcup_{0 \leq \mu \leq \lambda} \mu B) \subset X$.

Chaque point u de C admet une décomposition unique de la forme $u = w_u + \alpha_u z_u$ avec $w_u \in L$, $\alpha_u \geq 0$ et $z_u \in B$. Or, il est clair que $X \cap L$ est un voisinage de O dans L, d'où on peut construire un voisinage V de l'origine dans $\mathbb{R}^d$ tel que $w_u \in \frac{1}{2}(X \cap L)$ et $0 \leq \alpha_u \leq \frac{\lambda}{2}$ pour tout point u de $V \cap Y$ (il suffit, par exemple, de prendre pour V l'ensemble $\frac{1}{2}(X \cap L) \oplus \frac{1}{2} B'$, où B' désigne l'enveloppe convexe-équilibrée de B).

Dans ces conditions, $V \cap Y \subset \frac{1}{2}(X \cap L) + \frac{1}{2}\left(\bigcup_{0 \leq \mu \leq \lambda} \mu B\right) \subset \frac{X}{2} + \frac{X}{2} = X$, d'où $V \cap C \subset X \cap C$, ce qui montre que $X \cap C$ est un voisinage de O dans C.

VII.1.5. Dans $\mathbb{R}^d$, un ensemble convexe A est polyédral en un de ses points p si et seulement si le cône de sommet p engendré par A est un cône polyédral.

Si le cône C de sommet p engendré par A est un cône polyédral, il résulte du lemme précédent que A est un voisinage de p dans C. Mais alors p admet un voisinage V dans $\mathbb{R}^d$ tel que $V \cap C = P \subset A$; on peut toujours prendre pour V un polyèdre convexe, d'où P est un polyèdre convexe qui est un voisinage de p dans A.

Réciproquement, si A est polyédral en p, il existe un voisinage V de p dans A, V étant un polyèdre convexe. En vertu de la convexité de A, les cônes de sommet p engendrés par A et V coïncident, et sont donc des cônes polyédraux (III.1.7).

VII.1.6. Dans $\mathbb{R}^d$, un ensemble convexe A est quasi-polyédral si et seulement si, pour chacun de ses points x, le cône de sommet x engendré par A est un cône polyédral.

Cela résulte directement de la confrontation des résultats VII.1.3 et VII.1.5.

VII.2. SEPARATION DE POLYEDRES CONVEXES

VII.2.1. *Si* A *est un polyèdre convexe non vide et* B *un convexe non vide disjoint de* ^{i}A, *il existe une séparation franche de* A *et* B.

Il s'agit d'une banale application de I.1.4 puisque l'on sait que A est d'internat non vide (III.1.1) et de codimension finie (III.1.4).

VII.2.2. *Soient* P_1 *et* P_2 *deux polyèdres convexes qui se rencontrent;* P_1 *et* P_2 *sont séparés si et seulement s'ils sont contigus.*

Cela découle immédiatement d'un énoncé de I.1.3.

VII.2.3. *Si* P *est un polyèdre convexe de codimension nulle et si* a *est un point qui n'appartient pas à* P, *il existe un hyperplan* H *séparant fortement* $\{a\}$ *de* P *et parallèle à une face maximale de* P.

On peut toujours écrire P sous la forme $\bigcap_{j=1}^{n} \Sigma_j$, où chaque Σ_j est un demi-espace fermé et où la famille des Σ_j est non redondante. Il existe un indice k de $\{1,2,\ldots,n\}$ tel que $a \in C\Sigma_k$, puisque $a \notin P$. Il est alors aisé de trouver un hyperplan H parallèle à $^{m}\Sigma_k$ qui sépare fortement $\{a\}$ de P. Comme l'ensemble $F = H_k \cap \bigcap_{j\in\{1,2,\ldots,n\}\setminus\{k\}} \Sigma_j$ est une face maximale de P (III.2.5), l'hyperplan H obtenu répond à la question.

VII.2.4. *Si* P_1 *et* P_2 *sont deux polyèdres convexes non vides et disjoints, ils peuvent être fortement séparés.*

De fait, $P_1 - P_2$ est un polyèdre convexe; on peut en effet écrire $P_j = P_j' + S_j$ $(j=1,2)$ où P_j' est un polyèdre convexe de dimension finie et S_j un sous-espace vectoriel de codimension finie, d'où $P_1 - P_2 = P_1' - P_2' + S_1 + S_2$ avec $P_1' - P_2'$ polyèdre convexe de dimension finie (III.3.5) et $S_1 + S_2$ sous-espace vectoriel de codimension finie et, partant, $P_1 - P_2$ polyèdre convexe (III.1.9). Il existe donc un hyperplan H séparant fortement $\{0\}$ de $P_1 - P_2$ (VII.2.3) : P_1 et P_2 sont alors fortement séparés (I.3.2).

VII.2.5. <u>Si P_1 et P_2 sont deux polyèdres convexes disjoints dont la réunion n'est pas incluse dans un hyperplan, il existe une forme linéaire</u> f <u>non nulle telle que</u>

(i) $\max f(P_1) < \min f(P_2)$,

(ii) $F_1 = \{x \in P_1 : f(x) = \max f(P_1)\}$ <u>et</u>

$$F_2 = \{x \in P_2 : f(x) = \min f(P_2)\}$$

<u>sont des faces non vides de</u> P_1 <u>et</u> P_2 <u>respectivement</u>.

(iii) $\dim F_i \geq \operatorname{codim} F_j - 1$ <u>pour</u> $i \neq j$ <u>et</u> $i,j \in \{1,2\}$.

Si ${}^1P_1 - {}^1P_2 = {}^1(P_1-P_2)$ diffère de E, $P_1 - P_2$ est inclus dans un hyperplan H; celui-ci ne peut pas être homogène, sinon il existerait une forme linéaire f non nulle telle que $f(P_1-P_2) \subset \{0\}$, d'où $f(x) = f(y)$ pour tout x de P_1 et tout y de P_2, ce qui est absurde. L'hyperplan H ne contient pas l'origine : P_1 et P_2 sont donc inclus dans des translatés distincts de H : il suffit de choisir pour forme linéaire f celle qui détermine l'hyperplan H (ou son opposée et $F_1 = P_1$, $F_2 = P_2$: les points (i) et (ii) sont visiblement satisfaits.

Sinon, $P_1 - P_2$ est un polyèdre convexe de codimension nulle et qui ne contient pas l'origine : il existe donc un hyperplan H séparant fortement $\{0\}$ de $P_1 - P_2$ et parallèle à une face F de $P_1 - P_2$, avec codim F = 1 (VII.2.3); en d'autres termes, il existe une forme linéaire f non nulle et un réel α tels que

$$f(F) = \{\alpha\} \text{ et } \alpha = \max f(P_1-P_2) < 0 .$$

En vertu de II.2.9 $F_1 = \{x \in P_1 : f(x) = \max f(P_1)\}$ et $F_2 = \{x \in P_2 : f(x) = \min f(P_2)\}$ sont des faces non vides de P_1 et P_2 telles que $F = F_1 - F_2$. La forme linéaire f ainsi que les faces F_j (j=1,2) ainsi déterminées vérifient bien les deux premiers points de l'énoncé.

Considérons à présent la dernière partie de l'énoncé. La condition (iii) est surabondamment satisfaite dans un espace vectoriel E de dimension infinie.
Plaçons-nous donc dans un espace vectoriel dont la dimension d est finie : la condition (iii) peut alors s'écrire de façon équivalente sous la forme $\dim F_1 + \dim F_2 \geq d-1$.
Dans le premier cas considéré au début de cette preuve, $\dim (P_1-P_2) = d-1$, ce qui entraîne $\dim P_1 - \dim P_2 = \dim F_1 - \dim F_2 \geq d-1$. En effet, si $\dim (P_1-P_2) < d-1$, alors on pourrait trouver un hyperplan homogène contenant $P_1 - P_2$, d'où P_1 et P_2 seraient contenus dans un même hyperplan, ce qui contredit l'hypothèse.
Enfin, dans le second cas, on a $d-1 = \dim F \leq \dim (F_1-F_2) \leq \dim F_1 + \dim F_2$.

VII.2.6. *Corollaires*. 1) *Soient* P_1 *et* P_2 *deux polyèdres convexes disjoints de* $\mathbb{R}^d$ *tels que* $P_1 \cup P_2$ *ne soit pas inclus dans un hyperplan. Pour un réel* k *tel que* $0 \leq k < d$, P_1 *et* P_2 *peuvent être fortement séparés par un hyperplan parallèle à une* k-*face de* P_1 *et à une* (d-k-1)-*face de* P_2.

2) *Dans* $\mathbb{R}^2$, *si* P_1 *et* P_2 *sont deux polyèdres convexes, disjoints et de dimension* 2, *il existe une droite qui sépare fortement* P_1, P_2 *et qui est parallèle à une face maximale de* P_1 *ou de* P_2.

Le premier corollaire est dû à V. Klee [12 ; 2.18,p.270].
Pour le démontrer, il suffit de remplacer le signe $\geq$ de la condition (iii) du théorème précédent par un signe d'égalité pour autant que l'on remplace F_1 et F_2 par certaines de leurs faces.

Dans le second corollaire, la condition $\dim F_1 + \dim F_2 \geq d-1=1$ du théorème impose $\dim F_1 = 1$ ou $\dim F_2 = 1$.

VII.2.7. *Soient* A *un polyèdre convexe non vide et* B *une cellule convexe de codimension finie. Il existe un hyperplan séparant* A *et* B *mais ne contenant pas* B *sous la condition nécessaire et suffisante que* $A \cap {}^{i}B = \emptyset$.

La condition est nécessaire. En effet, si H est un hyperplan séparant A,B et ne contenant pas B, ${}^{i}B$ est inclus dans un demi-espace ouvert associé à H et A dans l'autre demi-espace fermé; d'où A et ${}^{i}B$ sont bien disjoints.

Pour montrer que la condition est suffisante, posons $D = A \cap {}^{l}B$. Si D est vide, A et ${}^{l}B$ peuvent être fortement séparés par un hyperplan en vertu de VII.2.4 étant donné que ${}^{l}B$ est un polyèdre convexe; cet hyperplan sépare donc A,B et ne contient pas B. Supposons dorénavant D non vide.
Comme ${}^{i}D \cap {}^{i}B = \emptyset$, il existe un hyperplan H qui sépare franchement D et B (I.1.3); H ne peut pas contenir B, puisque la séparation est franche et que $B \subset H$ entraînerait $B \cup D \subset {}^{l}B \subset H$. Dès lors, ${}^{l}B$ n'est pas parallèle à H, d'où l'intersection B' de ${}^{l}B$ et du demi-espace fermé associé à H et contenant B est un demi-espace dans ${}^{l}B$. Si les polyèdres A et B' sont disjoints, on peut de nouveau les séparer fortement et, a fortiori, A et B peuvent être fortement séparés. Nous pouvons donc supposer que A et B' se rencontrent, ce qui entraîne que D rencontre H ou encore que l'ensemble $M = {}^{l}B \cap H$ n'est pas vide; nous supposerons même que l'origine appartient à $A \cap M$, soit que M est un sous-espace vectoriel de E, ce qui ne constitue pas une restriction. Le cône convexe K de sommet O et engendré par A est un polyèdre convexe qui ne rencontre pas l'internat de B'. Posons $A' = K + M$; A' est un cône convexe de sommet O et un polyèdre convexe disjoint de ${}^{i}B'$; il existe donc des demi-espaces fermés $\Sigma_1, \Sigma_2, \dots, \Sigma_p$ tels que

$A' = \bigcap_{j=1}^{p} \Sigma_j$ et $M \subset {}^{m}\Sigma_j$ pour $j=1,2,\dots,p$. Si un demi-espace Σ_j rencontre ${}^{i}B'$, alors $B' \subset \Sigma_j$, car B' est une demi-variété fermée dont la marge M est contenue dans ${}^{m}\Sigma_j$; dès lors, comme A' et ${}^{i}B'$ sont disjoints, il existe un demi-espace fermé Σ_k disjoint de ${}^{i}B'$. L'hyperplan $H_k = {}^{m}\Sigma_k$ sépare A' et B', et ne rencontre pas ${}^{i}B'$; comme $A \subset A'$ et ${}^{i}B \subset {}^{i}B'$, H_k sépare a fortiori A,B et ne contient pas B.

VII.2.8. <u>Soient</u> P_1 <u>et</u> P_2 <u>deux polyèdres convexes non vides.</u>
<u>Il existe un hyperplan séparant vraiment</u> P_1 <u>et</u> P_2 <u>si et seulement si</u> $P_1 \cap P_2 \subset {}^mP_1 \cap {}^mP_2$.

Remarquons avant tout que la condition $P_1 \cap P_2 \subset {}^mP_1 \cap {}^mP_2$ est équivalente à $(P_1 \cap {}^iP_2) \cup ({}^iP_1 \cap P_2) = \emptyset$.

Par le théorème précédent, si $P_1 \cap P_2 \subset {}^mP_1 \cap {}^mP_2$, il existe des formes linéaires non nulles f_1, f_2 et des réels α_1, α_2 tels que

$$P_1 \subset \{x \in E : f_1(x) \leq \alpha_1\} \cap \{x \in E : f_2(x) \leq \alpha_2\} ,$$

$$P_2 \subset \{x \in E : f_1(x) \geq \alpha_1\} \cap \{x \in E : f_2(x) \geq \alpha_2\} ,$$

$$P_1 \not\subset \bar{f}_1^1(\{\alpha_1\}) \quad \text{et} \quad P_2 \not\subset \bar{f}_2^1(\{\alpha_2\}).$$

La forme linéaire f_1 diffère de $-f_2$. En effet, si $f_1 = -f_2$, on aurait $P_1 \subset \{x \in E : -\alpha_2 \leq f_1(x) \leq \alpha_1\}$ et $P_2 \subset \{x \in E : -\alpha_1 \leq f_1(x) \leq -\alpha_2\}$, ce qui entraînerait $\alpha_1 = -\alpha_2$ et l'absurdité $P_1 \subset \bar{f}_1^1(\{\alpha_1\})$. Dans ces conditions, $H = \{x \in E : f_1(x) + f_2(x) = \alpha_1 + \alpha_2\}$ est un hyperplan qui sépare vraiment P_1 et P_2.

La réciproque découle directement d'un énoncé de I.1.9.

VII.2.9. <u>Définitions</u>. Un ensemble A est dit <u>uniformément convexe</u> s'il coïncide avec une intersection de demi-espaces ouverts. Dans $\mathbb{R}^d$, un ensemble A est uniformément convexe si et seulement si A est convexe et tout point de CA est contenu dans un hyperplan disjoint de A (Fenchel [1]); notons encore que toutes les projections d'un convexe A sont uniformément convexes si et seulement si toute variété linéaire disjointe de A est contenue dans un hyperplan disjoint de A; par exemple, les ensembles partiellement polyédraux ont toutes leurs projections uniformément convexes. Signalons aussi que, dans $\mathbb{R}^2$, les ensembles dont toutes les projections sont uniformément convexes coïncident avec les ensembles uniformément convexes.

Dans $\mathbb{R}^d$, une variété linéaire B est <u>asymptote</u> de A si $0 \in (A-B)^{-} \setminus (A-B)$ ou, de façon équivalente, si la variété B est disjointe de A alors que $0 \in \overline{A-B}$; bien entendu, si A n'admet aucune asymptote, il est fermé.

Un ensemble A est <u>nettement séparé</u>(1) de B par un hyperplan H lorsque A est séparé de B par H et que H est disjoint de A.

VII.2.10. <u>Lemme</u>. <u>Supposons que deux ensembles non vides, disjoints et uniformément convexes</u> X,Y <u>de l'espace</u> $\mathbb{R}^2$ <u>soient séparés par une droite</u> L <u>qui les rencontre tous les deux et telle que les ensembles</u> $X \cap L$ <u>et</u> $Y \cap L$ <u>soient séparés dans</u> L <u>par un point</u> w; si $w \notin X \cup Y$ <u>ou si</u> Y <u>est polyédral en</u> w, <u>alors</u> X <u>est nettement séparé de</u> Y <u>par une droite passant par</u> w.

Les ensembles X et Y sont respectivement inclus dans les adhérences des demi-espaces ouverts P_X et P_Y associés à L; $X \cap L$ et $Y \cap L$ sont contenus dans les demi-droites fermées L_X et L_Y supportées par L et d'origine w que nous supposerons désormais coïncider avec l'origine (quitte à effectuer une translation).

Etant donné que l'origine n'appartient pas à X et que X est uniformément convexe, il existe une droite $D = (0:x)$ passant par un point x de P_X et ne rencontrant pas X. Bien plus, si u est un point de $X \cap L$, alors, pour tout point x^* de $]-u:x[$, la droite $D^* = (0:x^*)$ est visiblement disjointe de X.

---

(1) V. Klee a fait une distinction entre deux types de séparation de deux ensembles A,B par un hyperplan H : la séparation "ouverte" (resp. "fermée") pour laquelle A (resp. B) est disjoint de H [11]. Il s'agit en fait d'une même relation (non symétrique), dans laquelle on échange les rôles de A et B : nous l'appelons la séparation "nette".

Si Y est polyédral en w; il existe une boule fermée B centrée sur l'origine et de rayon ε positif dont l'intersection avec Y est contenue dans un polytope P. Vu les hypothèses de séparation, l'origine est nécessairement un sommet de P; il existe même un autre sommet y de P pour lequel la droite D' = (O:y) est d'appui pour Y; bien plus, si y* appartient à]y:u[, la droite (O:y*) ne rencontre Y qu'au seul point O, sinon elle déterminerait des points de B ∩ Y non situés dans P.

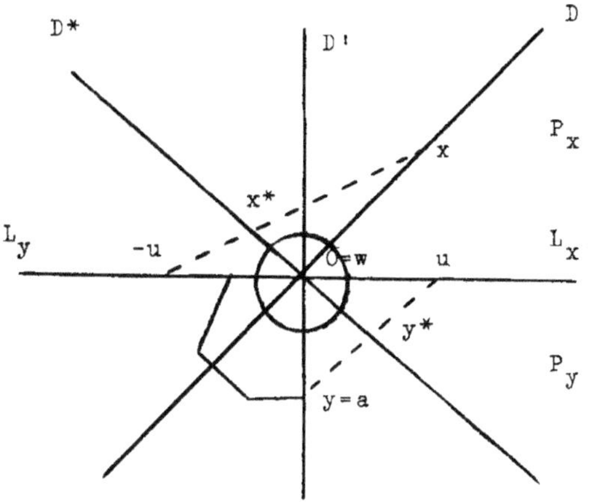

Si w ∉ X ∪ Y, il existe une droite D' = (O:y) disjointe de Y et passant par un point y de P_Y puisque Y est uniformément convexe. Dans les deux cas, si D ne rencontre pas [y:u], posons a = y; dans le cas contraire, appelons a le point d'intersection de D avec [y:u]. Pour tout point b de]a:u[, la droite (O:b) passe par un point de]-u:x[; cette droite (O:b) sépare donc nettement X de Y.

VII.2.11. <u>Soient</u> A <u>et</u> B <u>deux convexes non vides et disjoints de</u> $\mathbb{R}^d$. <u>Si chaque variété linéaire disjointe de</u> A <u>est contenue dans un hyperplan disjoint de</u> A <u>et si</u> B <u>n'admet pas d'asymptote mais est quasi-polyédral</u>, <u>alors</u> A <u>est nettement séparé de</u> B.

Le théorème est exacte dans $\mathbb{R}$, car un intervalle est toujours nettement séparé d'un autre intervalle fermé disjoint du premier. Supposons-le encore vrai dans $\mathbb{R}^{k-1}$; nous nous proposons de le démontrer ~~dans~~ $\mathbb{R}^k$ $(2 \leq k \leq d)$.

Appelons H un hyperplan de $\mathbb{R}^k$ séparant franchement A et B (I.1.3).

Si $A \cap H = \emptyset$, le théorème est prouvé.

Si $B \cap H = \emptyset$, vu l'hypothèse sur B, $0 \notin \overline{B-H}$, d'où B est fortement séparé de H (I.3.3) et, a fortiori, fortement séparé de A.

Il reste donc à envisager le cas où H rencontre A et B; $A \cap H$ et $B \cap H$ sont alors deux convexes non vides de l'hyperplan H (supposé homogène) vérifiant respectivement les mêmes conditions que A et B. L'hypothèse de récurrence nous assure l'existence d'un hyperplan M dans l'espace H qui sépare nettement $A \cap H$ de $B \cap H$. En remplaçant éventuellement M par un de ses translatés, on peut même exiger que M rencontre B ou soit disjoint de $A \cup B$; en effet, si M est disjoint de B, $0 \notin \overline{(B\cap H)-M}$, d'où $B \cap H$ est fortement séparé de M dans H : il existe donc un translaté de M séparant fortement $A \cap H$ et $B \cap H$.

Par une translation adéquate, rendons la variété linéaire M homogène. Appelons P le supplémentaire orthogonal de M, π la projection orthogonale de $\mathbb{R}^k$ sur P, $X = \pi(A)$ et $Y = \pi(B)$. Dans ces conditions, on vérifie facilement que les sous-ensembles X et Y de $P = \mathbb{R}^2$ vérifient les hypothèses du lemme : X est donc nettement séparé de Y par une droite D passant par O dans P; l'hyperplan $\overset{-1}{\pi}(D)$ sépare nettement A de B dans $\mathbb{R}^k$.

VII.3. <u>SEPARATION DE PLUSIEURS ENSEMBLES</u>

VII.3.1. <u>Définitions</u>. Des parties $A_1, A_2, \dots, A_n$ d'un espace vectoriel E seront <u>séparées</u> s'il existe des demi-espaces fermés $\Sigma_1, \Sigma_2, \dots, \Sigma_n$ tels que $\bigcap_{j=1}^{n} {}^i\Sigma_j = \emptyset$ et $A_j \subset \Sigma_j$ pour $j=1,2,\dots,n$; elles seront <u>strictement séparées</u> si elles sont séparées et si, de plus, $A_j \subset {}^i\Sigma_j$ pour $j=1,2,\dots,n$; enfin, elles seront <u>fortement séparées</u> si elles sont séparées et si, de plus, pour tout indice j de $\{1,2,\dots,n\}$, il existe un demi-espace fermé Σ_j', distinct de Σ_j, tel que $A_j \subset \Sigma_j' \subset \Sigma_j$; lorsque l'espace vectoriel E sera topologique, on exigera de plus que tous les demi-espaces fermés considérés soient fermés pour la topologie vectorielle de l'espace.

Il est clair que, lorsque n vaut 2, ces définitions redonnent respectivement les séparations ordinaire, stricte et forte de deux ensembles par un hyperplan.
Enfin, nous dirons, dans un espace vectoriel (éventuellement muni d'une topologie vectorielle) de dimension au moins égale à n-1, que n ensembles $A_1, A_2, \ldots, A_n$ sont <u>séparés au sens de Klee</u> s'il existe un sous-espace vectoriel V (qui doit être fermé lorsqu'on travaille dans un espace vectoriel topologique) de codimension n-1 dont aucun translaté ne rencontre tous les A_j $(j=1,2,\ldots,n)$.

VII.3.2. <u>Dans un espace vectoriel</u> (resp. <u>espace vectoriel topologique</u>) E, <u>soient</u> $A_1, A_2, \ldots, A_n$ <u>des cellules</u> (resp. <u>corps</u>) <u>convexes qui ne coïncident pas avec</u> E; $A_1, A_2, \ldots, A_n$ <u>sont séparés si</u> (resp. <u>si et seulement si</u>) <u>l'intersection des internats</u> (resp. <u>des intérieurs</u>) <u>des</u> A_j <u>pour</u> $j = 1,2,\ldots,n$ <u>est vide</u>; <u>dans le cas d'un espace vectoriel, la réciproque est exacte pour autant que l'enveloppe linéaire de chaque</u> A_j <u>coïncide avec</u> E.

Nous allons donner uniquement la preuve pour le cas d'un espace vectoriel, car le cas d'un espace vectoriel topologique se traite de façon analogue.

Supposons d'abord que l'intersection des internats des A_j est vide. Si l'ensemble $B_1 = \bigcap_{j=2}^{n} {}^{i}A_j$ n'est pas vide, il est algébriquement ouvert [*;I.8.1,p.29] et il peut être franchement séparé de A_1 par un hyperplan (I.1.3); il existe donc un demi-espace fermé Σ_1 tel que $A_1 \subset \Sigma_1$ et ${}^{i}\Sigma_1 \cap B_1 = \emptyset$. Si B_1 est vide, comme A_1 est distinct de E, il existe un point x dans $\complement\,{}^{i}A_1$: A_1 et $\{x\}$ peuvent être franchement séparés (I.1.3), d'où on peut encore trouver un demi-espace fermé Σ_1 contenant A_1 et dont l'internat est forcément disjoints de B_1.

Supposons désormais que nous ayons obtenu k $(2 \leq k < n)$ demi-espaces fermés $\Sigma_1, \Sigma_2, \ldots, \Sigma_{k-1}$ contenant respectivement $A_1, A_2, \ldots, A_{k-1}$ et tels que $(\bigcap_{j=1}^{k-1} {}^{i}\Sigma_j) \cap (\bigcap_{j=k}^{n} {}^{i}A_j) = \emptyset$. Si l'ensemble $B_k = (\bigcap_{j=1}^{k-1} {}^{i}\Sigma_j) \cap (\bigcap_{j=k+1}^{n} {}^{i}A_j)$ n'est pas vide, il est encore algébriquement ouvert et disjoint de ${}^{i}A_k$: il existe donc un demi-espace fermé Σ_k tel que $A_k \subset \Sigma_k$ et ${}^{i}\Sigma_k \cap B_k = \emptyset$; l'existence de ce demi-espace fermé Σ_k est encore assurée lorsque B_k est vide. Nous avons ainsi trouvé k demi-espaces fermés $\Sigma_1, \Sigma_2, \ldots, \Sigma_k$ qui contiennent respectivement $A_1, A_2, \ldots, A_k$ et tels que

$$\left(\bigcap_{j=1}^{k} {}^{i}\Sigma_j\right) \cap \left(\bigcap_{j=k+1}^{n} {}^{i}A_j\right) = \emptyset.$$

Par induction, on obtient n demi-espaces fermés $\Sigma_1, \Sigma_2, \ldots, \Sigma_n$ tels que $A_j \subset \Sigma_j$ pour tout $j = 1,2,\ldots,n$ et $\bigcap_{j=1}^{n} {}^{i}\Sigma_j = \emptyset$; en d'autres termes, $A_1, A_2, \ldots, A_n$ sont séparés.

Réciproquement, supposons que $A_1, A_2, \ldots, A_n$ soient séparés; il existe donc des demi-espaces fermés $\Sigma_1, \Sigma_2, \ldots, \Sigma_n$ qui contiennent respectivement $A_1, A_2, \ldots, A_n$ et dont l'intersection des internats est vide. Si les A_j sont de plus proprement convexes, on a ${}^{i}A_j \subset {}^{i}\Sigma_j$ pour $j = 1,2,\ldots,n$; partant, $\bigcap_{j=1}^{n} {}^{i}A_j \subset \bigcap_{j=1}^{n} {}^{i}\Sigma_j = \emptyset$.

VII.3.3. Dans un espace vectoriel (resp. espace vectoriel topologique) E, soient $A_1, A_2, \ldots, A_n$ des ensembles convexes proprement ouverts (resp. ouverts) et distincts de E; $A_1, A_2, \ldots, A_n$ sont strictement séparés si et seulement si $\bigcap_{j=1}^{n} A_j = \emptyset$.

Cela résulte directement du théorème précédent.

VII.3.4. Dans un espace vectoriel E quelconque, soient $A_1, A_2, \ldots, A_n$ des ensembles convexes dont l'internat propre n'est pas vide. Si

$$\bigcap_{j=1}^{n} {}^{i}A_j = \emptyset \text{ et } \bigcap_{j\in\{1,2,\ldots,n\}\setminus\{k\}} {}^{i}A_j \neq \emptyset$$ pour tout $k = 1,2,\ldots,n$,

il existe des demi-espaces fermés Σ_j contenant $A_j (j=1,2,\ldots,n)$ tels que $\bigcap_{j=1}^{n} {}^{i}\Sigma_j = \emptyset$, $\bigcup_{j=1}^{n} \Sigma_j = E$ et $\bigcap_{j=1}^{n} \Sigma_j = \complement\left(\bigcup_{j=1}^{n} {}^{i}\Sigma_j\right)$ est une variété linéaire.

En reprenant une construction semblable à celle effectuée dans la preuve de VII.3.2, on peut obtenir des demi-espaces fermés $\Sigma_1, \Sigma_2, \dots, \Sigma_{n-1}$ contenant respectivement $A_1, A_2, \dots, A_{n-1}$ et tels que ${}^iA_n \cap \bigcap_{j=1}^{n-1} \Sigma_j = \emptyset$; A_n est inclus dans un demi-espace Σ_n dont l'internat est disjoint de $B_n = \bigcap_{j=1}^{n-1} \Sigma_j$ et, on peut même s'arranger pour que ${}^m\Sigma_n$ contienne une variété extrême V de B_n (III.1.5). Nous allons montrer que les demi-espaces fermés ainsi déterminés répondent à la question.

Il est clair que $A_j \subset \Sigma_j$ pour $j=1,2,\dots,n$ et que $\bigcap_{j=1}^{n} {}^i\Sigma_j = \emptyset$.

Vérifions que $\bigcup_{j=1}^{n} \Sigma_j = E$. Quitte à effectuer une translation, on peut supposer que l'origine appartient à V. Supposons l'existence d'un point x dans $\complement(\bigcup_{j=1}^{n} \Sigma_j)$ et faisons passer par x un supplémentaire S de V dans E : on a $B_n = B'_n + V$, où $B'_n = \bigcap_{j=1}^{n-1} \Sigma'_j$ avec $\Sigma'_j = pr_S\, \Sigma_j$ et $x \in \complement\Sigma'_j$ pour $j = 1,2,\dots,n-1$ (III.1.9). Désignons par y un point de ${}^iB'_n$ et choisissons-le en sorte que la droite $(x:y)$ rencontre ${}^m\Sigma_n$ en un point z, ce qui est toujours possible puisque B'_n est une cellule proprement convexe dans l'espace S. Le segment $]x:y[$ contient un et un seul point u_j de ${}^m\Sigma'_j$ pour $j = 1,2,\dots,n-1$. Deux cas sont à considérer. Ou bien $y \in]x:z[$: la demi-droite $]y:z)$ est alors contenue dans B'_n, d'où on obtient l'absurdité que B_n rencontre ${}^i\Sigma_n$. Ou bien $x \in]y:z[$: pour chaque indice j de $\{1,2,\dots,n-1\}$, ${}^m\Sigma'_j - u_j$ est inclus dans B'_n mais rencontre ${}^i\Sigma'_n$: on peut donc construire aisément un point u dans $B_n \cap {}^i\Sigma_n$, ce qui est encore absurde. Au total, $\bigcup_{j=1}^{n} \Sigma_j = E$.

Appelons V l'intersection $\bigcap_{j=1}^{n} \Sigma_j$, W l'ensemble $\complement(\bigcup_{j=1}^{n} {}^i\Sigma_j)$ et P_k l'ensemble $\bigcap_{j\in\{1,2,\dots,n\}\setminus\{k\}} {}^i\Sigma_j$ pour tout indice k de $\{1,2,\dots,n\}$. Montrons d'abord l'inclusion $V \subset W$. Supposons l'existence d'un point x dans $V \cap {}^i\Sigma_j$ pour un certain indice j; pour tout point y de P_j, $]x:y] \subset P_j$; comme $x \in {}^i\Sigma_j$, $]x:y]$ rencontre $P_j \cap {}^i\Sigma_j$, d'où la contradiction $\bigcap_{j=1}^{n} {}^i\Sigma_j \neq \emptyset$. Démontrons à présent l'inclusion réciproque $W \subset V$. Soient des points x,y et z tels que $y \in W$, $z \in P_{j_o}$ pour un indice j_o quelconque de $\{1,2,\ldots,n\}$, $y \in]x:z]$. Si pour un indice i distinct de j_o, $x \in \Sigma_i$, alors $y \in {}^i\Sigma_i$, ce qui contredit le fait que y appartient à W; comme $\bigcup_{j=1}^{n} \Sigma_j = E$, $x \in \Sigma_{j_o}$. Comme tout point de $[x:y[$ appartient aussi à Σ_{j_o} et que Σ_{j_o} est algébriquement fermé, nous avons donc démontré que $y \in B_{j_o}$ pour tout j_o, c'est-à-dire $y \in V$.

Pour montrer que V est une variété linéaire, il suffit de prouver que si $y \in V$, $z \in V$ et $y \in]x:z[$, alors $x \in V$. Procédons par l'absurde et supposons que x ne fasse pas partie de V : comme $V = W$, il existe un indice j_o tel que $x \in {}^i\Sigma_{j_o}$, d'où $y \in {}^i\Sigma_{j_o}$; ce ce dernier résultat contredit le fait que y appartient à W.

VII.3.5. <u>Si</u> $\Sigma_1, \Sigma_2, \ldots, \Sigma_n$ <u>sont des demi-espaces fermés tels que</u> n-1 <u>d'entre eux ont toujours une intersection non vide et tels que leur réunion coïncide avec l'un d'entre eux ou avec tout l'espace, alors leur intersection n'est pas vide</u>.

Le résultat est trivial lorsque n vaut 1 ou 2.

Supposons qu'il soit valable pour toute intersection d'au maximum n-1 demi-espaces fermés d'un espace vectoriel quelconque et considérons le cas de n demi-espaces fermés $\Sigma_1, \Sigma_2, \ldots, \Sigma_n$ décrit dans l'énoncé.

Supposons $\bigcap_{j=1}^{n} \Sigma_j$ vide et posons $P = \bigcap_{j=2}^{n} \Sigma_j$; P, non vide, est disjoint de Σ_1, il peut donc en être fortement séparé (VII.2.4) par un hyperplan H forcément parallèle à ${}^m\Sigma_1$; nous pouvons supposer sans nuire à la généralité que l'origine appartient à H. Soient $P_j = \Sigma_j \cap H$ pour $j = 2,3,\ldots,n$ et, pour un indice k arbitraire de $\{2,3,\ldots,n\}$, $X_k = \bigcap_{j \in \{2,3,\ldots,n\} \setminus \{k\}} \Sigma_j$; comme X_k rencontre Σ_1 et $C\Sigma_1$

vu que $P \subset X_k \setminus \Sigma_1$, X_k rencontre H, d'où $\bigcap_{j\in\{2,3,\ldots,n\}\setminus\{k\}} P_j \neq \emptyset$.

Ainsi donc, les ensembles P_j $(2\leq j\leq n)$ coïncident avec H ou sont des demi-espaces fermés dans le sous-espace vectoriel H. Montrons que $\bigcap_{j=2}^{n} P_j$ n'est pas vide, ce qui contredira le fait que P est disjoint de H. Il suffit de considérer le cas où chaque P_j $(2\leq j\leq n)$ est un demi-espace fermé dans H. Comme H sépare fortement H et P, $\bigcup_{j=2}^{n} P_j = (\bigcup_{j=1}^{n} \Sigma_j) \cap H$, d'où $\bigcup_{j=2}^{n} P_j$ est convexe, donc coïncide avec H ou avec un demi-espace fermé dans H; en conséquence, l'hypothèse de récurrence peut être appliquée, ce qui permet de conclure.

VII.3.6. <u>Dans un espace vectoriel</u> (resp. <u>espace vectoriel topologique</u>) E <u>de dimension au moins égale à</u> n-1 $(n\geq 2)$, <u>soient</u> $A_1, A_2, \ldots, A_n$ <u>des ensembles non vides, proprement ouverts</u> (<u>resp. ouverts</u>) <u>convexes et distincts de</u> E. <u>Les trois propositions suivantes sont équivalentes</u> :

(i) $A_1, A_2, \ldots, A_n$ <u>sont séparés au sens de Klee</u>;

(ii) $A_1, A_2, \ldots, A_n$ <u>sont strictement séparés</u>;

(iii) $\bigcap_{j=1}^{n} A_j = \emptyset$.

Il suffit de démontrer l'équivalence des deux premières conditions, puisque nous avons établi antérieurement celle des deux dernières (VII.3.3).

Bien entendu, (i) implique (ii); pour démontrer la réciproque, nous allons procéder par récurrence et nous contenter de traiter le cas d'un espace non nécessairement muni d'une topologie vectorielle.

Pour n=2, le résultat découle du théorème classique de séparation stricte de deux ensembles convexes proprement ouverts par un hyperplan.

Supposons le résultat vrai pour n-1 $(n\geq 3)$ et considérons n ensembles $A_1, A_2, \ldots, A_n$ non vides, proprement ouverts, distincts de E et strictement séparés, c'est-à-dire d'intersection vide.

S'il existe un indice j de $\{1,2,\ldots,n\}$ tel que l'intersection des A_k autres que A_j soit vide, l'hypothèse de récurrence permet de conclure à l'existence d'une variété linéaire de codimension n-2 dont aucun translaté ne rencontre tous ces A_k; toute variété linéaire de codimension n-1 incluse dans la précédente répond à la question. Sinon, il est possible de construire des demi-espaces fermés $\Sigma_1, \Sigma_2,\ldots,\Sigma_n$ tels que $A_j \subset \Sigma_j$ pour $j = 1,2,\ldots,n$, $\bigcup_{j=1}^{n} \Sigma_j = E$, et tels que $V = \bigcap_{j=1}^{n} \Sigma_j = \complement(\bigcup_{j=1}^{n} {}^{i}\Sigma_j)$ soit une variété linéaire (VII.3.4). D'après VII.3.5, la variété linéaire V n'est pas vide : elle est donc de codimension au plus égale à n-1 (III.1.4). Soit V* une variété linéaire incluse dans V et dont la codimension vaut exactement n-1; si un translaté V' de V* rencontre tous les A_j $(j=1,2,\ldots,n)$, V' doit être contenu dans V, ce qui contredit l'inclusion de V dans $\complement(\bigcup_{j=1}^{n} A_j)$.

VII.3.7. <u>Dans un espace vectoriel</u> (resp. <u>espace localement convexe</u>) E, <u>si</u> $A_1, A_2,\ldots, A_n$ $(n\geq 2)$ <u>sont des convexes distincts de</u> E <u>et non vides</u>, <u>les propositions suivantes sont équivalentes</u> :

(i) $A_1, A_2,\ldots,A_n$ <u>sont fortement séparés</u>;

(ii) <u>il existe un convexe absorbant</u> (resp. <u>un voisinage de l'origine</u>) U <u>tel que</u> $\bigcap_{j=1}^{n} (A_j+U) = \emptyset$

Nous allons nous contenter de considérer le cas d'un espace vectoriel, car le cas d'un espace localement convexe peut être traité de façon fort semblable.

Remarquons d'abord qu'un ensemble A est "fortement contenu" dans un demi-espace fermé Σ (i.e. il existe un demi-espace fermé Σ', distinct de Σ, tel que $A \subset \Sigma' \subset \Sigma$) si et seulement s'il existe un convexe absorbant V tel que $A + V \subset {}^{i}\Sigma$. En effet, on peut écrire Σ sous la forme $\{x \in E : f(x) \leq \alpha\}$, où f est une forme linéaire non nulle sur E et α un réel; si A est fortement contenu dans Σ, il existe α' tel que $\sup f(A) \leq \alpha' < \alpha$: il suffit alors de prendre pour V l'ensemble $f^{-1}(]\frac{\alpha'-\alpha}{2}, \frac{\alpha-\alpha'}{2}[)$; la réciproque est tout aussi facile à démontrer.

Si les ensembles $A_1, A_2, \ldots, A_n$ sont fortement séparés, il existe donc des demi-espaces fermés $\Sigma_1, \Sigma_2, \ldots, \Sigma_n$ et des ensembles convexes absorbants $U_1, U_2, \ldots, U_n$ tels que $A_j + U_j \subset {}^i\Sigma_j$ $(j=1,2,\ldots,n)$ et $\bigcap_{j=1}^{n} {}^i\Sigma_j = \emptyset$. Si U désigne l'ensemble convexe et absorbant $\bigcap_{j=1}^{n} U_j$, on a bien $\bigcap_{j=1}^{n} (A_j+U) = \emptyset$.

Réciproquement, on peut prendre sans restriction U proprement ouvert, convexe et absorbant tel que $\bigcap_{j=1}^{n} (A_j+U) = \emptyset$; les ensembles $A_j + U$ $(j=1,2,\ldots,n)$ sont strictement séparés (VII.3.3) et il existe donc des demi-espaces fermés Σ_j tels que $A_j + U \subset {}^i\Sigma_j$ pour $j = 1,2,\ldots,n$ et $\bigcap_{j=1}^{n} {}^i\Sigma_j = \emptyset$. Le début de la preuve montre que chaque A_j est fortement contenu dans Σ_j, ce qui prouve que $A_1, A_2, \ldots, A_n$ sont fortement séparés.

VII.4. THEOREME DE HAHN-BANACH POUR DES POLYEDRES CONVEXES

Dans tout ce paragraphe VII.4, nous nous placerons dans un espace euclidien de dimension finie. Notre but est de montrer que la version analytique du théorème de Hahn-Banach (I.1.7) peut être précisée lorsque la cellule convexe A considérée est un polyèdre convexe : on peut en effet supprimer l'hypothèse suivant laquelle l'internat de A rencontre le sous-espace vectoriel F envisagé. Ce résultat est dû à Chakina [1].

VII.4.1. Soient E un espace euclidien ordonné dont le cône positif P est polyédral et F un sous-espace vectoriel muni de l'ordre induit. Toute forme linéaire f positive sur F peut être étendue à une forme positive sur E.

Désignons par T_F l'application de E' vers F' définie par $T_F(f)(x) = f(x)$ pour tout x de F. Bien entendu, le cône dual F* de F coïncide avec le noyau de T_F.

Comme P^+ est un polyèdre convexe en même temps que P (III.1.10), $P^+ + F^+ = (P^+ + F^+)^-$ puisque $P^+ + F^+$ est un polyèdre convexe (III.3.5), donc est fermé. Partant, $P^+ + F^+ = (P^+ + F^+)^- + P^+ = (P \cap F)^+ + P^+$ [*;I.3.5], d'où $T_F^{-1}[T_F(P^+)] = T_F^{-1}[T_F(P \cap F)^+]$, ou encore $T_F(P^+) = T_F[(P \cap F)^+]$.
Soit à présent une forme linéaire f définie et positive sur F; dans ces conditions, $f \in T_F[-(P \cap F)^+] = T_F(-P^+)$. Il existe donc une forme linéaire l positive sur E telle que $T_F(l) = f$; l répond à la question.

VII.4.2. <u>Corollaire.</u> <u>Soient</u> E <u>un espace euclidien ordonné dont le cône positif</u> P <u>est polyédral et</u> F <u>un sous-espace muni de l'ordre induit et tel que</u> $F \cap P = \{0\}$. <u>Toute forme linéaire</u> f <u>sur</u> F <u>peut être étendue à une forme linéaire</u> l <u>sur</u> E <u>telle que</u> $l(x) \leq 1$ <u>pour tout point</u> x <u>de</u> P.

De fait, $-f(x) \geq 0$ pour tout point x de $P \cap F$; le théorème précédent assure l'existence d'une forme linéaire g qui étend -f et qui est positive sur E; $l = -g$ répond à la question.

VII.4.3. <u>Lemme.</u> <u>Soient</u> $P = \bigcap_{j=1}^{k} \{x : f_j(x) \leq 0\} \cap \bigcap_{j=k+1}^{n} \{x : f_j(x) \leq 1\}$ <u>un polyèdre convexe,</u> F <u>un sous-espace vectoriel tel que</u> $P \cap F \subset {}^{m}P$, f <u>une forme linéaire sur</u> F <u>qui atteint son maximum sur</u> $P \cap F$ <u>en un point</u> x_o <u>distinct de l'origine; dans ces conditions, il existe une face maximale de</u> P <u>contenant</u> x_o <u>et dont l'enveloppe linéaire ne contient pas l'origine.</u>

Procédons par l'absurde et supposons que toutes les faces maximales de P qui contiennent x_o, contiennent également l'origine. On a donc $f_j(x_o) \leq 0$ pour $j = 1,2,\ldots,k$ et $f_j(x_o) < 1$ pour $j = k+1, k+2,\ldots,n$.
Considérons le nombre $\delta = \max \{f_1(x_o), f_2(x_o),\ldots,f_n(x_o)\}$.
Si δ est négatif ou nul, μx_o appartiant à $P \cap F$ pour tout réel μ positif, ce qui est absurde puisque $f(\mu x_o) = \mu f(x_o) > f(x_o) = \max f(P \cap F)$ si μ est supérieur à 1. Sinon, δ est dans $]0,1[$; posons $1 - \delta = \varepsilon$, $\varepsilon_1 \in]0,\varepsilon[$ et $\mu_o = \frac{1}{\delta+\varepsilon_1}$; bien entendu, $f_j(\mu_o x_o) \leq 0$

pour $j = 1,2,\dots,k$ et $f_j(\mu_o x_o) = \mu_o f_j(x_o) \leq \frac{\delta}{\delta+\varepsilon_1}$ pour $j = k+1, k+2,\dots,n$; partant, $\mu_o x_o \in P \cap F$, ce qui est de nouveau absurde puisque $f(\mu_o x_o) = \mu_o f(x_o) > f(x_o)$.

VII.4.4. <u>Dans</u> $\mathbb{R}^d$, <u>soient</u> P <u>un polyèdre convexe contenant l'origine et</u> F <u>un sous-espace vectoriel. Si une forme linéaire</u> f <u>définie sur</u> F <u>satisfait à</u> $f(x) \leq 1$ <u>en tout point</u> x <u>de</u> $P \cap F$, <u>elle admet une extension linéaire</u> l <u>à</u> E <u>telle que</u> $l(x) \leq 1$ <u>en tout point</u> x <u>de</u> P.

Nous pouvons toujours supposer que P est proprement convexe; sinon, il suffit de travailler dans ${}^lP$.

En vertu du résultat I.1.7, on peut supposer que ${}^iP$ est disjoint de F, donc que l'origine appartient à $P \cap F \subset {}^mP$. Par ailleurs, on peut écrire P sous la forme $\bigcap_{j=1}^{k} \{x : f_j(x) \leq 0\} \cap \bigcap_{j=k+1}^{n} \{x : f_j(x) \leq 1\}$ (III.1.2); le cône S engendré par P sera alors $\bigcap_{j=1}^{k} \{x : f_j(x) \leq 0\}$ (III.1.7). Enfin, on supposera que F ne se réduit pas à $\{0\}$ et que la forme f n'est pas identiquement nulle, car on pourrait alors prendre pour l la forme nulle.

Traitons d'abord deux cas particuliers.

Si $P \cap F = \{0\}$, le cône S engendré par P rencontre F suivant $\{0\}$, d'où, grâce au résultat VI.4.2, f admet une extension linéaire l à $\mathbb{R}^d$ telle que $l(x) \leq 1$ en tout point x de S, donc en tout point x de P.

Si la dimension de $P \cap F$ vaut 1, désignons par x_o l'unique point de F qui appartient à $\{x \in F : f(x) = 1\}$. Deux cas sont à considérer. Ou bien $[0:x_o] \cap P \cap F = \{0\}$: $-f$ est alors une forme linéaire positive sur $P \cap F$, mais également sur $S \cap F$, d'où il existe une extension linéaire positive de $-f$ sur $\mathbb{R}^d$, c'est-à-dire une extension linéaire l de f sur $\mathbb{R}^d$ telle que $f(x) \leq 0$ pour tout point x de S, donc de P. Ou bien $[0:x_o] \cap P \cap F = [0:z]$ avec $z = \lambda_o x_o$ $(0<\lambda_o \leq 1)$; le lemme VI.4.3 garantit l'existence d'une face maximale de P qui contient le point z et dont l'enveloppe linéaire est un hyperplan H non homogène; on peut toujours écrire H sous la forme $H = \{x : l(x) = \lambda_o\}$ avec $P \subset \{x : l(x) \leq \lambda_o\}$: la forme linéaire l répond à la question car $P \subset \{x : l(x) \leq 1\}$ et $l(x_o) = \frac{1}{\lambda_o} l(z) = 1 = f(x_o)$.

Nous pouvons en arriver au cas général où la dimension de F vaut p. Le cas où p vaut 1 a déjà été traité dans la première partie de cette preuve; nous devons donc considérer les cas où $1 < p \leq d-1$. Désignons par $G_o = \{x \in F : f(x) = 0\}$, S un supplémentaire de G_o dans $\mathbb{R}^d$, pr_S la projection de $\mathbb{R}^d$ sur S selon G_o (c'est-à-dire l'application qui à tout point $x = f + s$ avec $f \in F$ et $s \in S$, associe l'unique point s de S), $\tilde{F} = pr_S F$, $\tilde{P} = pr_S P$ et $\{\tilde{m}\} = \tilde{M} = pr_S \{x : f(x) = 1\}$. Dans l'espace vectoriel S, dont la dimension est supérieure ou égale à 2, mais inférieure ou égale à d-1, $\tilde{P}$ est un polyèdre convexe contenant l'origine, $\tilde{F}$ un sous-espace vectoriel de dimension 1 sur lequel la forme f n'est pas identiquement nulle; de plus, pour tout point $\tilde{x}$ de $\tilde{P} \cap \tilde{F}$, il existe un point x de $P \cap F$ et un point y de G_o tels que $x = y + \tilde{x}$: dès lors, $f(x) = f(y) + f(\tilde{x}) = f(\tilde{x})$ et $f(\tilde{x}) \leq 1$. On peut alors appliquer la première partie de cette démonstration : il existe une extension linéaire g de $f_{|\tilde{F}}$ à S telle que $g(\tilde{x}) \leq 1$ pour tout point $\tilde{x}$ de $\tilde{P}$. La forme linéaire l sur E définie par $l = g \circ pr_S$ répond à la question. En effet, pour tout point x de P, $l(x) = g(pr_S x) \leq 1$ puisque $pr_S\, x \in \tilde{P}$, tandis que, pour tout point y de F, $l(y) = g(pr_S y) = f(pr_S y) = f(y)$ puisque g étend $f_{|\tilde{F}}$ à S et que S est le supplémentaire du noyau de f.

CHAPITRE VIII

RETOUR AUX SIMPLEXES DE CHOQUET

Ce chapitre constitue un complément à [*;III.2.5]. On y trouvera une caractérisation et une application intéressantes des simplexes généralisés.

VIII.1. SIMPLEXES DE CHOQUET ALGEBRIQUEMENT FERMES

VIII.1.1. *Soit* e *un point extrême du simplexe de Choquet* S. *S'il existe une droite* D *issue de* e *telle que* $S \cap D$ *soit un segment vrai* $[e:a]$,

$$S \cap [S-(a-e)] = \{e\} .$$

On peut supposer que $e = 0$. Comme S est un simplexe de Choquet,

$$S \cap (S-a) = \lambda S + x ,$$

puisque $0 \in S \cap (S-a)$.

Si $\lambda = 0$, on a $S \cap (S-a) = \{0\}$.

Supposons que λ diffère de 0. Comme $0 \in S \cap (S-a)$, $0 \in \lambda S + x$, donc $-\frac{x}{\lambda} \in S$. Or, $x = \lambda.0 + x$ appartient aussi à S, ce qui exige que $x = 0$, puisque $0 \in {}^{p}S$.

Ainsi, sous l'hypothèse $\lambda > 0$,

$$S \cap (S-a) = \lambda S.$$

Remarquons alors que

$$D \cap [S\cap(S-a)] = [0:a] \cap [-a:0] = \{0\}$$

donc

$$D \cap \lambda S = \{0\} .$$

Mais, comme $D \cap S = [0:a]$, $(a \neq 0)$,

$$D \cap \lambda S = [0:\lambda a] ,$$

ce qui est absurde, si $\lambda > 0$.

VIII.1.2. <u>Un convexe algébriquement fermé</u> S <u>incluant des droites et dont une section</u> S' <u>possède un point extrême est un simplexe de Choquet si et seulement si</u> S' <u>est un cône convexe algébriquement fermé qui est lui-même un simplexe de Choquet ou un point</u>.

La condition est nécessaire. Posons $L = \Gamma(S)$ et soit L' un supplémentaire de L tel que $S' = L' \cap S$. Visiblement, S' est un simplexe de Choquet algébriquement fermé et sans droites.

Soit e un point extrême de S'. Si S' n'est pas un cône de sommet e, il existe une droite D passant par e telle que $S' \cap D = [e;a]$ $(e \neq a)$. Le théorème précédent livre alors

$$S' \cap [S'-(a-e)] = \{e\} ,$$

donc

$$\begin{aligned} S \cap [S-(a-e)] &= (L \oplus S') \cap (L \oplus [S'-(a-e)]) \\ &= (L \oplus (S' \cap [S'-(a-e)]) \\ &= L \oplus \{e\} , \end{aligned}$$

ce qui montre que S doit être une variété linéaire et S' un point, d'où la conclusion.

La suffisance s'établit sans peine. Laissons de côté le cas trivial où S' est un point et supposons que le sommet de S' est 0.

Si $S \cap (\lambda S+x)$ n'est pas vide $(x \in E, \lambda > 0)$,

$$\begin{aligned} S \cap (\lambda S+x) &= (L \oplus S') \cap [L \oplus (\lambda S'+x)] \\ &= L \oplus [S' \cap (\lambda S'+x)] ; \end{aligned}$$

puisque S' est un simplexe de Choquet,

$$S \cap (\lambda S+x) = L \oplus [\mu S'+y], \ \mu \geq 0, \ y \in E.$$

Notons que $\lambda \neq 0$ puisque deux translatés d'un cône convexe algébriquement fermé ne se coupent jamais en un seul point. Ainsi,

$$S \cap (\lambda S+x) = \mu(L \oplus S') + y = \mu S + y .$$

VIII.1.3. (Coquet-Dupin [1], Bair-Fourneau [2] pour $\mathbb{R}^d$).
Tout simplexe de Choquet algébriquement fermé, sans droites, non algébriquement borné, et qui a un point extrême est un cône.

Soit e un point extrême de S. Si S n'est pas un cône de sommet e, une droite issue de e est telle que $D \cap S = [e;a]$ $(e \neq a)$, donc

$$S \cap [S-(a-e)] = \{e\} ,$$

ce qui est absurde, puisqu'il existe une demi-droite issue de e, incluse dans S et dont la translatée issue de a est aussi incluse dans S, ce qui livre

$$D' \subset S \cap [S-(a-e)] .$$

VIII.1.4. Les résultats précédents permettent de décrire les simplexes de Choquet fermés de $\mathbb{R}^d$.

Les simplexes de Choquet compacts de $\mathbb{R}^d$ sont les k-simplexes $(0 \leq k \leq d)$.

Les simplexes de Choquet de $\mathbb{R}^d$ fermés, non bornés, sans droites sont les cônes convexes dont la base est un k-simplexe $(0 \leq k \leq d-1)$.

Les simplexes de Choquet de $\mathbb{R}^d$ fermés et incluant des droites sont les sommes d'un sous-espace vectoriel de dimension au moins un et d'un cône convexe dont la base est un k-simplexe $(0 \leq k \leq d-1-\dim L)$.

Les deux premières assertions sont connues [*;III.2.5.13 p.109 et III.2.5.18 p.115].

La dernière résulte du rapprochement de VIII.1.2 et de la seconde assertion (noter que la somme n'est pas directe et qu'on obtient notamment les variétés linéaires).

VIII.2. QUASI-SIMPLEXES ET SIMPLEXES DE CHOQUET OUVERTS

Dans la suite du chapitre, nous nous restreindrons à $\mathbb{R}^d$, sauf avis contraire.

VIII.2.1. *Lemme. Dans* $\mathbb{R}^d$, *deux* d-*convexes* A *et* B *ont un point intérieur commun ou leur intersection est de dimension inférieure à* d, *une seule de ces éventualités étant réalisée.*

On a l'égalité

$$(A\cap B)^\circ = \mathring{A} \cap \mathring{B} ,$$

donc, si $^1(A\cap B) = \mathbb{R}^d$, $\mathring{A} \cap \mathring{B}$ n'est pas vide; si par contre $\mathring{A} \cap \mathring{B}$ est vide, il en est de même de $(A\cap B)^\circ$ et $^1(A\cap B) \subsetneq \mathbb{R}^d$.

VIII.2.2. *Définition.* Dans $\mathbb{R}^d$, un *quasi-simplexe* est un convexe fermé qui est l'adhérence d'un simplexe de Choquet.

VIII.2.3. *Un* d-*convexe fermé* S *est un* d-*quasi-simplexe si et seulement si* $S \cap (\lambda S+a)$ *est de dimension inférieure à* d *ou est un dilaté positif de* $S[S\cap(\lambda S+a) = \mu S + x,\ \mu > 0,\ x \in \mathbb{R}^d]$.

La condition est nécessaire. De fait, si S est un d-quasi-simplexe, il existe un simplexe de Choquet S' tel que $S = \overline{S'}$. Si $S \cap (\lambda S+a)$ est de dimension d, S et $\lambda S + a$ ont un point intérieur commun, donc S' et $\lambda S' + a$ ont un point intérieur commun, puisque $(S')^\circ = \mathring{S}$ et $(\lambda S'+a)^\circ = (\lambda S+a)^\circ$. Dès lors, dans ce cas,

$$S\cap(\lambda S+a) = \overline{S'}\cap(\overline{\lambda S'}+a) = \overline{S'}\cap(\overline{\lambda S'+a}) = \overline{S'\cap(\lambda S'+a)} = \overline{\mu S'+x} = \mu\overline{S'}+x = \mu S+x,$$

où $\mu \geq 0$ et $x \in \mathbb{R}^d$; comme $\dim(\mu S+x) = d$, il faut d'ailleurs que $\mu > 0$.

Etablissons la suffisance. Soit S un convexe fermé remplissant la condition de l'énoncé. Considérons $\mathring{S}$:

$$\mathring{S} \cap (\lambda\mathring{S}+a) = [S\cap(\lambda S+a)]^\circ = \mu\mathring{S} + x \text{ si } \dim [S\cap(\lambda S+a)] = d;$$

si $\dim [S\cap(\lambda S+a)] < d$, $[S\cap(\lambda S+a)]^\circ = \emptyset$; donc $\mathring{S} \cap (\lambda\mathring{S}+a) = \emptyset$. Le convexe non vide $\mathring{S}$ est donc tel que toute intersection non vide de $\mathring{S}$ avec un de ses translatés est un dilaté de $\mathring{S}$; c'est un simplexe de Choquet. Pour conclure, il suffit de noter que $\overline{\mathring{S}} = S$.

VIII.2.4. Remarquons que nous avons ainsi établi que l'intérieur d'un simplexe de Choquet est un simplexe de Choquet.

VIII.2.5. Si S est un d-quasi-simplexe qui n'est pas un simplexe de Choquet, S est inclus dans une tranche.

L'hypothèse sur S assure qu'il existe un dilaté positif de S, soit $\lambda S + x$ dont l'intersection avec S est de dimension inférieure à d. Les convexes fermés S et $\lambda S + x$ sont donc tels que $\overset{\circ}{S} \cap (\lambda S+x)^\circ = \emptyset$, donc ils sont séparés par un hyperplan H. Il suffit alors de remarquer que $\frac{1}{\lambda} S - x$ et S sont dans la même situation que S et $\lambda S + x$, donc sont séparés par un translaté de H, ce qui prouve que S est inclus dans une tranche.

VIII.2.6. Voici un lemme qui va nous servir à caractériser les simplexes ouverts, mais qui présente un intérêt propre.

Si A est convexe et si $\beta > \alpha > 0$ et $x \in E$ sont tels que $\beta A + x \subset \alpha A$, alors $(\beta-\alpha)A + x \subset C_A$.

On peut évidemment supposer A non vide. Nous traiterons d'abord le cas où A a plus d'un point.

Montrons d'abord que, si $\gamma > 1$ et $y \in E$ sont tels que $\gamma A + y \subset A$, alors $(\gamma-1)A + y \subset C_A$.

Soit $a \in A$. L'inclusion $\gamma A + y \subset A$ livre

$$a_o = \gamma a + y \in A ,$$

et, par itération,

$$a_n = \gamma^{n+1} a + (\gamma^n+\ldots+\gamma+1)y \in A, \forall n \in \mathbb{N} .$$

Comme, pour tout $n \in \mathbb{N}$,

$$a_n = a + \lambda_n(\gamma a+y-a) ,$$

avec $\lambda_n = \gamma^n +\ldots+ \gamma + 1$, la demi-droite $[a:\gamma a+y)$ est incluse dans A. Ainsi, $[0:(\gamma-1)a+y) \subset C_A$ et $(\gamma-1)a + y \in C_A$, d'où l'inclusion annoncée.

Passons au cas général : $\beta A + x \subset \alpha A$ implique $\frac{\beta}{\alpha}A + \frac{x}{\alpha} \subset A$, avec $\frac{\beta}{\alpha} > 1$, donc

$$(\frac{\beta}{\alpha} - 1)A + \frac{x}{\alpha} \subset C_A \; ,$$

et enfin, puisque C_A est un cône de sommet O,

$$(\beta - \alpha)A + x \subset C_A.$$

Si $A = \{a\}$, $\beta\{a\} + x \subset \alpha\{a\}$ exige que $\beta a + x = \alpha a$, soit $(\beta - \alpha)\{a\} + x = \{0\} \subset C_A$.

Nous connaissons déjà les simplexes de Choquet ouverts dont l'adhérence est un simplexe de Choquet. Nous restreindrons donc nos investigations aux simplexes ouverts dont l'adhérence n'est pas un simplexe. Cependant, dans la propriété suivante, nous considérons aussi le cas des simplexes de Choquet ouverts bornés.

VIII.2.7. <u>Soit S un simplexe de Choquet sans droites inclus dans un hyperplan non homogène H de</u> $\mathbb{R}^d$ <u>et ouvert dans celui-ci, inclus dans une tranche de H. Le cône de sommet O engendré par S, soit</u> $P = \bigcup_{\lambda > 0} \lambda S$, <u>est un simplexe de Choquet ouvert de</u> $\mathbb{R}^d$.

Soit f une forme linéaire sur $\mathbb{R}^d$ telle que $H = \bar{f}^1(\{1\})$.

Soit $x \in E$. On peut écrire

$$P \cap (P+x) = (\bigcup_{\lambda > 0} \lambda S) \cap [(\bigcup_{\mu > 0} \mu S)+x] = \bigcup_{\lambda, \mu > 0} [\lambda S \cap (\mu S + x)] \; .$$

Si $\lambda S \cap (\mu S + x) \neq \emptyset$, $\lambda = \mu + f(x)$, donc

$$P \cap (P+x) = \bigcup_{\lambda \in \Lambda} \{\lambda S \cap [(\lambda - f(x))S+x]\} \; ,$$

où $\Lambda = \{\lambda > 0 : \lambda S \cap [(\lambda - f(x))S + x] \neq \emptyset\}$; $\Lambda \neq \emptyset$ puisque $P \cap (P+x)$ n'est pas vide.

Soit $\lambda \in \Lambda$: comme S est un simplexe de Choquet ouvert dans H, il existe $\gamma_\lambda > 0$ et $y_\lambda \in \mathbb{R}^d$ tels que

$$\lambda S \cap [(\lambda - f(x))S + x] = \gamma_\lambda S + y_\lambda \; .$$

Soit $s \in S$. La bijection affine $T_\lambda : u \to \frac{\gamma_\lambda}{\lambda} u + y_\lambda$ est telle que

$$T_\lambda([\lambda s : \gamma_\lambda s+y_\lambda)) = [\gamma_\lambda s+y_\lambda : \frac{\gamma_\lambda}{\lambda}(\gamma_\lambda s+y_\lambda)+y_\lambda) \subset [\lambda s : \gamma_\lambda s+y_\lambda),$$

si $\lambda s \neq \gamma_\lambda s + y_\lambda$.

Il suffit en effet de remarquer que

$$\frac{\gamma_\lambda}{\lambda}(\gamma_\lambda s+y_\lambda)+y_\lambda = \lambda s + (\frac{\gamma_\lambda}{\lambda} + 1)(\gamma_\lambda s+y_\lambda-\lambda s) \in [\lambda s:\gamma_\lambda s+y_\lambda) \setminus [\lambda s:\gamma_\lambda s+y_\lambda].$$

Or,

$$\lambda S \cap [\lambda s : \gamma_\lambda s+y_\lambda) = \begin{cases} [\lambda s : \lambda s'[, \ (s' \in {}^bS \setminus S = {}^mS), & (1) \\ \text{ou} \\ [\lambda s : \lambda s'), \ (s' \in S \setminus \{s\}) , & (2) \end{cases}$$

donc,

$$T_\lambda(\lambda S) \cap T_\lambda([\lambda s : \gamma_\lambda s+y_\lambda)) = \begin{cases} T_\lambda([\lambda s : \lambda s'[) , \\ \text{ou} \\ T_\lambda([\lambda s : \lambda s')) , \end{cases}$$

en d'autres termes,

$$(\gamma_\lambda S+y_\lambda) \cap [\gamma_\lambda s+y_\lambda : \frac{\gamma_\lambda}{\lambda}(\gamma_\lambda s+y_\lambda)+y_\lambda) = \begin{cases} [\gamma_\lambda s+y_\lambda : \gamma_\lambda s'+y_\lambda[\\ \text{ou} \\ [\gamma_\lambda s+y_\lambda : \gamma_\lambda s'+y_\lambda). \end{cases}$$

Les inclusions $\gamma_\lambda S + y_\lambda \subset \lambda S$ et $[\gamma_\lambda s+y_\lambda : \frac{\gamma_\lambda}{\lambda} (\gamma_\lambda s+y_\lambda)+y_\lambda) \subset [\lambda s : \gamma_\lambda s+y_\lambda)$ livrent

$$[\gamma_\lambda s+y_\lambda : \gamma_\lambda s'+y_\lambda[\subset [\lambda s : \lambda s'[\text{ ou } [\gamma_\lambda s+y_\lambda : \gamma_\lambda s'+y_\lambda) \subset [\lambda s : \lambda s').$$

Considérons le sous-espace $P' = {}^s\{\lambda s, \gamma_\lambda s+y_\lambda\}$. Il s'agit d'un plan car le fait que λs et $\gamma_\lambda s + y_\lambda$ appartiennent à λS ne permet pas d'avoir $\gamma_\lambda s + y_\lambda = \mu(\lambda s)$ avec $\mu \neq 1$; or, on a supposé que $\lambda s \neq \gamma_\lambda s + y_\lambda$. Les points λs, $\lambda s'$, $\gamma_\lambda s + y_\lambda$, $\gamma_\lambda s' + y_\lambda$ appartiennent visiblement à P'; de plus, comme $[0:\lambda s]$ est parallèle à $[y_\lambda : \gamma_\lambda s+y_\lambda]$, y_λ est aussi un point de P'.

Traitons d'abord le cas (1) : y_λ appartient à $[y_\lambda : \gamma_\lambda s+y_\lambda]$ et à $[y_\lambda : \gamma_\lambda s'+y_\lambda]$, donc à la parallèle à $[0:\lambda s]$ menée par $\gamma_\lambda s+y_\lambda$ et à la parallèle à $[0:\lambda s']$ menée par $\gamma_\lambda s' + y_\lambda$; comme $[\gamma_\lambda s+y_\lambda : \gamma_\lambda s'+y_\lambda[\subset [\lambda s:\lambda s'[$ et

$\gamma_\lambda s' + y_\lambda \in [\gamma_\lambda s+y_\lambda : \frac{\gamma_\lambda}{\lambda}(\gamma_\lambda s+y_\lambda)+y_\lambda) \subset [\lambda s:\gamma_\lambda s+y_\lambda)$, on en

déduit que $y_\lambda \in {}^c\{0,\lambda b,\gamma_\lambda s'+y_\lambda\} \subset {}^bP$.

Passons au cas (2). De l'inclusion $\gamma_\lambda S+y_\lambda \subset \lambda S$, on déduit $\gamma_\lambda \leq \lambda$. En effet, si on avait $\gamma_\lambda > \lambda$, en vertu de VIII.2.6., on aurait $(\gamma_\lambda-\lambda)S + y_\lambda \subset C_S$, ce qui est exclu par le fait que S est inclus dans une tranche de H et engendre H.

La trace D de l'hyperplan $\{u:f(u)=f(y_\lambda)\}$ sur P' est une droite parallèle à $(\lambda s:\lambda s')$. Le point y_λ appartient à D et à la parallèle à $[0:\lambda s]$ menée par $\gamma_\lambda s + y_\lambda$ et est donc leur point d'intersection. Comme $f(y_\lambda) = \gamma - \lambda \geqq 0$, ceci prouve que $y_\lambda \in {}^bP$. Il suffit de noter que, puisque $[\lambda s:\lambda s') \subset P$, la demi-bande déterminée par 0, λs, $[\lambda s:\lambda s')$ et $[0:\lambda(s'-s))$ est incluse dans ${}^bP$.

Envisageons le cas où $\lambda s = \gamma_\lambda s + y_\lambda$. S'il existe $s_1 \in S$ tel que $\lambda s_1 \neq \gamma_\lambda s_1 + y_\lambda$, on peut reprendre le raisonnement ci-dessus. Sinon $(\lambda-\gamma_\lambda)S = \{y_\lambda\}$ donc $\lambda = \gamma_\lambda$ et $y_\lambda = 0 \in {}^bP$.

Dès lors, on a toujours $y_\lambda \in {}^bP$. De façon analogue, on montre que $y_\lambda \in {}^b(P+x)$.

Ainsi, $y_\lambda \in {}^bP \cap {}^b(P+x) = {}^b[P\cap(P+x)]$ (pour l'égalité, noter que P et P + x ont un point interne commun).

Supposons que $y_\lambda \in P \cap (P+x)$: il existe $\alpha,\beta > 0$ et $s_1,s_2 \in S$ tels que

$$y_\lambda = \alpha s_1 = x + \beta s_2 = x + [\alpha-f(x)]s_2 ,$$

donc il existe $y \in \mathbb{R}^d$ et $\gamma > 0$ tels que

$$\alpha S \cap \{[\alpha-f(x)]S+x\} = \gamma S + y ,$$

et on peut démontrer comme ci-dessus que $y \in {}^b[P\cap(P+x)]$.

Comme $f(y_\lambda) = \alpha$, on a $\lambda = \alpha + \gamma_\lambda$ et, de plus, $\gamma + f(y) = \alpha$, d'où $\gamma + \gamma_\lambda + f(y) = \lambda$.

Dès lors,

$$y + (\gamma+\gamma_\lambda)S = (P+y) \cap \bar{f}^1(\{\lambda\}) \subset {}^b[P\cap(P+x)] \cap \bar{f}^1(\{\lambda\})$$

$$= {}^b[P\cap(P+x) \cap \bar{f}^1(\{\lambda\})] = {}^b\{\lambda S \cap [(\lambda-f(x))S+x]\}$$

$$= \gamma_\lambda\ {}^bS + y_\lambda .$$

Ceci livre $\gamma + \gamma_\lambda \leq \gamma_\lambda$ (cf.VIII.2.6), donc $\gamma = 0$, ce qui est absurde. Ainsi, $y_\lambda \in {}^m[P\cap(P+x)]$.

Soit $\lambda' \in \Lambda \setminus \{\lambda\}$: il existe $\gamma_{\lambda'} > 0$ et $y_{\lambda'} \in \mathbb{R}^d$ tels que

$$\lambda' S \cap [(\lambda'-f(x))S+x] = \gamma_{\lambda'}S + y_{\lambda'} .$$

Posons $f(y_{\lambda'}) = \alpha'$ et supposons que α' diffère de α ($\alpha'>\alpha$ pour fixer les idées). Dans ce cas,

$$y_\lambda + (\alpha'-\alpha)S = (P+y_\lambda) \cap \bar{f}^1(\{\alpha'\}) \subset P \cap (P+x) \cap \bar{f}^1(\{\alpha'\})$$

$$= \alpha' S \cap [(\alpha'-f(x))S+x] = \emptyset ,$$

ce qui est absurde, donc $\alpha' = \alpha$.

De plus,

$$P \cap (P+x) \cap \bar{f}^1(\{\lambda\}) = \gamma_\lambda S + y_\lambda = (P+y_\lambda) \cap \bar{f}^1(\{\lambda\}),$$

et puisque $P + y_{\lambda'} \subset P \cap (P+x)$,

$$(P+y_{\lambda'}) \cap \bar{f}^1(\{\lambda\}) \subset \gamma_\lambda S + y_\lambda ;$$

le premier membre de cette inclusion n'est pas vide, donc il est de la forme $\mu S + y_{\lambda'}$. Ainsi, il existe $\mu > 0$ tel que

$$\mu S + y_{\lambda'} \subset \gamma_\lambda S + y_\lambda .$$

Or, $\gamma_\lambda + \alpha = \lambda$ et $\mu + \alpha' = \lambda$, ce qui prouve que $\mu = \gamma_\lambda$, puisque $\alpha' = \alpha$, donc

$$S + \frac{y_{\lambda'} - y_\lambda}{\gamma_\lambda} \subset S .$$

On prouve de même, en se plaçant dans l'hyperplan de niveau λ' de f que

$$S + \frac{y_\lambda - y_{\lambda'}}{\gamma_{\lambda'}} \subset S .$$

Comme S est dépourvu de droites, il faut que $y_{\lambda'} = y_\lambda$.
Le point y_λ ne varie donc pas avec λ. Désignons ce point par u.
On a

$$P \cap (P+x) = \bigcup_{\lambda \in \Lambda} \gamma_\lambda S + u \subset P + u .$$

Comme $u \in {}^b[P \cap (P+x)]$, $P + u \subset {}^b[P \cap (P+u)]$.
Ainsi,

$$P \cap (P+x) = {}^i[P \cap (P+x)] \subset P + u \subset {}^{ib}[P \cap (P+x)] = P \cap (P+x),$$

vu $[*;I.6.4,p.15]$, et $P \cap (P+x) = P + u$.

VIII.2.8. <u>Si P est un cône qui est un simplexe de Choquet, ${}^b P$ est un simplexe de Choquet.</u>
En effet, ${}^b P$ et ${}^b(P+x) = {}^b P + x$ sont disjoints ou ont un point intérieur commun.

VIII.2.9. <u>Si P est un cône convexe de $\mathbb{R}^d$, de sommet 0, qui est un simplexe de Choquet, toute base de P est un simplexe de Choquet.</u>
Soit B une base de P et f la forme linéaire strictement positive telle que $B = P \cap \bar{f}^1(\{1\})$.
Soient $\alpha \geq 0$ et $x \in \mathbb{R}^d$ tels que $(\alpha B + x) \cap B \neq \emptyset$. On notera que α peut être supposé positif (strictement) et qu'on a toujours $f(x) = 1 - \alpha$.

Exprimons $\alpha B + x$ en termes de f et P :

$$\alpha B + x = \{z+x : z \in P,\ f(z) = \alpha\}$$
$$= \{u : u \in P + x,\ f(u) = 1\}$$
$$= (P+x) \cap f^{-1}(\{1\}).$$

De là, comme il existe $y \in \mathbb{R}^d$ tel que $P \cap (P+x) = P + y$, on trouve de même

$$B \cap (\alpha B+x) = (P+y) \cap f^{-1}(\{1\}) = [1-f(y)]B + y$$

avec $1-f(y) \geq 0$. En conséquence, B est un simplexe de Choquet.

VIII.2.10. <u>Les</u> d-<u>quasi-simplexes sont les</u> d-<u>simplexes généralisés de Rockafellar</u>. <u>En conséquence</u>, <u>les simplexes de Choquet ouverts de</u> $\mathbb{R}^d$ <u>sont les intérieurs des</u> d-<u>simplexes généralisés</u>.

Soit S un d-quasi-simplexe : $\overset{\circ}{S}$ est un simplexe de Choquet (VIII.2.4). Identifions tout point x_o de $\mathbb{R}^d$ au point $(x_o,1)$ de l'hyperplan $H = \{(x,1) : x \in \mathbb{R}^d\}$ de $\mathbb{R}^{d+1}$. Rebaptisons S l'image de S ainsi obtenue. Visiblement, ${}^iS$ est un simplexe de Choquet de $\mathbb{R}^{d+1}$ inclus dans H.

Nous pouvons évidemment supposer que $\bar{S}$ n'est pas un simplexe de Choquet, donc que S est inclus dans une tranche.

Considérons le cône P de sommet O engendré par ${}^iS$. En vertu de VIII.2.7, P est un simplexe de Choquet ouvert et donc, vu VIII.2.8, ${}^bP$ est un simplexe de Choquet fermé.
Il résulte de [*;III.2.5.18] que ${}^bP$ est un cône simplicial (i.e. un cône dont la base est un d-simplexe). Or,

$${}^bP = P' \cup \{(x,0) : x \in C_S\},\ \text{(Rockafellar [1;8.2])}$$

où P' est le cône de sommet O engendré par S (noter que ${}^bP = {}^bP'$) ainsi

$${}^bP \cap H = (P' \cap H) \cup [\{(x,0) : x \in C_S\} \cap H] = S .$$

De là, S est un d-simplexe généralisé. En effet,

$$^{b}P = \sum_{j=1}^{d+1} [0:(x_j,\alpha_j))$$

où les (x_j,α_j) sont linéairement indépendants, donc

$$^{b}P = \{\sum_{j=1}^{d+1} \lambda_j(x_j,\alpha_j) : \lambda_j \geq 0,\ j = 1,\dots,d+1\}$$

et

$$^{b}P \cap H = \{\sum_{j=1}^{d+1} \lambda_j(x_j,\alpha_j) : \lambda_j \geq 0,\ j=1,\dots,d+1,\ \sum_{j=1}^{d+1} \lambda_j\alpha_j = 1\};$$

$$= \{\sum_{j\in J} \lambda_j(x_j,\alpha_j) + \sum_{j\in CJ} \lambda_j(x_j,0) : \lambda_j \geq 0,\ j = 1,\dots,d+1,\ \sum_{j\in J} \lambda_j\alpha_j = 1\},$$

où $J = \{j : \alpha_j \neq 0\} \neq \emptyset$,
ou encore

$$^{b}P\cap H = \{\sum_{j\in J} \lambda_j'(\frac{x_j}{\alpha_j},1) + \sum_{j\in CJ} \lambda_j(x_j,0) : \lambda_j' \geq 0, (j\in J), \lambda_j \geq 0 (j\in CJ), \sum_{j\in J} \lambda_j' = 1\}$$

$$= {}^{c}\{(\frac{x_j}{\alpha_j},1) : j\in J\} + \sum_{j\in CJ} [0:(x_j,0))$$

ce qui livre

$$S = {}^{c}\{\frac{x_j}{\alpha_j} : j \in J\} + \sum_{j\in CJ} [0:x_j) .$$

A l'inverse, on établit sans peine que tout d-simplexe généralisé est un d-quasi-simplexe (nous conseillons au lecteur d'utiliser III.3.10).

VIII.3. LES SIMPLEXES DE CHOQUET SANS DROITES

VIII.3.1. Soit S un simplexe de Choquet de $\mathbb{R}^d$ sans droites. Nous supposerons que 0 est un point extrême de $\bar{S}$ (quitte à effectuer une translation). En vertu de

$$\bar{S} = \{x \in \mathbb{R}^d : f_i(x) \geq 0, \ i = 1,\ldots,d, \ f_{d+1}(x) \leq 1\},$$

où les f_i sont des formes linéaires linéairement indépendantes et où f_{d+1} est une combinaison linéaire à coefficients non négatifs des f_i.

Définissons sur $\mathbb{R}^d$ un ordre linéaire (cf [*;III.2.1,p.84]) par

$$x \leq y \iff f_i(x) \leq f_i(y) \quad (i=1,\ldots,d).$$

Comme le cône $P = \{x \in \mathbb{R}^d : f_i(x) \geq 0\}$ est un simplexe de Choquet, l'ordre ainsi défini érige $\mathbb{R}^d$ en lattis vectoriel [*;III.2.1.7,p.89]).

(a) <u>Si</u> $\alpha S + x \supset \beta S + y$, $f_i(\alpha S+x) \supset f_i(\beta S+y)$ $(i=1,\ldots,d+1)$.

Comme $0 \in \bar{S}$ et $f_i(s) \geq 0$ pour tout $s \in \bar{S}$ $(i=1,\ldots,d)$ $\inf\limits_{s \in S} f_i(s) = 0$ et la borne inférieure de l'intervalle $f_i(\alpha S+x)$ [resp. $f_i(\beta S+y)$] est $f_i(x)$ [resp. $f_i(y)$], donc $f_i(x) \leq f_i(y)$ pour tout $i = 1,\ldots,d$, soit $x \leq y$.

De plus, si $f_{d+1} \neq 0$, $\sup\limits_{s \in S} f_{d+1}(s) = 1$, donc la borne supérieure de l'intervalle $f_{d+1}(\alpha S+x)$ [resp. $f_{d+1}(\beta S+y)$] est $f_{d+1}(x) + \alpha$ [resp. $f_{d+1}(y) + \beta$] , ce qui livre $f_{d+1}(x) + \alpha \leq f_{d+1}(y) + \beta$.

(b) <u>Si</u> $f_{d+1} \neq 0$ [resp. <u>si</u> $f_{d+1} = 0$], <u>si</u> $\eta > 0$, <u>si</u> $z \geq x$ <u>et si</u> $\alpha \geq 0$ <u>et</u> $f_{d+1}(z) + \eta < f_{d+1}(x) + \alpha$ [resp. $\alpha \geq 0$], <u>alors</u> $z + \eta w \in \alpha S + x$ <u>pour tout</u> $w \in \mathring{P} \cap \bar{f}^{1}_{d+1}(\{1\})$ [resp. <u>tout</u> $w \in \mathring{S}$].

Il suffit de vérifier que $z-x + \eta w \in \alpha S$. Or,

$$f_i(z-x+\eta w) = f_i(z) - f_i(x) + \eta f_i(w) \geq 0 \quad (i=1,\ldots,d)$$

et

$$f_{d+1}(z-x+\eta w) = f_{d+1}(z) - f_{d+1}(x) + \eta < \alpha.$$

(c) *Si* $(x+\alpha S) \cap (y+\beta S) = T \neq \emptyset$, *alors* $T = (x\vee y) + \gamma S$ *où*

$$\gamma = \min \{f_{d+1}(x)-f_{d+1}(x\vee y)+\alpha, f_{d+1}(y)-f_{d+1}(x\vee y)+\beta\} ,$$

si $f_{d+1} \neq 0$; *si* $f_{d+1} = 0$, S *est un cône de sommet* 0, *donc* $\gamma S = S$ *pour tout* $\gamma > 0$.

Comme S est un simplexe de Choquet, il existe $z \in \mathbb{R}^d$ et $\delta \geq 0$ tels que $T = \delta S + z$. De (a), il vient

$$x \leq z \quad \text{et, si} \quad f_{d+1} \neq 0,\ f_{d+1}(z) + \delta \leq f_{d+1}(x) + \alpha$$

$$y \leq z \quad \text{et, si} \quad f_{d+1} \neq 0,\ f_{d+1}(z) + \delta \leq f_{d+1}(y) + \beta ,$$

ce qui livre dans tous les cas $z \geq x \vee y$.

Si on avait $z \neq x \vee y$, il existerait $i \in \{1,\dots,d\}$ et $\eta > 0$ tels que $f_i(x\vee y) + \eta < f_i(z)$ donc, si $f_{d+1} \neq 0$,

$$f_{d+1}(x\vee y) + \eta < f_{d+1}(z) \leq \min \{f_{d+1}(x) + \alpha,\ f_{d+1}(y) + \beta\}$$

ce qui permet d'affirmer que, si $w \in \overset{\circ}{P} \cap \bar{f}^{1}_{d+1}(\{1\})$, (immédiat pour tout $w \in \overset{\circ}{S}$ si $f_{d+1} = 0$)

$$(x\vee y) + \eta\, w \in (x+\alpha S) \cap (y+\beta S) = T$$

soit $(x\vee y) + \eta\, w \geq z$. Ce raisonnement est valable pour tout $\eta > 0$ inférieur à un η_0 fixé donc, en faisant tendre η vers 0, $x\vee y \geq z$. Au total, $x\vee y = z$.

De plus, $0 \leq \delta$ et, si $f_{d+1} \neq 0$,

$$\delta \leq f_{d+1}(x) + \alpha - f_{d+1}(z) \text{ et } \delta \leq f_{d+1}(y) + \beta - f_{d+1}(z) ,$$

donc $\delta \leq \gamma$. Si $\gamma = 0$, $\gamma = \delta$. Si $\gamma > 0$, pour tout $\eta \in]0,\gamma[$,

$$f_{d+1}(x\vee y) + \eta < f_{d+1}(x\vee y)$$
$$+ \min \{f_{d+1}(x)-f_{d+1}(x\vee y)+\alpha, f_{d+1}(y)-f_{d+1}(x\vee y)+\beta\}$$
$$= \min \{f_{d+1}(x) + \alpha,\ f_{d+1}(y) + \beta\} ,$$

ce qui livre, comme ci-dessus,
$(x\vee y) + \eta w \in z + \delta S = (x\vee y) + \delta S$ $(w\in S\cap f^{-1}_{d+1}(\{1\})$; ainsi $\eta w \in \delta S$, ce qui implique $\eta \leq \delta$. En faisant tendre η vers γ, on voit que $\gamma \leq \delta$, donc $\gamma = \delta$. Si $f_{d+1} = 0$, S est un cône convexe de sommet 0 (éventuellement épointé).

Soit $s \in S\setminus\{0\}$: si $s \in \mathring{S}$, $\lambda s \in \mathring{S} \subset S$ pour tout $\lambda > 0$. Nous examinerons seulement le cas où $s \in S\setminus(\mathring{S}\cup\{0\})$. Tout d'abord, $S \cap (S+s)$ n'est pas vide, puisque les cônes ouverts $\mathring{S}$ et $\mathring{S}+x$ se rencontrent, donc

$$S \cap (S+s) = \alpha S + s \quad (\alpha>0)$$

vu (c). Ainsi, $\alpha s + s = (\alpha+1)s \in S$ et, par itération, $(\alpha^n+\ldots+\alpha+1)s \in S$. Ceci montre que $[s:2s) \subset S$.

Comme $s \in {}^mS$, s appartient à l'internat d'une face F de $P = \bar{S}$ qu'on peut décrire comme $\{x \in P : f_i(x) = 0,\ i \in \mathcal{G}\}$. Considérons la face complémentaire F' de F, à savoir $\{x \in P : f_i(x) = 0,\ i \in \{1,\ldots,d\}\setminus\mathcal{G}\}$. Soit $x \in F' \cap \{y : f_i(y) > 0,\ i \in \mathcal{G}\}$. La demi-droite $]x:x+s)$ est incluse dans $\mathring{S} = \mathring{P}$, donc dans S. On a

$$S \cap (S-s+x) = \alpha S + [(x-s)\vee 0].$$

Comme $]x:x+s) \subset S$ et $[s:2s) \subset S$, donc $[x:x+s) \subset S-s+x$, $]x:x+s) \subset \alpha S + [(x-s)\vee 0]$. De là,

$$]0:s) \subset \alpha S + (-s\vee -x) = \alpha S - (s\wedge x)\ .$$

Calculons $s\wedge x$: c'est le sommet de $(s-P)\cap(x-P)$. Or,

$$(s-P)\cap(x-P) = \{y : f_i(y)\leq f_i(s),\ i=1,\ldots,d\}\cap\{y : f_i(y)\leq f_i(x),\ i=1,\ldots,d\},$$

donc, si $y \in (s-P)\cap(x-P)$,

$$f_i(y) \leq 0 \quad \text{si} \quad i \in \mathcal{G} \quad \text{et} \quad f_i(y) \leq 0 \quad \text{si} \quad i \in \{1,\ldots,d\}\setminus\mathcal{G}\ ,$$

ce qui livre $y \in -P$. Puisque $s, x \in P$, on en déduit que $s\wedge x = 0$.

Ainsi,

$$]0:s) \subset \alpha S$$

et

$$]0: \frac{1}{\alpha} s) =]0:s) \subset S \quad .$$

(d) <u>Si</u> $y \in S$, <u>si</u> $z \geq 0$ <u>et si</u>
$\{i \in \{1,\ldots,d\} : f_i(z) = 0\} \subset \{i \in \{1,\ldots,d\} : f_i(y) = 0\}$
(<u>et</u>, <u>si</u> $f_{d+1} \neq 0$, <u>si</u> $f_{d+1}(z) = f_{d+1}(y) = 1$), $z \in S$.

Montrons d'abord qu'il existe $\alpha > 0$ tel que $z-\alpha\, y + \alpha\mathring{S} \subset \mathring{S}$.

Si $0 < \alpha \leq \inf\limits_{i \in I} \frac{f_i(z)}{f_i(y)}$ où $I = \{i \in \{1,\ldots,d\} : f_i(y) \neq 0\}$,

$$\begin{aligned} f_j\,(z-\alpha y) = f_j(z) - \alpha f_j(y) &= 0 \text{ si } f_j(z) = 0 \\ &\geq 0 \text{ si } f_j(y) = 0 \\ &\geq 0 \text{ si } f_j(y) \neq 0 \text{ (vu la condition sur } \alpha) \end{aligned}$$

donc $z-\alpha y \geq 0$. Dès lors, pour tout $s \in \mathring{S}$,

$$f_i(z) - \alpha f_i(y) + \alpha f_i(s) > 0$$

et

$$f_{d+1}(z) - \alpha f_{d+1}(y) + \alpha f_{d+1}(s) < 1 - \alpha + \alpha = 1,$$

donc $z - \alpha y + \alpha\mathring{S} \subset \mathring{S}$. De là, $(z-\alpha y + S) \cap S \neq \emptyset$.

Utilisons (c) : si $f_{d+1} \neq 0$,

$$(z-\alpha y+\alpha S) \cap S = [(z-\alpha y) \vee 0] + \gamma S = z - \alpha y + \gamma S$$

où $\gamma = \min \{f_{d+1}(z-\alpha y) - f_{d+1}(z-\alpha y) + \alpha,\ f_{d+1}(0) - f_{d+1}(z-\alpha y)+1\}$
$= \min \{\alpha,\ 1-\alpha\} = \alpha$

si on a pris la précaution de choisir $\alpha < 1$,

donc $(z-y+\alpha S) \cap S = z - \alpha y + \alpha S$, soit $z - \alpha y + \alpha S \subset S$ et $z = z - \alpha y + \alpha y \in S$.

Si $f_{d+1} = 0$, $(z-\alpha y+\alpha S) \cap S = z - \alpha y + S$, soit, puisque $\alpha S = S$, $z - \alpha y + S \subset S$ et $z = z - \alpha y + \alpha y \in S$.

(e) Si $x \in \alpha S$ et si $y \in \beta S$, $x \wedge y \in \gamma S$ où

$$\gamma = \min \{f_{d+1}(x\wedge y) - f_{d+1}(x) + \alpha,\ f_{d+1}(x\wedge y) - f_{d+1}(y) + \beta\},$$

si $f_{d+1} \neq 0$, $\gamma > 0$ sinon.

Comme $0 \in (-x+\alpha S) \cap (-y+\beta S)$,

$$(-x+\alpha S) \cap (-y+\beta S) = (-x\vee -y) + \gamma S$$

où $\gamma = \min \{f_{d+1}(-x) - f_{d+1}(-x\vee -y) + \alpha,\ f_{d+1}(-y) - f_{d+1}(-x\vee -y)+\beta\}$, si $f_{d+1} \neq 0$.

Or, $(-x\vee -y) = -(x\wedge y)$, donc $0 \in -(x\wedge y) + \gamma S$ et $x \wedge y \in \gamma S$, et $\gamma = \min \{f_{d+1}(x\wedge y) - f_{d+1}(x) + \alpha,\ f_{d+1}(x\wedge y) - f_{d+1}(y) + \beta\}$.

La preuve des cas où $f_{d+1} = 0$ est évidente.

VIII.3.2. Soit S un d-simplexe de Choquet de $\mathbb{R}^d$ dépourvu de droites. On sait que $\bar{S}$ est un d-simplexe généralisé et, par conséquent, qu'il peut s'écrire

$$\bar{S} = {}^{c}\{x_1,\dots,x_k\} + \sum_{i=k+1}^{d+1} [0:x_i) .$$

Si l'on pose

$$\mathcal{A} = \{F : \emptyset \neq F \subset \{1,\dots,d+1\}\}$$

si $F \in \mathcal{A}$,

$$(F) = \begin{cases} {}^{ic}\{x_i : i\in F\cap\{1,\dots,k\}\} + {}^{i}\mathrm{pos}\{x_i : i\in F\cap\{k+1,\dots,d+1\}\}, & \text{si } F \cap \{k+1,\dots,d+1\} \neq \emptyset \\ {}^{ic}\{x_i : i\in F\cap\{1,\dots,k\}\} & \text{sinon.} \end{cases}$$

et

$$\mathcal{B} = \{F : F \in \mathcal{A},\ (F) \cap S \neq \emptyset\} ,$$

<u>alors</u>

(a) $S = \cup \{(F) : F \in \mathcal{B}\}$;

(b) $G \in \mathcal{B}$, $F \in \mathcal{a}$ <u>et</u> $G \subset F$ <u>impliquent</u> $F \in \mathcal{B}$;

(c) <u>si</u> $F, G \in \mathcal{B}$ <u>et</u> $F \cap G \neq \emptyset$, <u>alors</u> $F \cap G \in \mathcal{B}$.

Etablissons (a). Remarquons d'abord que (a) exprime le fait que S est réunion des internats des facettes de $\bar{S}$ qui le rencontrent. Or, S e s t i n c l u s dans $\bar{S}$ qui est réunion des internats de ses faces (ou facettes) et on peut supprimer les internats des facettes P de $\bar{S}$ qui ne rencontrent pas S, ainsi,

$$S \subset \cup \{{}^iP : F \in \mathcal{F}(\bar{S}),\ {}^iP \cap S \neq \emptyset\} .$$

Si ${}^iP \cap S$ n'est pas vide ($P \in \mathcal{F}(\bar{S})$), soit $x \in {}^iP \cap S$.
Si $P = \bar{S}$, ${}^iP = \mathring{S} \subset S$. Si $P \subsetneq \bar{S}$, on peut utiliser (d) de VIII.3.1 (et, éventuellement, une translation) pour montrer que tout $y \in {}^iP$ appartient à S, ce qui prouve l'assertion.

Pour établir (b) dans le cas où $f_{d+1} \neq 0$, supposons que $0 \notin F$ et que $x_1 = 0$. Soit $y \in (G) \cap S$. Le résultat VIII.3.1.d nous permet d'affirmer que, si $z \in (F)$ alors $z \in S$, donc $F \in \mathcal{B}$. Dans le cas où $f_{d+1} = 0$, l'hypothèse $0 \notin F$ n'est pas faite, mais le raisonnement reste inchangé.

Enfin, pour prouver (c), supposons que $0 \in F \cap G$ et que $x_1 = 0$. Posons $x = \sum_{i \in F} x_i$ et $y = \sum_{i \in G} x_i$. Comme $(F) \cap S$ n'est pas vide, $(F) \subset S$, vu (a), donc

$$x \in [f_{d+1}(x)+1]S ,$$

et, de même,

$$y \in [f_{d+1}(y)+1]S .$$

Le point (c) de VIII.3.1 assure que

$$x \wedge y \in [f_{d+1}(x\ y)+1]S .$$

Mais, $x \wedge y = \sum_{i=2}^{d+1} \alpha_i x_i$, puisque les $x_i (i=2,\ldots,d+1)$ forment une base de $\mathbb{R}^d$, donc

$$f_j(x\wedge y) = \alpha_j \leq 0, \ \forall j \in C(F\cap G) ,$$

ce qui conduit à

$$x \wedge y = \sum_{i\in F\cap G} x_i .$$

Ainsi,

$$\sum_{i\in F\cap G} \frac{x_i}{f_{d+1}(x)+1} \in S ,$$

ce qui montre que $F \cap G \in \mathcal{B}$.

VIII.3.3. <u>Si</u> S <u>est un</u> d-<u>simplexe de Choquet sans droites</u>, S <u>est intersection de</u> d <u>ou</u> d+1 <u>demi-espaces ouverts ou fermés</u>.

Reprenons les notations de la proposition précédente.

S'il existe $F,G \in \mathcal{B}$ tels que $F \cap G = \emptyset$, pour tout $i \in \{1,\ldots,d+1\}$, on a

$$\{i\} = (F\cup\{i\}) \cap (G\cup\{i\}) ,$$

donc, vu (b) et (c) de VIII.3.2, $\{i\} \in \mathcal{B}$ et, vu (b), $\mathcal{B} = \mathcal{A}$. Ainsi, (a) montre que $S = \bar{S}$ et $\bar{S}$ est intersection de d ou d+1 demi-espaces fermés, selon que $f_{d+1} = 0$ ou non.

Si, à l'inverse, $F \cap G \neq \emptyset$ quels que soient $F,G \in \mathcal{B}$, $\mathcal{B}$ est un filtre pur de $\{1,\ldots,d+1\}$. Dès lors, si $F_o = \cap\mathcal{B}$, $F_o \in \mathcal{B}$ et $\mathcal{B} = \{F \in \mathcal{A} : F \supset F_o\}$. Notons que $F_o \cap \{1,\ldots,k\} \neq \emptyset$.

Grâce à (a) de VIII.3.2, on peut alors écrire

$$S = \{\sum_{i=1}^{d+1} \lambda_i x_i : \lambda_i > 0 \text{ pour tout } i \in F_o, \ \lambda_i \geq 0 \text{ pour } i \in \{1,\ldots,d+1\}\setminus F_o, \ \sum_{i=1}^{k+1} \lambda_i = 1\},$$ ce qui est une intersection de d ou d+1 demi-espaces ouverts ou fermés, selon que $f_{d+1} = 0$ ou non.

VIII.3.4. Puisqu'une demi-bande fermée n'est pas un simplexe de Choquet, on voit qu'une intersection arbitraire de d ou d+1 demi-espaces ouverts ou fermés n'est pas en général un simplexe de Choquet. Nous allons à présent décrire les simplexes de Choquet sans droites.

VIII.3.5. Un d-convexe S est un simplexe de Choquet sans droites si et seulement s'il est d'un des types suivants (à une translation près pour les types c et d):

a) S est l'intersection bornée de d+1 demi-espaces ouverts ou fermés (Simons [1]);

b) S est une intersection dépourvue de droites de d demi-espaces ouverts ou fermés;

c) S est non borné et

$$S = \{x \in \mathbb{R}^d : f_i(x) \geq 0,\ i=1,\dots,k;\ f_i(x) > 0,\ i=k+1,\dots,d;\ \sum_{i \in I} f_i(x) \leq 1\}$$

où les f_i sont linéairement indépendants et $I \cap \{k+1,\dots,d\} \neq \emptyset$.

d) S est non borné et

$$S = \{x \in \mathbb{R}^d : f_i(x) \geq 0,\ i=1,\dots,k;\ f_i(x) > 0,\ i=k+1,\dots,d;\ \sum_{i \in I} f_i(x) < 1\}$$

où les f_i sont linéairement indépendants et $I \subset \{1,\dots,d\}$.

De plus, une intersection de d demi-espaces ouverts ou fermés est dépourvue de droites si et seulement si ces demi-espaces sont associés à des formes linéaires linéairement indépendantes.

L'affirmation relative à l'absence de droites dans une intersection de d demi-espaces est une conséquence immédiate de III.1.4.

Pour établir que tout simplexe de Choquet borné est du type a), il faut d'abord remarquer que, puisque S est borné, il ne peut être intersection de moins de d+1 demi-espaces.

Il reste alors à montrer que tout ensemble du type a) est un simplexe de Choquet. Cette preuve est aisée et nous la laissons au lecteur (c'est une version simplifiée des preuves correspondantes dans les autres cas).

Examinons à présent le cas des ensembles non bornés.

Si $S=\{x\in\mathbb{R}^d : f_i(x)\geq 0, i=1,\ldots,k, f_i(x)>0, i=k+1,\ldots,d\}$,

$\lambda S+a = S+a = \{x\in\mathbb{R}^d : f_i(x)\geq f_i(a), i=1,\ldots,k; f_i(x)>f_i(a), i=k+1,\ldots,d\}$

pour tout $\lambda > 0$ et tout $a\in\mathbb{R}^d$, donc

$$S\cap(\lambda S+a) = \{x\in\mathbb{R}^d : f_i(x)\geq (f_i(a)\vee 0),\quad i=1,\ldots,k;\ f_i(x) > (f_i(a)\vee 0),\ i=k+1,\ldots,d\}.$$

L'ordre linéaire défini par le cône convexe $\bar{S}$ est latticiel donc $a\vee 0$ existe et est tel que $f_i(a\vee 0) = f_i(a)\vee 0$, pour $i=1,\ldots,d$.

Dès lors,

$$S\cap(\lambda S+a) = \{x\in\mathbb{R}^d : f_i(x)\geq f_i(a\vee 0), i=1,\ldots,k; f_i(x)>f_i(a\vee 0), i=k+1,\ldots,d\}$$
$$= S + (a\vee 0)$$

Le seul cas restant encore à considérer est celui d'un d-simplexe de Choquet non borné et dépourvu de droites qui est l'intersection de d+1 demi-espaces fermés dont aucun n'est redondant.

Si S peut s'écrire (à une translation près) sous la forme

$$S = \{x\in\mathbb{R}^d : f_i(x)\geq 0,\ i=1,\ldots,k;\ f_i(x)>0,\ i=k+1,\ldots,d,\ \sum_{i\in I} f_i(x)\leq 1\},$$

nous allons montrer que $I\subset\{k+1,\ldots,d\}$.

Pour abréger, posons $f = \sum_{i\in I} f_i$. Puisque S n'est pas borné, $I \subsetneq \{1,\ldots,d\}$.

Soit $a\in S\cap\{x : f(x)=1\}$. Si S est un simplexe de Choquet, nous savons (VIII.3.2.c) que, si $S\cap(S+a)\neq\emptyset$,

$$S\cap(S+a) = \gamma S + (a\vee 0) = \gamma S + a$$

où

$$\gamma = \min \{f(0)-f(a\vee 0)+1,\ f(a)-f(a\vee 0)+1\} = \min \{0,1\} = 0,$$

soit

$$S \cap (S+a) = \{a\} .$$

Si $I' = I \cap \{1,\ldots,k\} \neq \emptyset$, $\{x : f_i(x) = 0,\ i \in I\} \cap P$ inclut une demi-droite $]0;u)$ (il est facile de voir qu'une face d'un d-simplexe généralisé ne peut être parallèle à une autre face de ce simplexe qui serait bornée), donc $]a;a+u) \subset S \cap (S+a)$, ce qui conduit à une contradiction. Dès lors, $I \subset \{k+1,\ldots,d\}$.

Il reste à prouver que tout ensemble du type c) est un simplexe de Choquet. Pour tout $\lambda > 0$ et tout $a \in \mathbb{R}^d$,

$$\begin{aligned} S \cap (\lambda S+a) &= \{x \in \mathbb{R}^d : f_i(x) \geq f_i(a\vee 0),\ i=1,\ldots,k; \\ &\quad f_i(x) > f_i(a\vee 0),\ i=k+1,\ldots,d;\ f(x) \leq [(\lambda+f(a)) \wedge 1]\} \\ &= \begin{cases} \emptyset, \text{ si } f(a) \vee 0 \geq 1 \wedge (\lambda+f(a)) \\ [(1\wedge[\lambda+f(a)]) - f(a\vee 0)]S + a \vee 0 . \end{cases} \end{aligned}$$

Enfin, S peut encore prendre (à une translation près) la forme

$$S = \{x \in \mathbb{R}^d : f_i(x) \geq 0, i=1,\ldots,k;\ f_i(x) > 0, i=k+1,\ldots,d;\ f(x) < 1\} .$$

La preuve se calque sur celle du cas précédant.

VIII.3.6. Les 2-simplexes de Choquet sans droites sont d'un des types suivants :

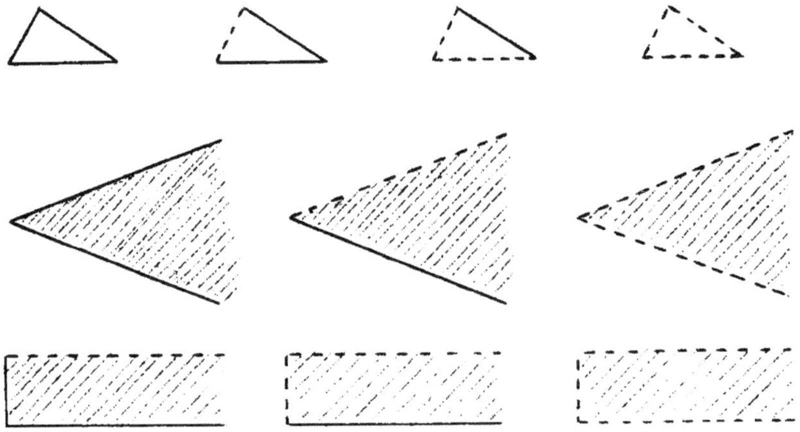

VIII.3.7. Les simplexes de Choquet de $\mathbb{R}^n$ qui incluent des droites ont été déterminés par Fourneau [24]. Il n'est cependant pas possible d'inclure leur description dans ce texte. Nous décrirons cependant les 2-simplexes, leur structure étant aisée à déterminer.

VIII.3.8. Les 2-simplexes de Choquet incluant des droites sont de l'un des types suivants :

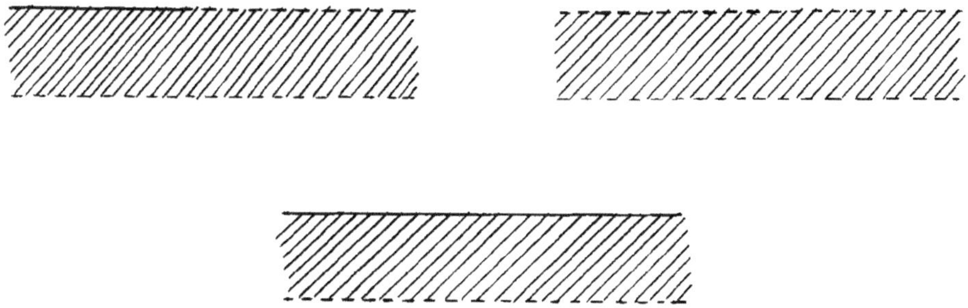

la demi-droite marginale du premier type étant pointée ou épointée.

On sait que l'adhérence [resp. l'intérieur] de tout 2-simplexe incluant des droites est une bande fermée [resp. ouverte]. Il suffit de déterminer la partie du simplexe incluse dans les demi-droites marginales.

Soient D et D' ces droites : $D \cap S$ et $D' \cap S$ sont convexes. Si $D \cap S$ était borné mais non vide, une translation de trace D d'amplitude suffisante donnerait une image dont l'intersection avec S serait $\mathring{S}$ qui n'est pas dilaté de S. Ainsi, $D \cap S$ est vide, ou est une demi-droite, ou est une droite. Il en est de même pour D'. Cependant, si $D \cap S \neq \emptyset$, D' doit être vide. En effet il est possible de trouver une translation qui applique D sur D' et telle que $D' \cap S$ rencontre l'image de $D \cap S$ en plus d'un point : la dimension de l'intersection de S et de son translaté est 1, donc celle-ci ne peut être dilatée de S.

Il est aisé de vérifier que les ensembles proposés sont des simplexes de Choquet.

CHAPITRE IX

SYSTEMES D'INEQUATIONS LINEAIRES

IX.1. GENERALITES

IX.1.1. Position du problème. Soient $f_1, f_2, \ldots, f_n$ des formes linéaires (que nous supposerons toujours non identiquement nulles pour pouvoir donner une interprétation géométrique du problème) sur un espace vectoriel E quelconque et $\alpha_1, \alpha_2, \ldots, \alpha_n$ des réels.

Nous étudierons le système d'inéquations (S)

$$f_j(x) \leq \alpha_j \quad (j=1,2,\ldots,n)$$

en le vecteur inconnu x.
Géométriquement, les solutions du système (S) ne sont rien d'autre que les points du polyèdre convexe
$P = \bigcap_{j=1}^{n} \{x \in E : f_j(x) \leq \alpha_j\}$ associé à (S).

IX.1.2. Définitions. Le système (S) est dit résoluble s'il possède une solution. Le rang r de (S) est le rang de $\{f_1, f_2, \ldots, f_n\}$, soit $\dim^s \{f_1, f_2, \ldots, f_n\}$; nous supposerons toujours que $r > 0$. Le noyau de (S) est le sous-espace sur lequel tous les f_j s'annulent. Une solution x_o de (S) est dite nodale s'il existe un sous-système de (S), de rang r, composé de r inéquations qui deviennent des égalités en x_o. Enfin, une inéquation $f(x) \leq \alpha$ [resp. $f(x) < \alpha$] est appelée conséquence du système (S) si elle est vérifiée par toute solution de (S).

IX.1.3. Caractérisation géométrique des solutions nodales

Un point x de E est une solution nodale de (S) si et seulement s'il appartient à une variété extrême du polyèdre convexe P associé à (S).

Le point x appartient à une variété extrême de P si et seulement si la facette de P liée à x est $x + \Gamma(P)$.

Si x est une solution nodale de (S), $x \in P$ et il existe des formes $f_{i_1},\dots,f_{i_r}$ linéairement indépendantes telles que $f_{i_1}(x) = \alpha_{i_1},\dots,f_{i_r}(x) = \alpha_{i_r}$. Si y appartient à la facette liée à x, il existe u, distinct de l'origine, tel que $y \in (x-u:x+u)$ et $[x-u:x+u] \subset P$. Pour $k=1,\dots,r$, on a alors

$$f_{i_k}(x \pm u) = f_{i_k}(x) \pm f_{i_k}(u) = \alpha_{i_k} \pm f_{i_k}(u) \leq \alpha_{i_k} ,$$

soit $f_{i_k}(u) = 0$, ce qui prouve que $u \in \Gamma(P)$. Ainsi, $y \in (x-u:x+u) \subset x + \Gamma(P)$ et la facette liée à x est incluse dans $x + \Gamma(P)$. Comme l'inclusion réciproque est triviale, on conclut à l'égalité.

A l'inverse, puisque toute variété extrême V s'écrit $x + \Gamma(P)$, quel que soit $x \in V$, tout point situé sur une variété extrême de P est une solution nodale de (S).

IX.2. <u>CRITERES DE RESOLUBILITE</u>

IX.2.1. La résolubilité du système (S) équivaut évidemment à la non-vacuité du polyèdre convexe P associé à (S).

IX.2.2. <u>Si le système</u> (S) <u>est résoluble</u>, <u>le noyau de</u> (S) <u>est le sous-espace caractéristique de</u> P; <u>le rang de</u> S <u>est donc égal à la codimension de ce sous-espace</u>.

C'est une conséquence immédiate de III.1.3 et III.1.4.

IX.2.3. <u>Le système</u> (S) <u>est résoluble si et seulement si</u>, <u>pour tous réels non positifs</u> $\lambda_1,\lambda_2,\dots,\lambda_n$, <u>la relation</u> $\sum_{j=1}^{n} \lambda_j f_j = 0$ <u>implique</u> $\sum_{j=1}^{n} \lambda_j \alpha_j \leq 0$ (théorème de Ky Fan).

En d'autres termes, si φ désigne l'application $\varphi : x \to \varphi(x) = (f_1(x), f_2(x),\dots,f_n(x))$, tout vecteur $\vec{\lambda} \leq 0$ appartenant au noyau de φ doit appartenir aussi à

$$H_\alpha^- = \{x \in \mathbb{R}^n : (x|\alpha) \leq 0\} \quad ,$$

où $\alpha = (\alpha_1,\alpha_2,\dots,\alpha_n)$.

La condition est trivialement nécessaire.

Pour démontrer qu'elle est suffisante, procédons par l'absurde et supposons que le système (S) ne soit pas résoluble: nous nous proposons de trouver des réels non positifs $\lambda_1,\lambda_2,\dots,\lambda_n$ tels que

$$\sum_{j=1}^{n} \lambda_j f_j = 0 \quad \text{et} \quad \sum_{j=1}^{n} \lambda_j \alpha_j > 0 \ .$$

Dans l'espace euclidien $\mathbb{R}^n$, considérons le sous-espace linéaire $\varphi(E) = \{(f_1(x),f_2(x),\dots,f_n(x)) : x \in E\}$; désignons par T l'ensemble des points de $\mathbb{R}^n$ dont toutes les coordonnées sont non positives et par α le point défini par $\alpha = (\alpha_1,\alpha_2,\dots,\alpha_n)$. On peut trouver des points $b_1,b_2,\dots,b_m$ de $\mathbb{R}^n$ tels que le sous-espace $\varphi(E)$ s'écrive sous la forme

$$\varphi(E) = \{y \in \mathbb{R}^n : \langle b_j|y\rangle = 0 \text{ pour } j = 1,2,\dots,m\} \ .$$

Si l'on pose

$$\beta_j = - \langle b_j|\alpha\rangle \text{ pour } j = 1,2,\dots,m \ .$$

on obtient

$$\varphi(E) - \alpha = \{z \in \mathbb{R}^n : \langle b_j|z\rangle = \beta_j \text{ pour } j = 1,2,\dots,m\} \ .$$

Plaçons-nous à présent dans l'espace $\mathbb{R}^m$. Soit Q l'ensemble de tous les points de la forme $(\langle b_1|y\rangle, \langle b_2|y\rangle,\dots,\langle b_m|y\rangle)$ quand y varie dans T; Q est évidemment un cône convexe fermé de $\mathbb{R}^m$.

Avec ces notations, le système (S) n'est pas résoluble si et seulement si

$$(\varphi(E)-\alpha) \cap T = \emptyset \quad ,$$

ce qui revient à dire que le point $\beta = (\beta_1,\beta_2,\ldots,\beta_m)$ n'est pas contenu dans le cône Q.
Il existe donc, dans $\mathbb{R}^m$, un hyperplan qui sépare fortement Q de $\{\beta\}$ (I.3.3), c'est-à-dire que l'on peut trouver des réels non tous nuls $\mu_1,\mu_2,\ldots,\mu_m$ tels que, pour tout point z de T,

$$\sum_{j=1}^{m} \mu_j \langle b_j | z\rangle > \sum_{j=1}^{m} \mu_j \beta_j$$

ou encore

$$\langle \sum_{j=1}^{m} \mu_j b_j | z+\alpha\rangle > 0 \quad .$$

Si l'on pose

$$b_j = (b_{j1},b_{j2},\ldots,b_{jn}) \text{ pour } j = 1,2,\ldots,m \quad ,$$

et

$$\lambda_i = \sum_{j=1}^{m} \mu_j b_{ji} \text{ pour } i = 1,2,\ldots,n \ ,$$

la dernière inégalité devient, dans le cas où $z = 0$,

$$\sum_{i=1}^{n} \lambda_i \alpha_i > 0 \ .$$

De plus, $\lambda_i \leq 0$ pour $i=1,2,\ldots,n$. En effet, si, pour un indice i_o de $\{1,2,\ldots,n\}$, on a $\lambda_{i_o} > 0$, alors on peut prendre z_{i_o} suffisamment grand en valeur absolue et $z_i = 0$ pour $i \neq i_o$ de sorte que la somme $\sum_{i=1}^{n} \lambda_i(z_i+\alpha_i)$ soit négative, ce qui est absurde.
Par ailleurs, la définition du sous-espace $\varphi(E)$ livre

$$\sum_{i=1}^{n} b_{ji} f_i(x) = 0 \text{ pour } j = 1,2,\ldots,m \text{ et tout } x \in E,$$

c'est-à-dire

$$\sum_{i=1}^{n} b_{ji}\, f_i = 0 \text{ pour } j = 1,2,\ldots,m,$$

d'où

$$\sum_{i=1}^{n} \lambda_i\, f_i = \sum_{i=1}^{n} \sum_{j=1}^{m} \mu_j\, b_{ji}\, f_i = 0.$$

On a donc trouvé des réels non positifs $\lambda_1,\lambda_2,\ldots,\lambda_n$ tels que

$$\sum_{i=1}^{n} \lambda_i\, f_i = 0 \quad \text{et} \quad \sum_{i=1}^{n} \lambda_i\, \alpha_i > 0 ,$$

ce qui termine la démonstration.

IX.2.4. Soient $f_1,f_2,\ldots,f_n,g_1,g_2,\ldots,g_m$ des formes linéaires (non nulles) sur E, $\alpha_1,\alpha_2,\ldots,\alpha_n$, $\beta_1,\beta_2,\ldots,\beta_m$ des réels. Le système (S_1)

$$\begin{cases} f_j(x) = \alpha_j & , \quad j = 1,2,\ldots,n \\ g_j(x) \leq \beta_j & , \quad j = 1,2,\ldots,m \end{cases}$$

est résoluble si et seulement s'il existe n réels $\lambda_1,\lambda_2,\ldots,\lambda_n$ et m réels non positifs $\mu_1,\mu_2,\ldots,\mu_m$ tels que la relation

$$\sum_{j=1}^{n} \lambda_j\, f_j + \sum_{j=1}^{m} \mu_j\, g_j = 0$$

implique

$$\sum_{j=1}^{n} \alpha_j\, \lambda_j + \sum_{j=1}^{m} \mu_j\, \beta_j \leq 0 .$$

Il suffit en effet d'appliquer le théorème précédent au système que voici :

$$\begin{cases} f_j(x) \leq \alpha_j & \text{pour} \quad j = 1,2,\ldots,n \\ -f_j(x) \leq -\alpha_j & \text{pour} \quad j = 1,2,\ldots,n \\ g_j(x) \leq \beta_j & \text{pour} \quad j = 1,2,\ldots,m \end{cases} .$$

IX.2.5. Si le système (S) n'est pas résoluble, il existe un réel $\varepsilon < 0$ tel que, pour tous réels δ_j satisfaisant à $\delta_j \leq -\varepsilon$ $(j=1,2,\ldots,n)$, le système

$$f_j(x) \leq \alpha_j + \delta_j \quad \text{pour} \quad j = 1,2,\ldots,n$$

n'est pas résoluble.

De fait, si (S) n'est pas résoluble, il existe des réels non positifs λ_j tels que

$$\sum_{j=1}^{n} \lambda_j f_j = 0 \quad \text{et} \quad \sum_{j=1}^{n} \lambda_j \alpha_j > 0 .$$

Il suffit de choisir $\varepsilon < 0$ suffisamment petit en valeur absolue pour que

$$\varepsilon\left(\sum_{j=1}^{n} \lambda_j\right) < \sum_{j=1}^{n} \lambda_j \alpha_j .$$

On obtient alors

$$\sum_{j=1}^{n} \lambda_j(\alpha_j+\delta_j) > 0 \quad \text{avec} \quad \sum_{j=1}^{n} \lambda_j f_j = 0$$

le théorème IX 2.3 permet de conclure.

IX.2.6. Soient $f_1, f_2, \ldots, f_n, f_{n+1}$ des formes linéaires (non nulles) sur E, $\alpha_1, \alpha_2, \ldots, \alpha_n, \alpha_{n+1}$ des réels tels que le système (S_2)

$$\begin{cases} f_j(x) = \alpha_j & \text{pour} \quad j = 1,2,\ldots,n \\ f_{n+1}(n) \leq \alpha_{n+1} \end{cases}$$

soit résoluble. Dans ces conditions, toute solution du système (S_3)

$$f_j(x) = \alpha_j \quad \text{pour} \quad j = 1,2,\ldots,n$$

est une solution de (S_2) si et seulement si f_{n+1} est une combinaison linéaire de $f_1, f_2, \ldots, f_n$.

Supposons que toute solution de (S_3) soit une solution de (S_2). Géométriquement, cela signifie que la variété linéaire $V = \bigcap_{j=1}^{n} \bar{f}_j^1(\{\alpha_j\})$ est contenue dans le demi-espace fermé $\Sigma = \{x \in E : f_{n+1}(x) \leq \alpha_{n+1}\}$, donc aussi dans un hyperplan parallèle à $H_{n+1} = \bar{f}_{n+1}^1(\{\alpha_{n+1}\})$. Grâce au résultat III.2.6, f_{n+1} est une combinaison linéaire (à coefficients non tous nuls) de $f_1, f_2, \ldots, f_n$.

La réciproque est immédiate.

IX.2.7. <u>Supposons le système</u> (S) <u>résoluble et de rang</u> r. <u>Il existe</u> r <u>formes linéaires indépendantes</u> $f_{\nu_1}, f_{\nu_2}, \ldots, f_{\nu_r}$ <u>parmi</u> $f_1, f_2, \ldots, f_n$ <u>telles que toute solution du système</u>

(S_4) $$f_{\nu_j}(x) = \alpha_{\nu_j} \quad \underline{\text{pour}} \quad j = 1,2,\ldots,r$$

<u>soit une solution de</u> (S).

Le polyèdre convexe P associé à (S) n'est pas vide et possède de ce fait une variété extrême V (III.1.4, corollaire 2) qui est translatée du sous-espace caractéristique $\Gamma(P)$ de P (II.5.3). Or, il existe r formes linéaires $f_{\nu_1}, f_{\nu_2}, \ldots, f_{\nu_r}$ parmi $f_1, f_2, \ldots, f_n$ telles que $\bigcap_{j=1}^{r} \bar{f}_{\nu_j}^1(\{0\})$ coïncide avec $\Gamma(P)$ (cf. preuve de III.1.4); la variété linéaire V est donc de la forme $\bigcap_{j=1}^{r} \bar{f}_{\nu_j}^1(\{\alpha_{\nu_j}\})$ et est entièrement incluse dans P; cela prouve que toute solution de (S_4) est une solution de (S).

IX.3. Inéquations conséquences d'un système d'inéquations

IX.3.1. Si le système (S) est résoluble (de rang $r > 0$) et si l'inéquation $f(x) \leq \alpha$ [resp. $f(x) < \alpha$] est une conséquence de (S), elle est aussi conséquence d'au moins un sous-système de rang r de (S), constitué de r inéquations, dont toutes les solutions nodales sont solutions de (S).

Ce théorème se traduit géométriquement comme suit :

Si un demi-espace fermé [resp. ouvert] E inclut un polyèdre convexe non vide P, il inclut un polyèdre P', intersection de codim $\Gamma(P)$ demi-espaces fermés choisis parmi les demi-espaces fermés qui déterminent P, tel que codim $\Gamma(P)$ = codim $\Gamma(P')$, et dont toutes les variétés extrêmes sont incluses dans P.

Voici une preuve géométrique de ce théorème.

Supposons que Σ s'écrive sous la forme $\Sigma = \{x \in E : f(x) \leq \alpha\}$ [resp. $\Sigma = \{x \in E : f(x) < \alpha\}$] et que $P = \{x \in E : f_i(x) \leq \alpha_i$, $i = 1,\ldots,n\}$. La forme f atteint son maximum sur P en les points d'une variété extrême $V = x_o + \Gamma(P)$ $(x_o \in V)$ (III.1.5).

Considérons le cône convexe C de sommet x_o engendré par P et le translaté Σ' de Σ [resp. ${}^b\Sigma$] dont l'hyperplan marginal passe par x_o : $C \subset \Sigma'$. Or,

$$C = \{x \in E : f_{i_j}(x) \leq \alpha_{i_j},\ j = 1,\ldots,r\}$$

où les f_{i_j} sont r formes linéaires indépendantes telles que

$$V = P \cap \{x \in E : f_{i_j}(x) = \alpha_{i_j},\ j = 1,\ldots,r\} .$$

C'est "géométriquement évident", mais donnons-en une preuve formelle.

L'inclusion de C dans l'ensemble du second membre est évidente, puisque ce dernier est un cône de sommet x_o : pour établir l'inclusion réciproque, considérons $y \neq x_o$ tel que $f_{i_j}(y) \leq \alpha_{i_j}$ $(j=1,\ldots,r)$:

$f_{i_j}[\lambda x_o + (1-\lambda)y] \leq \lambda\alpha_{i_j} + (1-\lambda)\alpha_{i_j} = \alpha_{i_j}$ $(j=1,\ldots,r)$, $\forall\ \lambda \in [0,1]$;

si $f_k(y) \leq \alpha_k$, $f_k[\lambda x_o + (1-\lambda)y] \leq \alpha_k$, $\forall\ \lambda \in [0,1]$;

si $f_k(y) = \alpha_k + \eta_k$ $(\eta_k>0)$, $f_k[\lambda x_o+(1-\lambda)y] = \lambda f_k(x_o) + (1-\lambda)(\alpha_k+\eta_k)$,

or $f_k(x_o) = \alpha_k \varepsilon$, $\varepsilon > 0$, donc, si $\frac{\eta_k}{\eta_k+\varepsilon} \leq \lambda \leq 1$,

$$f_k[\lambda x_o + (1-\lambda)y] \leq \alpha_k ,$$

donc, si $\sup\limits_{k=1,\ldots,n} \frac{\eta_k}{\eta_k+\varepsilon} \leq \lambda \leq 1$ (on pose $\eta_k = 0$ dans les bons cas), $\lambda x_o + (1-\lambda)y \in P$, ce qui prouve que $y \in C$.

Comme la seule variété extrême de C est $x_o + \Gamma(P)$ (III.1.6), le théorème est démontré, moyennant $P' = C$.

IX.3.2. Soient $f_1, f_2, \ldots, f_n, f$ des formes linéaires non nulles sur E, x_o un point de E et α un réel. L'inéquation $f(x) \leq \alpha$ est une conséquence du système

$$f_j(x) \leq f_j(x_o) \quad \text{pour} \quad j = 1,2,\ldots,n$$

si et seulement s'il existe des réels $\lambda_1, \lambda_2, \ldots, \lambda_n$ non négatifs tels que

$$f = \sum_{j=1}^{n} \lambda_j f_j .$$

L'interprétation géométrique de cet énoncé est la suivante. Soit $P = \bigcap\limits_{j=1}^{n} \{x \in E : f_j(x) \leq f_j(x_o)\}$ un cône polyédral de sommet x_o. Pour que P soit inclus dans le demi-espace fermé $\Sigma = \{x \in E : f(x) \leq \alpha\}$, il faut et il suffit que $f = \sum\limits_{j=1}^{n} \lambda_j f_j$ avec $\lambda_j \geq 0$ pour $j = 1,2,\ldots,n$.

En fait, l'inclusion de P dans Σ est équivalente à celle de $P' = \bigcap\limits_{j=1}^{n} \{x \in E : f_j(x) \leq 0\}$ dans $\Sigma' = \{x \in E : f(x) \leq 0\}$, ou encore à l'appartenance de f à $(P')^+ = (P')^*$ (II.6.3.2). Or, on a vu en III.1.10 que $(P')^+ = \text{pos}\ \{f_1, f_2, \ldots, f_n\}$, d'où la conclusion.

IX.3.3. <u>L'inéquation</u> $f(x) \leq \alpha$ <u>est une conséquence du système résoluble</u> (S) <u>si et seulement s'il existe</u> n <u>réels non-négatifs</u> $\lambda_1, \lambda_2, \ldots, \lambda_n$ <u>tels que</u>

$$f = \sum_{j=1}^{n} \lambda_j f_j \quad \underline{\text{et}} \quad \sum_{j=1}^{n} \lambda_j \alpha_j \leq \alpha.$$

Si l'inéquation $f(x) \leq \alpha$ est une conséquence de (S), elle est aussi conséquence d'au moins un sous-système

$$f_{\nu_j}(x) \leq \alpha_{\nu_j} \qquad \text{pour} \quad j = 1,2,\ldots,r$$

composé de r inéquations du système (S), r désignant le rang de (S) : ce nouveau système est de rang r et chacune de ses solutions nodales est une solution de (S) (IX.3.1). Désignons par x_o une solution nodale de ce sous-système : en vertu de IX.1.3, on a $\alpha_{\nu_j} = f_{\nu_j}(x_o)$ pour $j = 1,2,\ldots,r$. Le résultat précédent permet de trouver des réels non négatifs $\mu_{\nu_1}, \mu_{\nu_2}, \ldots, \mu_{\nu_r}$ tels que $f = \sum_{j=1}^{r} \mu_{\nu_j} f_{\nu_j}$ et $f(x_o) = \sum_{j=1}^{r} \mu_{\nu_j} f_{\nu_j}(x_o) = \sum_{j=1}^{r} \mu_{\nu_j} \alpha_{\nu_j} \leq \alpha$

On arrive à la conclusion en posant

$$\begin{cases} \lambda_{\nu_j} = \mu_{\nu_j} & \text{pour} \quad j = 1,2,\ldots,r \\ \lambda_k = 0 & \text{pour} \quad k \in \{1,2,\ldots,n\} \setminus \{\nu_1, \nu_2, \ldots, \nu_r\}. \end{cases}$$

IX.3.4. <u>Remarque</u>. La preuve du théorème précédent démontre en fait l'énoncé suivant (équivalent à IX.3.3):

<u>Soit</u> (S) <u>un système résoluble de rang</u> r; <u>l'inéquation</u> $f(x) \leq \alpha$ <u>est une conséquence de</u> (S) <u>si et seulement s'il existe</u> r <u>réels non négatifs</u> $\lambda_1, \lambda_2, \ldots, \lambda_r$ <u>et</u> r <u>indices</u> $\nu_1, \nu_2, \ldots, \nu_r$ <u>parmi</u> $\{1,2,\ldots,n\}$ <u>tels que</u>

$$f = \sum_{j=1}^{r} \lambda_j f_{\nu_j} \quad \underline{\text{et}} \quad \sum_{j=1}^{r} \lambda_j \alpha_{\nu_j} \leq \alpha.$$

IX.3.5. <u>Si l'inéquation</u> $f(x) \leq \alpha$ <u>est une conséquence du système résoluble</u> (S), <u>mais n'est conséquence d'aucun sous-système propre de</u> (S), <u>alors les formes linéaires</u> $f_1, f_2, \ldots, f_n$ <u>sont indépendantes</u>.

Si le rang de (S) était égal à un entier r inférieur à n, l'inéquation $f(x) \leq \alpha$ serait une conséquence d'un sous-système propre, composé de r inéquations, de (S) (IX.3.1), ce qui est en contradiction avec l'hypothèse.

IX.3.6. <u>Soient</u> P <u>le polyèdre convexe associé au système résoluble</u> (S) <u>et</u> f <u>une forme linéaire non nulle sur</u> E. <u>Le maximum de</u> f <u>sur</u> P <u>existe si et seulement si</u> f <u>est une combinaison linéaire à coefficients non négatifs de</u> $f_1, f_2, \ldots, f_n$. <u>De plus, lorsque cette dernière condition est remplie, on a</u>

$$\max f(P) = \inf \{\sum_{j=1}^{n} \lambda_j \alpha_j : \lambda_j \geq 0,\ f = \sum_{j=1}^{n} \lambda_j f_j\} .$$

Si le maximum α de f sur P existe, l'inéquation $f(x) \leq \alpha$ est une conséquence de (S), d'où

$$f = \sum_{j=1}^{n} \lambda_j f_j \text{ pour } \lambda_j \geq 0 \ (j=1,2,\ldots,n) \text{ et } \sum_{j=1}^{n} \lambda_j \alpha_j \leq \alpha \text{ (IX.3.3)}.$$

Réciproquement, si f est une combinaison linéaire du type

$$f = \sum_{j=1}^{n} \lambda_j f_j \quad \text{pour} \quad \lambda_j \geq 0 \quad (j=1,2,\ldots,n) ,$$

alors pour tout réel α supérieur ou égal à $\sum_{j=1}^{n} \lambda_j \alpha_j$, l'inéquation $f(x) \leq \alpha$ est une conséquence de (S) (IX.3.3); dès lors, f est majorée sur P par α; son maximum existe (III.1.5) et

$$\max f(P) = \inf \{\sum_{j=1}^{n} \lambda_j \alpha_j : \lambda_j \geq 0,\ f = \sum_{j=1}^{n} \lambda_j f_j\} .$$

IX.3.7. Un système résoluble (S) possède une solution qui ne satisfait pas à toutes les égalités

$$f_j(x) = \alpha_j \quad \text{pour} \quad j = 1,2,\ldots,n$$

si et seulement si pour des réels positifs λ_j $(j=1,2,\ldots,n)$, la relation

$$\sum_{j=1}^{n} \lambda_j f_j = 0$$

implique

$$\sum_{j=1}^{n} \lambda_j \alpha_j > 0 .$$

La nécessité de la condition est évidente. Pour démontrer qu'elle est également suffisante, supposons que toute solution x de (S) satisfasse aux égalités $f_j(x) = \alpha_j$ pour $j = 1,2,\ldots,n$. Cela signifie que chacune des n inéquations

$$-f_j(x) \leq -\alpha_j \quad \text{pour} \quad j = 1,2,\ldots,n$$

est une conséquence de (S). Par le théorème IX.3.3, pour chaque indice j de $\{1,2,\ldots,n\}$, il existe des réels non négatifs $\lambda_i^{(j)}$ $(i=1,2,\ldots,n)$ tels que

$$-f_j = \sum_{i=1}^{n} \lambda_i^{(j)} f_i \quad \text{et} \quad \sum_{i=1}^{n} \lambda_i^{(j)} \alpha_i \leq -\alpha_j .$$

Il en résulte que

$$\sum_{i=1}^{n} \Big(1 + \sum_{j=1}^{n} \lambda_i^{(j)}\Big) f_i = 0 \quad \text{et} \quad \sum_{i=1}^{n} \Big(1 + \sum_{j=1}^{n} \lambda_i^{(j)}\Big) \alpha_i \leq 0 .$$

Si l'on pose

$$\lambda_i = 1 + \sum_{j=1}^{n} \lambda_i^{(j)} \quad \text{pour} \quad j = 1,2,\ldots,n,$$

alors chaque λ_i est positif et, de plus, donne lieu à

$$\sum_{j=1}^{n} \lambda_j f_j = 0 \quad \text{et} \quad \sum_{j=1}^{n} \lambda_j \alpha_j \leq 0 ,$$

ce qui termine la démonstration.

IX.3.8. Le système

$$f_j(x) \leq 0 \quad \text{pour} \quad j = 1,2,\dots,n$$

possède une solution x qui ne satisfait pas à toutes les égalités $f_j(x) = 0$ pour $j = 1,2,\dots,n$, si et seulement si la relation

$$\sum_{j=1}^{n} \lambda_j f_j \neq 0$$

a lieu pour tous réels $\lambda_1, \lambda_2, \dots, \lambda_n$ positifs.

Il s'agit d'un cas particulier de l'énoncé précédent.

IX.4. Stabilité

IX.4.1. Le système (S) est dit stable si le système (S')

$$f_i(x) < \alpha_i \quad (i=1,\dots,n)$$

possède une solution.

IX.4.2. Le système (S) est stable si et seulement si ${}^1P = E$.

D'une part, si ${}^1P = E$, P possède un point proprement interne (III.1.3), donc (S') possède une solution.

D'autre part, si (S') possède une solution, P possède un point proprement interne (III.1.3).

IX.4.3. Le système (S) est stable si et seulement si l'ensemble de ses solutions contient une base de E.

La condition est visiblement équivalente à celle de IX.4.2.

IX.4.4. Il est temps de donner un critère de résolubilité pour un système composé d'inéquations linéaires strictes.

Le système (S') est résoluble si et seulement si, pour tous réels non positifs et non tous nuls $\lambda_1, \lambda_2, \dots, \lambda_n$, la relation

$$\sum_{j=1}^{n} \lambda_j f_j = 0$$

implique

$$\sum_{j=1}^{n} \lambda_j \alpha_j < 0.$$

La condition est évidemment nécessaire. Pour prouver qu'elle est également suffisante, procédons par l'absurde et supposons que le système (S') ne soit pas résoluble. Dans ces conditions, pour chaque entier positif N, le système

$$f_j(x) \leq \alpha_j - \frac{1}{N} \quad \text{pour} \quad j = 1,2,\ldots,n$$

n'est pas résoluble. Par le théorème IX.2.3, il existe des réels non positifs $\lambda_j^{(N)}$ pour $j = 1,2,\ldots,n$ tels que

$$\sum_{j=1}^{n} \lambda_j^{(N)} f_j = 0 \quad \text{et} \quad \sum_{j=1}^{n} \lambda_j^{(N)} (\alpha_j - \frac{1}{N}) > 0 .$$

Comme les $\lambda_j^{(N)}$ $(j=1,2,\ldots,n)$ ne peuvent pas être tous nuls, on peut toujours supposer que

$$\sum_{j=1}^{n} \lambda_j^{(N)} = - 1 .$$

On peut alors construire une suite croissante de réels positifs $k_1 < k_2 < \ldots < k_p < \ldots$ tels que les n limites

$$\lim_{N\to\infty} \lambda_j^{(k_N)} = \lambda_j \quad \text{pour} \quad j = 1,2,\ldots,n$$

existent. Bien entendu, les λ_j sont tous non positifs. De plus, on a

$$\sum_{j=1}^{n} \lambda_j f_j = 0 \quad \text{et} \quad \sum_{j=1}^{n} \lambda_j \alpha_j \geq 0 ,$$

ce qui est absurde.

IX.4.5. <u>Le système</u>

$$f_j(x) < 0 \quad \underline{\text{pour}} \quad j = 1,2,\ldots,$$

<u>est résoluble si et seulement si la forme nulle est située dans l'enveloppe convexe de l'ensemble</u> $\{f_1,f_2,\ldots,f_n\}$ <u>de</u> E*.

Il s'agit d'une application facile du théorème précédent.

IX.4.6. <u>Soient</u> $f_1, f_2, \ldots, f_n$ <u>des formes linéaires non nulles sur</u> E. <u>Les systèmes</u>

$$f_j(x) < 0 \quad \underline{\text{pour}} \quad j = 1,2,\ldots,n$$

<u>et</u>

$$f_j(x) > 0 \quad \underline{\text{pour}} \quad j = 1,2,\ldots,n$$

<u>sont simultanément résolubles</u> (resp. <u>non résolubles</u>).

Cela découle directement de l'énoncé précédent.

COMPLEMENTS ET GUIDE BIBLIOGRAPHIQUE

Le but de ces commentaires est d'indiquer les principales sources bibliographiques auxquelles nous avons puisé, ainsi que de montrer diverses voies qui n'ont pas été développées dans cet ouvrage, mais qui peuvent facilement être abordées à partir de la lecture de celui-ci. Nous espérons de la sorte offrir au lecteur la possibilité d'approfondir certains sujets et les amener à découvrir des travaux récents.

CHAPITRE I : SEPARATION DE DEUX ENSEMBLES CONVEXES

La théorie de la séparation de deux ensembles convexes dans un espace vectoriel réel s'est considérablement développée ces dernières années. A la tête du mouvement se trouve Klee qui a publié une série d'articles sur le sujet [1,5,6,11,12]; lui ont emboité le pas Bair [6,12,14], Bair-Jongmans [1,2,4], Doignon [1], Elster-Nehse [3,4], Jongmans [2] et Vangeldère [3].

Signalons diverses possibilités de généraliser les résultats mentionnés dans ce chapitre.

Une analyse détaillée de la preuve du théorème I.1.3 montre que les deux ensembles A,B ne doivent pas nécessairement être convexes, il suffit que leur différence soit une cellule convexe, ce qui a notamment lieu lorsque A et B sont expansés et que A éjecte B, mais B éjecte ${}^{c}A$, sachant qu'un ensemble X éjecte Y quand tout translaté de Y qui rencontre ${}^{c}X$ rencontre également X (Bair-Jongmans [1] et Bair [1]). Une autre possibilité d'obtenir des critères de séparation pour deux ensembles non convexes est d'observer que la séparation de A et B va de pair avec celle de A/B et B/A, où $X/Y = \{\lambda x + (1-\lambda)y : \lambda \geq 1,\ x \in X,\ y \in Y\}$; il se peut fort bien en effet que A/B et B/A soient des cellules convexes au contraire de A et B (Dessard [4,5]).

Vangeldère [3] a montré que les résultats I.1.1, I.1.3 et I.1.4 sont en fait des cas particuliers d'un énoncé beaucoup plus large qui fait appel à une généralisation de la notion d'internat : si V est un sous-espace vectoriel, un point x d'un ensemble A sera dit interne à A relativement à V si, pour tout point v de V, il existe un réel strictement positif η tel que $x + \alpha v \in A$ si $|\alpha| \leq \eta$; l'ensemble des points internes à A relativement à V sera noté ${}^{i(V)}A$; ce concept redonne évidemment l'internat lorsque $V = ({}^{1}A)_0$, c'est-à-dire lorsque V coïncide avec le sous-espace vectoriel parallèle à ${}^{1}A$ (pour autant que A ne soit pas vide).

Un théorème de séparation franche très général est alors celui-ci :

"Soient A,B deux convexes et V,W deux sous-espaces vectoriels de E tels que $V + W = ({}^{1}A)_0 + ({}^{1}B)_0$, ${}^{i(V)}A \neq \emptyset$ et ${}^{i(W)}B \neq \emptyset$; A et B sont franchement séparés si et seulement si ${}^{i(V)}A \cap {}^{i(W)}B = \emptyset$" (Vangeldère [3]; théorème[1]).

Non seulement, ce théorème englobe tous les résultats précédents (pour obtenir I.1.3, par exemple, prendre $V = ({}^{1}A)_0$ et $W = ({}^{1}B)_0$), mais il permet aussi de séparer des ensembles d'internat vide, ce qui était impossible auparavant (Vangeldère [3]).

La version géométrique du théorème de Hahn-Banach peut se généraliser au cas d'ensembles non convexes puisque

"Pour une variété linéaire non vide B disjointe d'une partie non vide A, l'une au moins des situations suivantes se présente :

1) il existe un hyperplan H qui inclut B et qui ne rencontre pas ${}^{i}A$;

2) il existe un hyperplan H qui inclut B tel que $B \cap {}^{c}(A \cap H) \neq \emptyset$" (Bair-Moors [1] et Moors [1]).

Ce résultat livre bien entendu une version analytique du théorème de Hahn-Banach valable pour une fonction réelle quelconque majorée sur un certain ensemble par une forme linéaire définie sur un sous-espace de E (Bair-Jongmans-Vangeldère [1]). Laissons de côté ces fonctions quelconques et attardons-nous sur des généralisations importantes de la version analytique du théorème de Hahn-Banach; il s'agit de résultats pour lesquels une fonction affine majore une fonction concave f sur F et minore une fonction convexe g sur G, pour autant que f soit majorée par g sur $F \cap G$ et que les domaines F et G de f et g possèdent une intersection suffisamment large ou, au contraire, peuvent être fortement séparés (cfr.I.3). Par exemple

"Soient, dans E, deux cellules convexes F,G dont les internats se rencontrent, f une fonction concave sur F, g une fonction convexe sur G. Si f est majorée par g sur $^iF \cap {}^iG$, il existe une fonction affine h sur E qui majore f sur F et minore g sur G" (Bair-Jongmans-Vangeldère [1; théorème 3]).

Par ailleurs,

"Dans un espace localement convexe E, soient F un convexe non vide, fermé et faiblement compact, G un convexe fermé non vide, disjoint de F, f une fonction concave et continue sur F, g une fonction convexe et continue sur G; E admet une fonction affine continue h qui majore strictement f sur F et minore strictement g sur G (Bair-Jongmans-Vangeldère [1; théorème 7]).

Signalons aussi que beaucoup de résultats de séparation franche sont valables dans des espaces plus généraux que les espaces vectoriels, à savoir les espaces à convexité (Bair [6], Bair-Dessard [4,5], Doignon [1]).

Elster et Nehse [3] étudient la séparation de deux convexes à l'aide d'opérateurs linéaires à valeurs dans un espace vectoriel ordonné, ce qui généralise également la théorie classique; en particulier, une nouvelle version géométrique du théorème de Hahn-Banach est donnée dans cette direction par Bair-Elster-Nehse [1], tandis que Nehse [3] et Elster-Nehse [4] caractérisent un espace vectoriel ordonné conditionnellement complet à partir des propriétés du type de Hahn-Banach. Dans le même ordre d'idées, en vue de traiter des problèmes d'optimisation concernant un opérateur défini sur un espace vectoriel réel E et à valeurs dans un espace vectoriel ordonné conditionnellement complet F, il est utile d'appliquer des théorèmes de séparation dans l'espace-produit E × F; Nehse [1,2 et 3], Zowe [1] et Elster-Nehse [2 et 3] ont obtenu certaines conditions pour que deux convexes A et B de l'espace E × F soient "séparés par un hyperplan non vertical", en ce sens qu'il existe un opérateur linéaire $L : E \to F$ et un point y_0 de F tels que A et B soient respectivement inclus dans
$\{(x,y) \in E \times F : L(x) - y \leq y_0\}$ et $\{(x,y) \in E \times F : L(x) - y \geq y_0\}$.

Par ailleurs, une étude plus poussée de la séparation vraie de deux ensembles est réalisée par Bair-Jongmans [2]; Hörmander [1] s'intéresse à la fonction d'appui dans un espace localement convexe, tandis que Bishop-Phelps [1] et Klee [1,12] obtiennent des résultats complémentaires sur la notion d'hyperplan d'appui ou de contact.

Le théorème I.3.4, dû à Jongmans [5] fait suite à un résultat de Rådström qui affirme que

"Si B et C sont des convexes fermés d'un espace normé et si A est un ensemble borné non vide, alors $A + B = A + C$ implique $B = C$" [1;lemma 2,p.167].

Cet énoncé a été généralisé de la façon suivante par Godet-Thobie et Pham The Lai :

"Dans un espace localement convexe réel, si A,B et C sont des convexes non vides, fermés et bornés, alors $\overline{A+B} = \overline{A+C}$ implique $B = C$" [1;proposition 1, p.84].

La meilleure loi de simplification topologique semble être celle d'Urbański [1] :

"Si A,B et C sont des parties non vides d'un espace vectoriel topologique réel ou complexe, si B est borné et si C est convexe et fermé, alors $A + B \subset \overline{C + B}$ implique $A \subset C$".

Citons encore la légère généralisation que Fourneau [25,3.2.8, p.19] a donnée d'un théorème de Jongmans [5].

"Si A,B et C sont des parties non vides d'un espace vectoriel topologique réel, si B est faiblement borné et si C est un corps convexe , alors $A + B \subset \overline{B + C}$ implique $A \subset \bar{C}$.

Le problème de la simplification est formulé en termes purement algébriques. Jongmans a voulu montrer que, sans exclure des considérations topologiques, il était possible de respecter la priorité du point de vue algébrique; pour cela, il adopte un mode de raisonnement plus simple et plus géométrique que celui de Rådström, ce qui lui permet d'obtenir des résultats sur la simplifiabilité par A de l'égalité A + B = A + C portant sur des ensembles B et C non nécessairement algébriquement fermés, par exemple, sur des ensembles algébriquement ouverts ou strictement convexes (Jongmans [5; proposition 4]).

CHAPITRE II : FACES ET FACETTES DES CONVEXES

Nous avons emprunté à Grünbaum sa version du théorème de Straszewicz, bien que Klee [8; p.91] ait généralisé ce résultat pour tout convexe fermé localement compact d'un espace normé et que, plus récemment, Bair [10] le donne pour tout convexe algébriquement fermé de copointure finie dans un espace vectoriel quelconque.

Les énoncés du paragraphe II.4.13 sont dûs à Dubins [1]; il utilise ces résultats pour démontrer le théorème suivant qui peut simplifier la recherche du minimum ou maximum d'une forme linéaire sur l'intersection d'un convexe et d'une variété de codimension finie :

"Soit A l'intersection d'un ensemble convexe B linéairement fermé et linéairement borné avec n hyperplans; chaque point extrême de A est une combinaison convexe d'au plus n+1 points extrêmes de B".

Ce théorème a été généralisé par Klee [10; p.426] pour certains convexes B qui ne contiennent pas de droite.

Notre énoncé II.4.15 ne constitue que le premier pas pour caractériser les facettes d'une somme de convexes. Signalons que Husain et Tweddle [1] ont analysé les points extrêmes de deux convexes compacts dans un espace localement convexe séparé; plus généralement, la structure extrémale de la somme de deux compacts convexes a été étudiée par Roy [1]; Edelstein et Fesmire [1] ont considéré des fermés bornés convexes d'un espace de Banach tandis que Jongmans [6] a étudié les conditions sous lesquelles la somme d'une facette de A et d'une facette de B est une facette de A + B. Dans le même ordre d'idées signalons que Bair [17 et 18] s'est penché sur le problème de savoir reconnaître quand un point extrême de A livre un point extrême de B dont la somme est un point extrême de A + B.

Notre étude des variétés extrêmes et demi-variétés extrêmes rejoint celle de Jongmans [1] qui a notamment démontré l'énoncé II.5.5 en vue d'obtenir une généralisation du théorème classique de Krein-Milman et, par la même occasion, de nouveaux résultats sur l'optimisation de fonctions convexes ou concaves sur un ensemble convexe algébriquement fermé dans un espace vectoriel réel quelconque. Quant à l'énoncé II.5.8, dû à Klee [9], il est valable dans un espace vectoriel arbitraire (même de dimension infinie) pour tout convexe de copointure finie (Bair [10]).

Enfin, signalons que notre cône dual se rapproche du cône polaire de Elster et Nehse qui ont étudié en détail cette notion [1].

CHAPITRE III : LES POLYEDRES CONVEXES

Les polyèdres convexes appellent tout naturellement la notion de points à l'infini. Rockafellar [1] a introduit ceux-ci de façon simple et maniable. Cependant la définition de Rockafellar ne couvre pas entièrement les besoins de la convexité et de l'analyse. En 1949, Rogers eut l'idée d'utiliser comme points à l'infini les filtres maximaux d'intersection vide du lattis $\mathscr{C}(\mathbb{R}^d)$ des convexes fermés de $\mathbb{R}^d$ (Rogers [1]). A chaque demi-droite D de $\mathbb{R}^d$ (plus exactement, à chaque classe de l'ensemble des demi-droites de $\mathbb{R}^d$ pour l'équivalence "être translaté de et avoir même enveloppe linéaire que" correspond un tel filtre, à savoir

$$\{F \in \mathscr{C}(\mathbb{R}^d) : F \cap D \text{ est une demi-droite}\} .$$

Si $0 \in {}^1D$, on retrouve l'un des points à l'infini introduits en III.3.8. Les points à l'infini au sens de Rogers furent identifiés dans $\mathbb{R}$ et $\mathbb{R}^2$ par Rogers [1] et dans $\mathbb{R}^d$ par Fourneau [11].
Les filtres maximaux d'intersection vide de $\mathscr{C}(\mathbb{R})$ sont l'ensemble $\mathscr{G}$ des demi-droites pointées infinies à gauche augmenté de $\mathbb{R}$ et de

l'ensemble $\mathcal{D}$ des demi-droites pointées infinies à droite augmenté de $\mathbb{R}$. Les filtres maximaux d'intersection non vide de $\mathscr{C}(\mathbb{R}^d)$ sont les filtres engendrés par les points de $\mathbb{R}^d$. Les filtres maximaux d'intersection vide de $\mathbb{R}^d$ sont les sous-ensembles de $\mathscr{C}(\mathbb{R}^d)$ constitués des éléments de $\mathscr{C}(\mathbb{R}^d)$ qui possèdent une direction asymptotique commune et dont les adhérences des projections sur l'hyperplan homogène H orthogonal à cette direction constituent un filtre maximal de $\mathscr{C}(H)$. Ceci définit ces filtres par induction.

Klee [9] a publié un article assez long où il rassemble beaucoup de résultats intéressants sur les polyèdres convexes de dimension finie : il y étudie la structure faciale et la polarité de polyèdres, les rapports entre cônes et polyèdres, ainsi que les projections et sections de polyèdres. Par ailleurs, Walkup et Wets [1,2] donnent une nouvelle caractérisation des polyèdres convexes de dimension finie en faisant appel à des transformations de Lipschitz.

Enfin, Bair [16] consacre une note à l'étude des sommands d'un polyèdre convexe et obtient notamment le résultat suivant :

Soient C un polyèdre convexe non vide, A et B deux convexes tels que A + B = C; si B est borné, A est un polyèdre convexe.

CHAPITRE IV : LES POLYTOPES

Nous n'avons donné que les principales propriétés des polytopes particuliers. On trouvera de plus amples renseignements sur ceux-ci dans les livres de Grünbaum [1; 4] et Mc Mullen-Shephard [1; 2.3]. On consultera également ces ouvrages pour les analogues de la formule d'Euler (équations de Dehn-Sommerville, etc...).

Prenons cependant la peine de signaler au lecteur les travaux de Groemer [1,2,3,4] relatifs à la formule d'Euler et à quelques généralisations. Nous avons pour notre part adopté la preuve géométrique de Mc Mullen-Shephard.

A l'instar de Mc Mullen-Shephard nous sommes restés très discrets quant aux propriétés métriques des polytopes. De précieux renseignements peuvent être trouvés dans le livre de Grünbaum [1] et l'article de Grünbaum-Shephard [1].

Enfin, signalons l'intéressant théorème connu sous le nom de

"Conjecture de la borne supérieure" établi par Mc Mullen : pour tout d-polytope P ayant v sommets,

$$f_k(P) \leq f_k[C(v,d)], \quad (k=0,\ldots,d) \ ,$$

(Mc Mullen [2] ou Mc Mullen-Shephard [1;5]).

Enfin, nous conseillons au lecteur de prendre connaissance des travaux d'Altshuler et Perles ([1,2]) sur les polytopes cycliques.

CHAPITRES V ET VI : REPRESENTATIONS DE POLYEDRES ET APPLICATIONS

Ainsi que nous l'avons expliqué, Mc Mullen a érigé la théorie des représentations de polytopes dans le but de représenter, de façon invariante par translation, les polytopes de normales extérieures données. Il s'est aperçu chemin faisant qu'il redécouvrait la technique des diagrammes développée par Shephard [1,2]. Le lien entre les travaux de Mc Mullen et ceux de Shephard sont montrés dans une partie de l'article de Mc Mullen ([1]) que nous n'avons pas inclus dans notre texte.

Les diagrammes de Gale (que nous avons introduits de façon inhabituelle mais, semble-t-il, pédagogiquement plus adéquate qu'à l'accoutumée) sont d'un usage constant dans la théorie des polytopes. La place nous a manqué pour exposer en détail toute la théorie et les applications des diagrammes de Gale. Nous conseillons au lecteur intéressé de consulter Grünbaum [1;5.4 et 6], Mc Mullen-Shephard [1;3], Ewald-Voss [1]. Parmi les applications des diagrammes de Gale, signalons de beaux résultats de Perles (cf. Grünbaum [1; 6.3]) concernant la classification des d-polytopes simpliciaux avec d+3 sommets. On consultera aussi avec profit la section 2.5 de l'article Grünbaum et Shephard [1; pp.272-278].

La présentation que nous avons donnée de la théorie de la décomposition des convexes (essentiellement celle de Mc Mullen) n'est évidemment pas la seule possible et certains résultats intéressants n'ont pas été repris dans notre exposé. On consultera le chapitre écrit par Shephard dans le livre de Grünbaum [1; 15], certains articles de Shephard [3,4], les thèses de Meyer [1] Geivaerts [1] et de Silverman [1] ainsi que les articles [1] et [2] de Sallee.

D'autres applications intéressantes de la théorie des représentations figurent dans l'article de Mc Mullen, Schneider et Shephard [1]. Ainsi, on y trouvera des caractérisations des <u>polytopes monotypiques</u> (c'est-à-dire des polytopes dont l'ensemble des normales extérieures détermine un seul type combinatoire fort) et de classes de polytopes analogue.

Enfin signalons que Mc Mullen a consacré un article à la théorie des représentations, et ses applications [9]. Cet article est suivi d'une bibliographie importante.

<u>CHAPITRE VII</u> : <u>APPLICATIONS DES POLYEDRES A LA SEPARATION</u>

Le paragraphe consacré aux ensembles quasi-polyédraux et polyédraux en un point s'inspire principalement de Klee [9]. Par ailleurs, ce dernier [11] montre que l'énoncé VII.2.11 constitue un théorème maximal de séparation nette, puisque ce théorème est le meilleur possible dans un sens bien précis; il donne de plus d'autres théorèmes maximaux de séparation nette et obtient des théorèmes maximaux pour d'autres types de séparation, à savoir les séparations stricte, forte et fine. Récemment, Bair [9] et Bair-Gwinner [1] ont généralisé les théorèmes maximaux de séparation forte pour le cas de familles éventuellement infinies d'ensembles.

Les théorèmes VII.3.4 et VII.3.5 constituent des généralisations de résultats obtenus par Klee [4] et Lindenstrauss [1]. Pour d'autres résultats sur ces différents types de séparation de plusieurs ensembles, nous renvoyons le lecteur aux articles de Bair [9,11], où se trouve une réponse partielle à un problème posé par Klee en 1971 : "try to find separation theorems for several convex sets which, on the one hand, are maximal (in a sense somehow related to that of my paper [11]) and, on the other hand, are useful in improving some of the results of Lindenstrauss [1]". Un aperçu de cette théorie a été donné par Deumlich-Elster-Nehse [1]. Signalons également que Bair [19], Bair-Vangeldère [1] et Vlach [1 et 2] ont réussi à rapprocher entre elles certaines méthodes de séparation utilisées indépendamment par divers auteurs tels

Vangeldère [4], Coquet-Dupin [1], Bolt'Yanskii [1 et 2], Gale [1], Klee [4] et Gallivan-Zaks [1].

Le théorème VIII.3.1 est dû à Mirkil [1] et a été généralisé par Klee [9;4.3,p.93] de la façon suivante :

<u>Si</u> C <u>est un cône convexe fermé de sommet</u> 0 <u>dans</u> $\mathbb{R}^d$, <u>on dira que</u> C <u>possède la propriété</u> P_k (<u>pour</u> $0 \leq k \leq d$) <u>si et seulement si toute forme linéaire</u> f <u>sur un sous-espace</u> L <u>de dimension</u> k <u>telle que</u> $f(x) \geq 0$ <u>pour tout point</u> x <u>de</u> $L \cap C$ <u>peut être étendue à une forme linéaire</u> l <u>sur</u> E <u>telle que</u> $l(x) \geq 0$ <u>pour tout point</u> x <u>de</u> C; <u>dans ces conditions</u>, C <u>possède les propriétés</u> P_o, P_1, P_d ; <u>par contre, pour</u> $2 \leq j \leq d-1$, C <u>possède la propriété</u> P_j <u>si et seulement si</u> C <u>est polyédral</u>.

Signalons aussi que Chakina [1] donne une forme équivalente, mais plus géométrique de l'énoncé VII.4.4 :

<u>Dans</u> $\mathbb{R}^d$, <u>soient</u> P <u>un polyèdre convexe contenant l'origine</u>, F <u>un sous-espace vectoriel tel que</u> $P \cap F \subset {}^m P$ <u>et</u> $M = \{x \in F : f(x) = 1\}$ <u>un hyperplan de</u> F; <u>il existe un hyperplan</u> H <u>d'appui pour</u> P <u>dans</u> $\mathbb{R}^d$ <u>tel que</u> H <u>contient</u> M <u>mais non</u> F.

CHAPITRE IX : SYSTEMES D'INEQUATIONS LINEAIRES

La théorie des systèmes d'inéquations linéaires a été élaborée par Ky Fan [1,2,3] et Černikov [1,2,3,4], mais en utilisant uniquement un point de vue algébrique et non pas géométrique. C'est ainsi que Ky Fan [1] s'intéresse notamment aux systèmes non résolubles de façon irréductible (irreducibly inconsistent systems), c'est-à-dire aux systèmes non résolubles dont tout sous-système propre est résoluble; il en donne une caractérisation intéressante :

<u>Le système</u> $f_i(x) \geq \alpha_i$ $(i=1,2,\ldots,n)$ <u>est non résoluble de façon irréductible si et seulement si les deux conditions suivantes sont simultanément satisfaites</u> :

i) n-1 <u>formes linéaires parmi</u> $f_1, f_2, \ldots, f_n$ <u>sont toujours linéairement indépendantes</u> ;

ii) Il existe n nombres positifs $\lambda_i > 0$ tels que

$$\sum_{i=1}^{n} \lambda_i f_i = 0 \quad \text{et} \quad \sum_{i=1}^{n} \lambda_i \alpha_i > 0 \quad [1;\text{pp.}112\text{-}113] .$$

Ensuite, il consacre des chapitres de son article [1] aux systèmes finis d'inéquations sur un espace vectoriel de dimension finie, en utilisant la représentation matricielle [1;Part II], sur un espace vectoriel topologique normé [1, Part III], ainsi que sur un espace vectoriel complexe [1; Part IV]. Dans un autre article [3], il donne deux applications du résultat IX.2.3 : ce critère de résolubilité est utilisé pour prouver un théorème d'existence pour des matrices non négatives dont les éléments diagonaux et les sommes des éléments d'une même rangée sont soumis à certaines inégalités, ainsi que pour obtenir une preuve simple d'un théorème classique de Hardy-Littlewood et Polya [1] sur les matrices "doubly stochastic".

Le résultat IX.3.3 caractérise les formes linéaires redondantes qui interviennent dans la description d'un polyèdre convexe. On peut être plus précis et obtenir le résultat suivant :

Une forme linéaire h est redondante pour le polyèdre convexe $P = \bigcap_{j=1}^{p} \{x : f_j(x) \leq \alpha_j\} \cap \bigcap_{k=1}^{n} \{x : g_k(x) = \beta_k\}$ si et seulement s'il existe des réels non négatifs $\lambda_1, \lambda_2, \ldots, \lambda_p$ et des réels $\mu_1, \mu_2, \ldots, \mu_n$ tels que $h = \sum_{j=1}^{p} \lambda_j f_j + \sum_{k=1}^{n} \mu_k g_k$; on peut même prendre $\lambda_i = 0$ pour tout $i \in J(x_o) = \{j \in \{1,2,\ldots,p\} : \alpha_j = f_j(x_o)\}$ où x_o est un maximant de h sur P.

Ce résultat a été démontré par Bair [13] en utilisant la notion de cône visuel et de séparation de plusieurs ensembles au sens de Dubovitskii-Miljutin; auparavant, Laurent [1] avait fait cette étude dans un espace vectoriel topologique (normé) en travaillant avec les cônes de déplacement qui sont, dans ce cas, moins maniables que les cônes visuels.

BIBLIOGRAPHIE

BAIR J. - FOURNEAU R.

[*] Etude géométrique des espaces vectoriels - Une introduction, Lecture Notes in Math., vol.489, Springer, Berlin-Heidelberg-New York, 1975.

ALEXANDROV A.D.

[1] Konvexe Polyeder, Akademie - Verlag, Berlin, 1958.

ALTSHULER A. - Mc MULLEN P.

[1] The number of simplicial neighbourly d-polytopes with d+3 vertices, Mathematika, 20, 1973, pp. 262-266.

ALTSHULER A. - PERLES M.A.

[1] Quotient polytopes of cyclic polytopes, J. of Geom., 7, 1976, pp. 2-3.

[2] Quotient polytopes of cyclic polytopes. Part.I : Structure and Characterization, Math. preprint n° 156, Ben Gurion University of the Negev, 1976.

BAIR J.

[1] Ensembles à différence convexe, Bull.Soc.Roy.Sc.Liège, 39, 1970, pp. 555-557.

[2] Nouvelles propriétés des opérateurs algébriques dans un espace vectoriel, Bull.Soc.Roy.Sc.Liège, 40, 1971, pp.214-223.

[3] Cônes asymptotes et cônes caractéristiques, Bull.Soc.Roy.Sc. Liège, 40, 1971, pp. 428-437.

[4] Sur les partitions convexes dans un espace vectoriel, Bull.Soc.Roy.Sc.Liège, 42, 1973, pp. 23-30.

[5] Une mise au point sur la décomposition des convexes, Bull.Soc.Roy.Sc.Liège, 44, 1975, pp. 698-705.

[6] Separation of two convex sets in convexity spaces and in straight line spaces, J.Math.Anal. and Appl. 49, 1975, pp. 696-704.

[7] Séparation géométrique de familles finies d'ensembles, J.of Geometry, 7, 1976, pp. 85-96.

[8] About the polarity in a real linear space, Math.Nachr., 7, 1977, pp. 181-185.

[9] A propos d'un problème de Klee sur la séparation de plusieurs ensembles, Math.Scand. 38, 1976, pp. 341-349.

[10] Extension du théorème de Straszewicz, Bull.Soc.Roy.Sc.Liège, 45, 1976, pp. 166-168.

[11] Divers types de séparation pour plusieurs ensembles convexes, Arkiv för Mat., 15, 1977, pp. 211-214.

[12] Critères de séparation pour polyèdres convexes, J. Geometry, 10, 1977, pp.17-31.

[13] Some geometric conditions for optimization of a strictly quasi-convex function on an intersection of sets, Oper.Res.Verf.Math.Oper.Res., XXV, pp.15-27.

[14] Séparation forte k-branlante de deux convexes, Comm.Math.Univ.Carol., 18, 1977, pp.195-203.

[15] Optimization theory in a linear space, Comptes Rendus du 21. Intern.Wissensch.Koll.Ilmenau, 1976, pp. 49-51.

[16] Une étude des sommands d'un polyèdre convexe, Bull.Soc.Roy. Sc.Liège, 45, 1976, pp. 307-311.

[17] Sur la structure extrémale de la somme de deux convexes, Canad.Math.Bull., 22, 1979, pp. 1-7.

[18] A propos des points extrêmes de la somme de deux ensembles convexes, Bull.Soc.Roy.Sc.Liège, 48, 1979, pp. 262-264.

BAIR J. - DESSARD A.

[1] Propriétés du lattis des ensembles linéaires dans un espace à convexité, Bull.Soc.Roy.Sc.Liège, 44, 1975, pp. 202-208.

[2] Espaces à jonction et espaces à convexité, édition ronéotypée, Liège, 1975.

[3] Enveloppe j-simplicialement convexe et j-coeur simplicial dans un espace à convexité, Bull.Soc.Sc.Math.Roumanie, 20, 1976, pp. 15-25.

BAIR J. - ELSTER K.H. - NEHSE R.

[1] A geometric version of the Hahn-Banach theorem, Bull.Soc.Roy. Sc.Liège, 46, 1977, pp. 227-233.

BAIR J. - FOURNEAU R.

[1] Une démonstration géométrique du théorème de Choquet-Kendall, Comment.Math.Un.Carolinae, 16, 1975, pp. 683-691.

[2] A characterization of unbounded Choquet simplices, Geom.Dedicata, 6, 1977, pp. 95-98.

[3] Caractérisation de polyèdres convexes et systèmes d'inéquations linéaires, Bull.Soc.Roy.Sc.Liège, 45, 1976, pp.175-182.

BAIR J. - FOURNEAU R. - JONGMANS F.

[1] Vers la domestication de l'extrémisme, Bull.Soc.Roy.Sc. Liège, 46, 1977, pp. 126-132.

BAIR J. - GWINNER J.

[1] On the strong separation of families of convex sets, Bull.Soc.Roy.Sc.Liège, 46, 1977, pp. 224-226.

[2] Sur la séparation vraie de cônes convexes, Arkiv. för Mat., 16, 1978, pp. 207-212.

BAIR J. - JONGMANS F.

[1] Séparation franche dans un espace vectoriel, Bull.Soc.Roy.Sc.Liège, 39, 1970, pp. 474-477.

[2] La séparation vraie dans un espace vectoriel, Bull.Soc.Roy.Sc.Liège, 41, 1972, pp. 163-170.

[3] De frictions internes en incidents de frontière, Bull.Soc.Roy.Sc.Liège, 44, 1975, pp. 63-71.

[4] De l'art d'ériger sans péril des séparations branlantes, Bull.Soc.Roy.Sc.Liège, 44, 1975, pp. 354-362.

BAIR J. - JONGMANS F. - VANGELDERE J.

[1] Avatars et prospérité du théorème de Hahn-Banach, Bull.Soc.Roy.Sc.Liège, 44, 1975, pp. 561-567.

BAIR J. - MOORS R.

[1] Généralisation de la version géométrique du théorème de Hahn-Banach, Bull.Soc.Sc.Liège, 44, 1975, pp. 554-556.

BAIR J. - VANGELDERE J.

[1] Equivalences concernant la séparation de plusieurs cônes convexes, à paraître.

BALINSKI M.

[1] On the graph structure of convex polyhedra in n-space, Pacific J.Math., 11, 1961, pp. 431-434.

BARKER G.P.

[1] The lattice of faces of a finite dimensional cone, Linear Algebra and Appl., 7, 1973, pp. 71-82.

[2] Perfect cones, Linear Algebra and Appl., 22, 1978, pp. 211-222.

[3] Modular face lattices : low dimensional cases, to appear.

BARKER G.P. - FORAN J.

[1] Self-dual cones in Eulidean space, Linear Algebra and Appl., 13, 1976, pp. 147-155.

BASTIANI A.

[1] Cônes convexes et pyramides convexes, Ann.Inst.Fourier Grenoble, 9, 1959, pp. 249-292.

BIRKHOFF G.

[1] Lattice theory, Am.Math.Soc.Colloq.Publ., vol 25, New York, 1948.

BISHOP E. - PHELPS R.R.

[1] The support functionals of a convex set, in Klee, Convexity, Amer.Math.Soc.Proc.Symp.Pure Math., 7, 1963, pp. 27-35.

BOLT'YANSKII V.G.

[1] The separation property of a system of convex cones, Izv.Akad.Nauk.Armyan SSR, 7, 1972, pp. 250-257.

[2] The method of tents in the theory of extremal problems, Russian Math. Survey, 30(3), 1975, pp. 1-54.

BONNESEN T. - FENCHEL W.

[1] Theorie der konvexen Körper, Springer - Berlin, 1935.

BOURBAKI N.

[1] Espaces vectoriels topologiques, Hermann, Paris, chap.1-2, 1953.

[2] Espaces vectoriels topologiques, Hermann, Paris, chap.3-5, 1955.

BRAGARD L. - VANGELDERE J.

[1] Points efficaces en programmation à objectifs multiples, Bull.Soc.Roy.Sc.Liège, 46, 1977, pp. 27-41.

ČERNIKOV S.N.

[1] Contraction of systems of linear inequalities, Soviet Math. Dokl., 1, 1960, pp. 296-299.

[2] Theorems on the separability of convex polyhedral sets, Soviet.Math.Dokl., 2, 1961, pp. 838-840.

[3] Systems of linear inequalities, Amer.Math.Soc.Transl., 26, 1963, pp. 11-86.

[4] Algebraic theory of linear inequalities, Amer.Math.Soc. Transl., 69, 1968, pp. 147-203.

CHAKINA R.P.

[1] On the continuation of linear functionals, Izv.Vys.Uch.Zav.Math., vol.18, 1974, pp. 91-98.

COQUET G.

[1] Sur les familles de décomposition et leurs applications à la théorie des ensembles convexes, Thèse, Lille, 1973.

COQUET G. - DUPIN J.C.

[1] Sur l'intersection des translatés d'ensembles convexes, Bull.Soc.Roy.Sc.Liège, 47, 1978, pp. 299-306.

COXETER H.S.M.

[1] Regular Polytopes, 2nd ed., Macmillan, New York, 1963.

[2] Regular Complex Polytopes, Cambridge University Press, 1974.

DESSARD A.

[1] Quelques résultats dans les espaces à convexité, Bull.Soc.Roy.Sc.Liège, 43, 1974, pp. 419-429.

[2] Quelques résultats dans les espaces à convexité II, Bull.Soc.Roy.Sc.Liège, 44, 1975, pp. 72-90.

[3] Jonctions, extensions et opérateurs, Bull.Soc.Roy.Sc. Liège, 44, 1975, pp. 363-370.

[4] Généralisation d'un théorème de séparation franche dans un espace à convexité, Bull.Soc.Roy.Sc.Liège, 44, 1975, pp. 691-694.

[5] La géométrie des espaces à convexité, dissertation doctorale, Liège, 1976.

DEUMLICH R. - ELSTER K.H. - NEHSE R.

[1] Recent results on separation of convex sets, Math. Operationsforsch Statist., ser. Optimization, 9, 1978, pp. 273-296.

DOIGNON J.P.

[1] Séparation franche dans un espace à convexité, Bull.Soc.Roy. Sc.Liège, 44, 1975, pp. 371-374.

DOIGNON J.P. - VALETTE G.

[1] Variations sur un thème de Radon, édition ronéotypée, Bruxelles, 1976.

DUBINS L.E.

[1] On extreme points of convex sets, J.Math.Anal.and Appl., 5, 1962, pp. 237-244.

DUBREIL - JACOTIN M.L. - LESIEUR L. - CROISOT R.

[1] Leçons sur la théorie des treillis, des structures ordonnées et des treillis géométriques, Gauthier-Villars, Paris, 1953.

EDELSTEIN M. - FESMIRE S.

[1] On the extremal structure and closure of sums of convex sets, Bull.Soc.Roy.Sc.Liège, 44, 1975, pp. 590-599.

EGGLESTON H.G.

[1] Convexity, Cambridge University Press, Cambridge, 1958.

ELSTER K.H. - NEHSE R.

[1] Ein Bipolarensatz, Math.Nach., 62, 1974, pp. 111-119.

[2] Konjugierte Operatoren und Subdifferentiale, Math. Operationsforsch. u. Statist., 6, 1975, pp. 641-657.

[3] Zur Trennung Konvexer Mengen mittels linearen Operatoren, Math.Nach., 71, 1976, pp. 171-181.

[4] Necessary and sufficient conditions for the order - completeness of partially ordered vector spaces, Math.Nachr., 81, 1978, pp. 301-311.

EWALD G. - KLEINSCHMIDT P. - SCHULTZ C.

[1] Kombinatorische Klassification symmetrischer Polytope, Abh.Math.Sem.Univ.Hamburg, 45, 1976, pp. 191-206.

EWALD G. - VOSS K.

[1] Konvexe Polytope mit Symmetriegruppe, Comm.Math.Helv., 48, 1973, pp.137-150.

FENCHEL W.

[1] A remark on convex sets and polarity, Comm.Sem.Math. Univ.Lund., Tome supplémentaire, 1952, pp. 82-89.

FAN K.

[1] On systems of linear inequalities, in Linear inequalities and related systems (H.W.Kuhn-A.W.Tucker,Eds) Annals of Math.Studies, Princeton U.P., 1956, pp. 99-156.

[2] Convex sets and their applications, Argone National Laboratory, Appl. Math. Div., Summer Lecture, 1959.

[3] Two applications of a consistency theorem for systems of linear inequalities, Linear Algebra and its Applications, 11, 1975, pp. 171-180.

FOURNEAU R.

[1] Lattis de fermés convexes, Bull.Soc.Roy.Sc.Liège, 41, 1972, pp. 468-483.

[2] Fermeture algébrique dans un espace vectoriel, Bull.Soc. Roy.Sc.Liège, 41, 1972, pp. 652-660.

[3] Fermeture et μ-enveloppes algébriques, Bull.Soc.Roy.Sc. Liège, 42, 1973, pp. 31-36.

[4] Ensembles algébriquement bornés, ensembles linéairement bornés et ensembles ordonnés de convexes algébriquement fermés, Bull.Soc.Roy.Sc.Liège, 42, 1973, pp. 163-178.

[5] Idéaux et congruences de lattis de fermés convexes, Bull.Soc.Roy.Sc.Liège, 43, 1974, pp. 430-448.

[6] Isomorphismes de lattis de fermés convexes, Bull.Soc.math.France, 103, 1975, pp. 3-12.

[7] Isomorphisms of lattices of closed convex sets II, J.Math.Anal.Appl., 61, 1977, pp.382-388.

[8] On the geometry of unbounded Choquet simplices, J. of Geometry, 9, 1977, pp. 143-147.

[9] On the lattice $\mathscr{N}(E)$ of J.J.Schaffer, Bull.Soc.Roy.Sc.Liège, 45, 1976, pp. 169-174.

[10] A characterization of simplices in Durham Symposium on the relations between infinite dimensional and finite-dimensional convexity, Bull.London Math.Soc., 8, 1976, pp. 1-33 (voir pages 8-9).

[11] Problem 28, idem p.33.

[12] Isomorphismes de lattis et de demi-groupes à opérateurs de fermés convexes, Bull.Soc.Roy.Sc.Liège, 45, 1976, pp. 169-174.

[13] Nonclosed simplices and quasi-simplices, à paraître.

[14] Ensembles τ-régulièrement convexes et sous-différentiels-point de vue topologique, addedum à Vangeldère [2].

[15] Unicité des linéarisations des espaces à convexité, addendum à Bair-Dessard [2].

[16] The geometric study of vector spaces as a tool for programming, Abstracts zum Symposium über Operations Research, Universität Heidelberg, Hain-Druck KG, Meisenheim/Glan, p.19.

[17] Some results on the geometry of Choquet simplices, J. of Geom., 7, 1976, p.8.

[18] Sur quelques points de géométrie des espaces vectoriels, Bull.Soc.Roy.Sc.Liège, 45, 1976, pp.317-321.

[19] Un convexe linéairement compact dont l'ensemble différence n'est pas linéairement borné, Bull.Sc.Roy.Sc.Liège, 46, 1977, pp. 42-43.

[20] Nonclosed simplices and quasi-simplices, Mathematika, 24, 1977, pp. 71-85.

[21] Espaces métriques constitués de classes de polytopes convexes liés aux problèmes de décomposition, Geom.Dedicata, 8, 1979, pp. 463-476.

[22] Automorphisms groups of lattices of closed convex sets, J. Math. Anal. and Appl., 72, 1979, pp. 21 - 28.

[23] Unimorphies of subsets of Hausdorff locally convex vector spaces, à paraître.

[24] A complete description of Choquet simplices in finite dimension, à paraître.

[25] Espaces de corps compacts, convexes et espaces de polytopes convexes, éd. ronéotypée, Univ. de Liège, à paraître.

FOURNEAU R. - LEYTEM C.

[1] Sur l'existence de n-losanges réguliers inscrits dans un corps compact convexe, Comm. Math.Univ.Carolinae, 19, 1978, pp. 151-164.

GALE D.

[1] Separation theorems for families of convex sets, Bull.Amer.Math.Soc., 59, 1953, p. 556.

[2] Irreductible convex sets, Proc.Intern.Congr.Math., Amsterdam, 2, 1954, pp. 217-218.

[3] Neighboring vertices on a convex polyhedron, in Linear inequalities and related systems, Kuhn H.W. - Tuker A.W., Princeton University Press, 1956, pp. 255-263.

GALLIVAN S. - LOCKEBERG E.R. - Mc MULLEN P.

[1] Complete Subgraphs of the graphs of convex polytopes, à paraître.

GEIVAERTS M.

[1] Ruimten van klassen van konvexe lichamen, Thèse, éd.ronéotypée, Bruxelles, 1972-1973.

[2] Enkele eigenschappen van de relatie "Homothetisch aanpasselijk" in de ruimte der konvex lichamen, Mededelingen Kon. Ac. Wet.Let.Sch.K. van Belgie, XXXIV, 1972.

GODET - THOBIE C. - PHAM THE LAI

[1] Sur le prolongement de l'ensemble des convexes, fermés, bornés d'un espace vectoriel topologique localement convexe dans un espace vectoriel topologique localement convexe, C.R.Acad.Sc.Paris, t.271, série A, 1970, pp. 34-87.

GOLDMAN A.J.

[1] Resolution and separation theorems for polyhedral convex sets, in Linear inequalities and related systems, Kuhn H.W. - Tucker A.W., Princeton University Press, 1956, pp. 53-97.

GOLDMAN A.J. - TUCKER A.W.

[1] Polyhedral convex cones, in Linear inequalities and related systems, Kuhn H.W. - Tucker A.W. Annals of Math.Studies, Princeton University Press, 1956, pp. 19-40.

[2] Theory of linear programming, in Linear inequalities and related systems, Kuhn H.W. - Tucker A.W., Annals of Math. Studies, Princeton University Press, 1956, pp. 53-97.

GROEMER H.

[1] Eulersche Charakteristik, Projectionen und Quermassintgrale Math.Ann., 198, 1972 , pp. 23-56.

[2] Über einige invarianzeigenschaften der Eulerschen Charakteristik, Comm.Math.Helv., 48, 1973, pp. 87-99.

[3] On the Euler Characteristic in Spaces with Separability property, Math. Ann., 211, 1974 , pp. 315-321.

[4] The Euler characteristic and related functionals on convex surfaces, Geom. Dedicata, 4, 1975, pp. 91-104.

GRÜNBAUM B.

[1] Convex polytopes, Interscience publishers, London, 1967.

GRÜNBAUM B. - SHEPHARD G.C.

[1] Convex polytopes, Bull.London Math.Soc., 1, 1969, pp. 257-300.

HARDY G.H. - LITTLEWOOD J.E. - POLYA G.

[1] Inequalities, Cambridge University Press, Cambridge, 1934.

HOLMES R.B.

[1] Geometric functional analysis and its applications, Springer-Verlag, New York-Heidelberg-Berlin, 1975.

HÖRMANDER L.

[1] Sur la fonction d'appui des ensembles convexes dans un espace localement convexe, Ark. för Math., 3, 1954, pp. 181-186.

HUSAIN T. - TWEDDLE I.

[1] On the extreme points of the sum of two compact convex sets, Math. Ann., 188, 1970, pp. 113-122.

JONGMANS F.

[1] Théorème de Krein-Milman et programmation mathématique, Bull.Soc.Roy.Sc.Liège, 37, 1968, pp. 261-270.

[2] Petit choral et fugue sur le thème de la séparation, Bull.Soc.Roy.Sc.Liège, 37, 1968, pp. 539-541.

[3] Notions de topologie générale, Edition ronéotypée, Liège, 1980.

[4] Espaces vectoriels topologiques, Edition ronéotypée, Liège, 1974.

[5] Sur les complications d'une loi de simplification dans les espaces vectoriels, Bull.Soc.Roy.Sc.Liège, 42, 1973, pp. 529-534.

[6] Réflexions sur l'art de sauver la face, Bull.Soc.Roy.Sc.Liège, 45, 1976, pp. 294-306.

[7] De l'art d'être à bonne distance des ensembles dont la décomposition atteint un stade avancé, Bull.Soc.Roy.Sc.Liège, 48, 1979, pp. 237-261.

KLEE V.

[1] Convex sets in linear spaces I, Duke Math.J., 18, 1951, pp. 443-466.

[2] Convex sets in linear spaces II, Duke Math.J., 18, 1951, pp. 877-883.

[3] Convex sets in linear spaces III, Duke Math.J., 20, 1953, pp. 105-112.

[4] On certain intersection properties of convex sets, Can. J.Math., 3, 1951, pp. 272-275.

[5] Separation properties of convex cones, Proc.Amer.Math.Soc., 6, 1955, pp. 313-318.

[6] Strict separation of convex sets, Proc.Amer.Math.Soc., 7, 1956, pp. 735-737.

[7] Extremal structure of convex sets, Arch.der Math., 8, 1957, pp. 234-240.

[8] Extremal structure of convex sets II, Math.Zeit., 69, 1958, pp. 90-104.

[9] Some characterizations of convex polyhedra, Acta Math., 102, 1959, pp. 79-107.

[10] On a theorem of Dubins, J.Math.Anal.and Appl., 7, 1963, pp. 425-427.

[11] Maximal separation theorems for convex sets, Trans.Amer. Math.Soc., 134, 1968, pp. 133-147.

[12] Separation and support properties of convex sets - a survey, in Balakrishnan, Control theory and the calculus of variations, Acad. Press, New York, 1969, pp. 235-303.

[13] Convex polytopes and linear programming, Boeing Scientific Research Laboratories Document D1-82-0374.

[14] Path on polytopes : a survey, Boeing Scientific Research Laboratories Document D1-82-0579.

[15] Polytope pairs and their relationship to linear programming, hectographied.

[16] Diameters of polyhedral graphs, Can. J.Math., 16, 1964, pp. 604-614.

[17] On the number of vertices of a convex polytope, Canad.J.Math., 16, 1964, pp. 701-720.

[18] Paths on polyhedra I, J. SIAM, 13, 1965, pp. 946-956.

[19] Paths on polyhedra II, Proc.J.Math., 17, 1966, pp.249-264.

[20] A comparison of primal and dual methods in linear programming, Num.Math., 9, 1966, pp. 227-235.

KLEE V. - WALKUP D.W.

[1] The d-step conjecture for polyhedra of dimension d < 6, Acta Math., 117, 1967, pp. 53-78.

KÖTHE C.

[1] Topological vector spaces I, Springer Verlag, Berlin-Heidelberg-New York, 1970.

KREIN M.G. - RUTMAN M.A.

[1] Linear operators leaving invariant a cone in a Banach space, Transl.Am.Math.Soc., vol.10, Functional Analysis and Measure Theory, 1962, pp. 199-325.

LAURENT P.J.

[1] Approximation et optimisation, Hermann, Paris, 1972.

LINDENSTRAUSS J.

[1] On the extension of operators with finite-dimensional range, Illinois J.Math., 8, 1964, pp. 488-499.

LOHMAN R.H. - MORRISON T.J.

[1] On polars of convex polygons, Am.Math.Monthly, 81, 1974, pp. 1016-1018.

LYUSTERNIK L.A.

[1] Convex figures and polyhedra, D.C. Heath and C°, Boston, 1966.

Mc MULLEN P.

[1] Representations of polytopes and polyhedral sets, Geom. Dedicata, 2, 1973, pp. 83-99.

[2] The maximum number of faces of a convex polytope, Mathematika, 17, 1970, pp. 179-184.

[3] On zonotopes, Trans.Amer.Math.Soc., 159, 1971, pp. 91-110.

[4] Metrical and Combinatorial Properties of Convex Polytopes, Proceedings International Congress of Mathematicians, Vancouver, 1974, pp. 491-495.

[5] Non-linear angle-sum relations for polyhedral cones and polytopes, Math.Proc.Camb.Phil.Soc., 78, 1975, pp. 247-261.

[6] Space tiling zonotopes, Mathematika, 22, 1975, pp. 202-211.

[7] Valuations and Euler-type relations on certain classes of convex polytopes, Proc. London Math.Soc., 3rd ser., 35, 1977, pp. 113-135.

[8] Lattice invariant valuations on rational polytopes, Arch. der Math., 31, 1978, pp. 509-516.

[9] Transformations, Diagrams and Representations, *in* Tölke-Wills [1], pp. 92-130.

[10] Convex bodies which tile by translation, à paraître.

Mc MULLEN P. - SHEPHARD G.C.

[1] *Convex polytopes and the upper bound conjecture*, London Math. Soc. Lecture Note Series 3, Cambridge Univ.Press, 1971.

Mc MULLEN P. - SHEPHARD G.C. - SCHNEIDER R.

[1] Monotypic polytopes and their intersection properties, *Geom.Dedicata*, *3*, 1974, pp. 99-129.

MAEDA F. - MAEDA S.

[1] *Theory of symmetric lattices*, Springer, Berlin, 1970.

MINKOWSKI H.

[1] *Geometrie der Zahlen*, Lieferung - Leipzig : Teubner 1896, 1910.

MIRKIL H.

[1] New characterizations of polyhedral cones, *Canad.J.Math.*, *9*, 1957, pp. 1-4.

MEYER W.J.

[1] *Minkowski addition of convex sets*, doctoral thesis, Univ. of Wisconsin, 1969.

MOORS R.

[1] A propos du théorème de Hahn-Banach, *Bull.Soc.Roy.Sc.Liège*, *44*, 1975, pp. 396-400.

NEHSE R.

[1] Beiträge zur Theorie der nichtlinearen Optimierung, Diss.A, PH Halle, 1974.

[2] Some general separation theorem, Math.Nachr., 84, 1978, pp. 317-329.

[3] The Hahn-Banach property and equivalent conditions, Comment.Math.Univ.Carolinae, 19, 1978, pp. 165-177.

RÅDSTRÖM H.

[1] An embedding theorem for spaces of convex sets, Proc.Amer.Math.Soc., 3, 1952, pp. 165-169.

[2] Combination of Hahn-Banach's Theorem with a Theorem of Fenchel, Proc.Coll. on Convexity, Copenhagen, 1965, pp. 249-254.

ROCKAFELLAR R.T.

[1] Convex Analysis, Princeton University Press, 1970.

ROGERS C.A.

[1] Ph.D. Thesis, London, 1949.

ROGERS C.A. - SHEPHARD G.C.

[1] The difference body of a convex body, Archiv.Math., 8, 1957, pp. 220-233.

ROY A.

[1] Facial structure of the sum of two compact convex sets, Math.Ann., 197, 1972, pp. 189-196.

SALLEE G.T.

[1] On decomposable convex sets, Israël J. of Math., 12, 1972, pp. 266-276.

[2] On the indecomposability of the cone, J. London Math.Soc., 9, 1974, pp. 363-367.

SHEPHARD G.C.

[1] Diagrams for positive bases, J. London Math.Soc., (2), 4, 1971, pp. 165-175.

[2] Polyhedral diagrams for sections of the non-negative orthant, Mathematika, 18, 1971, pp. 255-263.

[3] Decomposable convex polyhedra, Mathematika, 10, 1963, pp. 89-95.

[4] Reducible convex sets, Mathematika, 13, 1966, pp. 49-50.

SILVERMAN R.

[1] Decomposition of plane convex sets, doctoral thesis, Univ. of Washington, 1970.

SIMONS S.

[1] Noncompact simplices, Trans.Am.Math.Soc., 149, 1970, pp. 155-161.

STOER J. - WITZGALL C.J.

[1] Convexity and optimization in finite dimension I, Springer-Verlag, Berlin, 1970.

STRASZEWICZ S.

[1] Über exponierte Punkte abgeschlossener Punktmengen, Fund.Math., 24, 1935, pp. 139-143.

TÖLKE J. - WILLS J.M.

[1] Contributions to Geometry. Proceedings of the Geometry Symposium in Siegen 1978, Birkhäuser Verlag, Basel, 1979.

URBAŃSKI R.

[1] A generalization of the Minkowski - Rådström - Hörmander theorem, Bull. Acad. Pol. Sc., ser. sc.math., astr., phys., XXIV, 1976, pp. 709-715.

VALENTINE F.A.

[1] Convex sets, Mc Graw-Hill, New York, 1964.

VANGELDERE J.

[1] Programmation linéaire, Edition ronéotypée, Liège, 1971.

[2] Optimisation et convexité, Edition ronéotypée, Liège, 1975.

[3] Frank separation of two convex sets and Hahn-Banach Théorem, J.Math.Anal.Appl., 60, 1977, pp. 36-46.

[4] Propriété de l'intersection en dimension quelconque, à paraître.

VARLET J.

[1] Structures algébriques ordonnées, Edition ronéotypée, Liège, 1975.

VLACH M.

[1] A separation theorem for finite families, Comment.Math. Univ.Carolinae, 12, 1977, pp. 655-660.

[2] A concept of separation for families of sets, Ek.Mat.Obzor, 12, 1976, pp. 316-324.

WALKUP D.W. - WETS R.J.B.

[1] Lifting projections of convex polyhedra, Proc.J.Math., 28, 1969, pp. 465-475.

[2] A lipschitzian characterization of convex polyhedra, Proc.Amer.Math.Soc., 23, 1969, pp. 167-173.

WEYL H.

[1] The elementary theory of convex polyhedra, in Kuhn-Tucker, Contributions to the theory of games, Annals of Math. Studies, vol.24, 1950, pp. 3-18.

ZOWE J.

[1] A duality theorem for a convex programming problem in order complete vector lattices, J.Math.Anal.Appl., 50, 1975, pp. 273-287.

La bibliographie qui précède est loin d'être exhaustive. Ainsi, bon nombre des références de [*] n'ont pas été reprises. On trouvera des bibliographies importantes dans le livre de Grünbaum et dans l'article de Grünbaum et Shephard [1].

Les références suivantes viennent de nous être communiquées.

BREEN M. - KAY D.

[1] Proceedings of the Conference on Convexity and Related Combinatories, Marcel Dekker, à paraître.

BONDESEN Aa. - BRÖNDSTED A.

[1] A dual proof of the upper bound conjecture for convex polytopes. Math. Scand., à paraître.

BETKE U. - WILLS J.M.

[1] Stetige und diskrete Funktionale konvexer Körper, in Tölke - Wills [1].

INDEX TERMINOLOGIQUE

Cet index complète celui de [*]. Nous n'avons généralement pas repris les termes déjà définis dans [*].

INDEX DES SYMBOLES

Cet index est un complément à celui de [*] .